国家精品课程配套教材
普通高等教育“十三五”规划教材
电气工程、自动化专业规划教材

基于MATLAB的
控制系统仿真及应用
（第2版）

张　聚　编著

電子工業出版社
Publishing House of Electronics Industry
北京 • BEIJING

内 容 简 介

本书是国家精品课程配套教材，全面论述基于 MATLAB 及其动态仿真集成环境 Simulink 的控制系统计算机仿真的原理、方法、过程和应用。全书共 11 章，主要内容包括：MATLAB 应用基础、基于 MATLAB 的控制系统数学模型、基于 MATLAB 的控制系统运动响应分析、基于 MATLAB 的控制系统运动性能分析、基于 MATLAB/Simulink 的控制系统建模与仿真、基于 MATLAB 的控制系统校正；控制系统仿真技术的应用实例——汽车防抱死制动系统建模与控制仿真、车辆悬架系统的建模和控制仿真、汽车四轮转向控制系统仿真；MATLAB 半实物仿真系统及其应用实例——三自由度直升机系统半实物仿真与实时控制。本书配套电子课件和程序代码。

本书可作为高等学校自动化和电气信息类专业本科生和研究生教材，也可供从事自动控制及相关专业的工程技术人员学习参考。

图书在版编目（CIP）数据

基于 MATLAB 的控制系统仿真及应用/张聚编著. —2 版. —北京：电子工业出版社，2018.8

ISBN 978-7-121-34938-6

Ⅰ. ①基… Ⅱ. ①张… Ⅲ. ①自动控制系统－系统仿真－Matlab 软件－高等学校－教材 Ⅳ. ①TP273-39

中国版本图书馆 CIP 数据核字（2018）第 199071 号

策划编辑：王羽佳
责任编辑：王羽佳　　　特约编辑：曹剑锋
印　　刷：北京虎彩文化传播有限公司
装　　订：北京虎彩文化传播有限公司
出版发行：电子工业出版社
　　　　　北京市海淀区万寿路 173 信箱　邮编　100036
开　　本：787×1 092　1/16　印张：14.75　字数：378 千字
版　　次：2012 年 9 月第 1 版
　　　　　2018 年 8 月第 2 版
印　　次：2025 年 1 月第13次印刷
定　　价：39.90 元

凡所购买电子工业出版社图书有缺损问题，请向购买书店调换。若书店售缺，请与本社发行部联系，联系及邮购电话：（010）88254888，88258888。

质量投诉请发邮件至 zlts@phei.com.cn，盗版侵权举报请发邮件至 dbqq@phei.com.cn。

本书咨询联系方式：（010）88254535，wyj@phei.com.cn。

前　言

MATLAB 是目前国际上最流行、应用最广泛的科学与工程计算软件，是国内外高校和研究部门进行科学研究的重要工具，是攻读理工科学位的本科生、硕士生和博士生必须掌握的基本技能。在设计研究单位和工业部门，MATLAB 被广泛用于科学研究和解决各种具体问题。广大工科类大学生熟悉科学与工程计算软件 MATLAB，掌握 MATLAB 的基本应用方法并能够运用 MATLAB 来解决各自专业领域的问题，是非常重要和有意义的。

本书系统地论述了基于 MATLAB 的控制系统仿真技术及其应用。书中既介绍线性控制系统的仿真，也介绍非线性控制系统的仿真；既有连续控制系统的仿真，也有离散控制系统的仿真；既有基于传递函数模型的仿真，也有基于状态空间模型的仿真；既有一般性的仿真方法和技术的介绍，也有具体的应用实例。

本书第 1 版自 2012 年 9 月出版以来，得到广大读者的好评，鉴于科研与教学的快速发展，我们进行了第 2 版的修订工作。全书共 11 章，主要内容包括：在介绍 MATLAB 基本应用的基础上，阐述了基于 MATLAB 的控制系统数学模型、基于 MATLAB 的控制系统运动响应分析、基于 MATLAB 的控制系统运动性能分析、基于 MATLAB/Simulink 的控制系统建模和仿真，以及基于 MATLAB 的控制系统校正；作为控制系统仿真技术的应用例子，本书分别介绍了汽车防抱死制动系统建模与控制仿真、车辆悬架系统的建模和控制仿真及汽车四轮转向控制系统仿真；最后两章分别介绍与实验研究相关的 MATLAB 半实物仿真系统，以及基于加拿大 Quanser 公司的三自由度直升机系统半实物仿真与实时控制的实例。

近二十年来，本书作者在浙江工业大学从事自动控制理论、控制系统仿真及计算机控制技术的教学和科研工作，并具体负责"自动控制原理"国家精品课程的建设工作，深切地体会到在自动控制理论教学中引入 MATLAB 的重要性——使得学生对于控制系统的工作原理既有直观的感受，又对控制系统的工作原理理解得更为深入，能够有效地激发和提升学生学习的兴趣，提高学生学习的主动性与自觉性，有助于培养学生的创新能力，有助于把学生从烦琐且具体的细节中解脱出来而侧重于关键性、创造性的逻辑思维活动，有助于提高学生解决实际问题的能力，并有助于缩短理论学习与解决问题之间的距离。

本书作为"自动控制原理"国家精品课程的配套教材，由国家级教学名师、"自动控制原理"国家精品课程负责人王万良教授主审。本书也是浙江工业大学重点教材建设项目，得到学校和教务处的大力支持。在此一并表示感谢！

本书第 1 版在使用的过程中，许多教师和读者提出了宝贵的意见和建议。特别是四川大学锦城学院的代春香老师，在使用本书的过程中，对于第 1 版在编写、印刷、基本内容等方面存在的误漏和问题，做了中肯的批评和详尽的指正，在此深表感谢！本书第 2 版对于第 1 版的大部分仿真实例进行了更新，增加了多个仿真实例，增加了第 11 章三自由度直升机系统半实物仿真与实时控制的内容，改正了原书中的一些错误，添加了一些代码的说明。

本书可以作为高等学校自动化和电气信息类相关专业的教材，并可供相关领域科技工作者学习参考。本书提供配套电子课件，请登录华信教育资源网（http://www.hxedu.com.cn）注册下载。

在本书的编写过程中，引用了相关的书籍、文献资料及论文中的有关内容。在书稿的准备过程中，研究生丁靖、秦婷、谢作樟及谢碧锋对于书中的例子做了仿真实验并承担了部分书稿的整理和录入工作，在此一并表示感谢！

书中难免存在错误和不足之处，殷切希望广大读者批评指正。

张 聚

2018 年 8 月

于浙江工业大学

目　录

第 1 章　MATLAB 应用基础 ······ 1

1.1　MATLAB 简介 ······ 1

1.1.1　操作界面介绍 ······ 2

1.1.2　帮助系统 ······ 4

1.1.3　工具箱 ······ 6

1.2　MATLAB 基本使用方法 ······ 12

1.2.1　基本要素 ······ 12

1.2.2　应用基础 ······ 14

1.2.3　数值运算 ······ 18

1.2.4　符号运算 ······ 22

1.2.5　图形表达功能 ······ 25

1.2.6　程序设计基础 ······ 33

习题 1 ······ 37

第 2 章　基于 MATLAB 的控制系统数学模型 ······ 39

2.1　数学模型的建立 ······ 39

2.1.1　传递函数模型 ······ 39

2.1.2　状态空间模型 ······ 41

2.1.3　零极点增益模型 ······ 44

2.1.4　频率响应数据模型 ······ 45

2.1.5　模型参数的获取 ······ 46

2.2　数学模型的相互转换 ······ 47

2.2.1　连续时间模型和离散时间模型的相互转换 ······ 47

2.2.2　传递函数模型和状态空间模型的相互转换 ······ 48

2.2.3　传递函数模型和零极点增益模型的相互转换 ······ 49

2.2.4　状态空间模型和零极点增益模型的相互转换 ······ 50

2.2.5　离散时间系统的重新采样 ······ 52

2.3　数学模型的连接 ······ 60

2.3.1　串联连接 ······ 60

2.3.2　并联连接 ······ 61

2.3.3　反馈连接 ······ 62

习题 2 ······ 63

第 3 章　基于 MATLAB 的控制系统运动响应分析 ······ 65

3.1　零输入响应分析 ······ 65

3.2　脉冲输入响应分析 ······ 67

3.3　阶跃输入响应分析 ······ 69

3.4　高阶系统响应分析 ······ 70

3.5　任意输入响应分析 ······ 75

3.6　根轨迹分析方法 ······ 77

3.7　控制系统的频率特性 ······ 79

习题 3 ······ 85

第 4 章　基于 MATLAB 的控制系统运动性能分析 ······ 87

4.1　控制系统的稳定性分析 ······ 87

4.2　控制系统的稳态性能分析 ······ 92

4.3　控制系统的动态性能分析 ······ 97

习题 4 ······ 102

第 5 章　基于 MATLAB/Simulink 的控制系统建模与仿真 ······ 104

5.1　Simulink 模块库 ······ 104

5.2　Simulink 基本操作 ······ 113

5.3　Simulink 建模与仿真 ······ 114

5.4　基于 MATLAB/Simulink 的非线性系统自激振荡的分析 ······ 126

习题 5 ······ 134

第 6 章　基于 MATLAB 的控制系统校正 ······ 136

6.1　PID 控制器 ······ 136

6.2　超前校正 ······ 139

6.3　滞后校正 ······ 143

6.4　SISO 设计工具 ······ 147

习题 6 ······ 154

第 7 章　应用实例 1——汽车防抱死制动系统建模与控制仿真 ······ 157

7.1　汽车防抱死制动系统模型 ······ 157

7.1.1 整车模型 ······157
7.1.2 轮胎模型 ······158
7.1.3 滑移率模型 ······159
7.1.4 单轮模型 ······160
7.2 基于单轮模型的 Simulink 仿真 ······160
第 8 章 应用实例 2——车辆悬架系统的建模和控制仿真 ······164
8.1 汽车悬架系统模型 ······164
8.1.1 汽车被动悬架系统状态方程的建立 ······165
8.1.2 汽车主动悬架系统状态方程的建立 ······165
8.2 悬架系统模型性能分析及仿真 ······166
8.2.1 稳定性分析 ······166
8.2.2 脉冲响应 ······167
8.2.3 锯齿波响应 ······169
8.2.4 正弦波响应 ······170
8.2.5 白噪声路面模拟输入仿真 ······171
8.2.6 汽车悬架系统的对比分析及评价 ······173
第 9 章 应用实例 3——汽车四轮转向控制系统仿真 ······175
9.1 四轮转向车辆的动力学模型 ······175
9.2 基于横摆角速度反馈控制的四轮转向系统研究 ······176
9.2.1 模型的建立 ······176
9.2.2 控制算法 ······177
9.2.3 基于MATLAB/Simulink 仿真 ······178
9.2.4 操纵稳定性分析 ······181
9.3 基于最优控制的四轮转向系统研究 ······181
9.3.1 模型的建立 ······181
9.3.2 4WS 系统的可控性和能观性分析 ······182
9.3.3 基于 MATLAB 仿真 ······182
第 10 章 MATLAB 半实物仿真系统 ······186
10.1 MATLAB xPC 半实物仿真系统 ······186
10.1.1 MATLAB xPC 半实物仿真平台架构 ······186
10.1.2 在 Simulink 中搭建半实物仿真系统框图 ······193
10.2 用 M 语言编写的算法进行 xPC 半实物仿真实验方法 ······196
10.2.1 S-Function 模块使用 C 代码进行 xPC 半实物仿真的框架 ······197
10.2.2 S-Function 模块使用 RTW 工具箱生成 C 文件并内部调用 ······197
10.2.3 使用嵌入式MATLAB 函数进行 xPC 半实物仿真方法 ······199
10.3 显式模型预测控制算法 xPC 半实物仿真实验 ······200
10.3.1 显式模型预测控制 xPC 半实物仿真平台架构 ······201
10.3.2 建立显式模型预测控制半实物仿真系统的 Simulink 模型 ······202
10.3.3 显式模型预测控制半实物仿真系统控制效果 ······204
10.4 利用 C-MEX 混编技术实现在 MATLAB 环境下操作硬件 ······206
10.4.1 编写用于驱动和操作硬件的 MEX 文件 ······206
10.4.2 MEX 文件的测试与应用 ······210
第 11 章 应用实例——三自由度直升机系统半实物仿真与实时控制 ······214
11.1 Quanser 三自由度直升机的系统结构和数学模型 ······214
11.2 三自由度直升机 PID 控制器设计 ······217
11.3 三自由度直升机 PID 控制数值仿真 ······218
11.4 三自由度直升机控制半实物仿真与实时控制 ······222
11.5 三自由度直升机控制半实物仿真实验 ······226
参考文献 ······229

第 1 章　MATLAB 应用基础

1.1　MATLAB 简介

MATLAB（Matrix Laboratory，矩阵实验室）是由美国 The MathWorks 公司于 1984 年推出的一种科学与工程计算语言，它广泛地应用于自动控制、数学运算、信号分析、计算机技术、图像信号处理、财务分析、航天工业、汽车工业、生物医学工程、语音处理与雷达工程等各行各业。20 世纪 80 年代初，MATLAB 的创始人 Cleve Moler 博士在美国新墨西哥州立大学讲授线性代数课程时，构思并开发了 MATLAB。后来，Moler 博士等一批数学家与软件学家组建了 The MathWorks 软件开发公司，专门扩展并开发 MATLAB。这样 MATLAB 就于 1984 年推出了第一个商业版本，到 2017 年，MATLAB 已经发展到了版本 2017。

作为目前国际上最流行、应用最广泛的科学与工程计算软件，MATLAB 具有其独树一帜的优势和特点。

（1）简单易用的程序语言。尽管 MATLAB 是一门编程语言，但与其他语言（如 C 语言）相比，它不需要定义变量和数组，使用更加方便，并具有灵活性和智能化的特点。用户只要具有一般的计算机语言基础，很快就可以掌握它。

（2）代码短小高效。MATLAB 程序设计语言集成度高，语言简洁。对于用 C/C++等语言编写的数百条语句，若使用 MATLAB 编写，几条或几十条就能解决问题，而且程序可靠性高，易于维护，可以大大提高解决问题的效率与水平。

（3）功能丰富，可扩展性强。MATLAB 软件包括基本部分和专业扩展部分。基本部分包括矩阵的运算和各种变换、代数与超越方程的求解、数据处理与数值积分等，可以充分满足一般科学计算的需要。专业扩展部分称为工具箱（Toolbox），用于解决某一方面和某一领域的专门问题。MATLAB 的强大功能在很大程度上都来源于它所包含的众多工具箱。大量实用的辅助工具箱适合具有不同专业研究方向及工程应用需求的用户使用。

（4）出色的图形处理能力。MATLAB 提供了丰富的图形表达函数，可以将实验数据或计算结果用图形的方式表达出来，并可以将一些难以表达的隐函数直接用曲线绘制出来；不仅可以方便灵活地绘制一般的一维、二维图像，还可以绘制工程特性较强的特殊图形。另外，MATLAB 还允许用户使用可视化的方式编写图形用户界面（Graphical User Interface，GUI），其难易程度与 Visual Basic 相仿，从而使用户可以容易地应用 MATLAB 编写通用程序。

（5）强大的系统仿真功能。应用 MATLAB 最重要的软件包之一——Simulink 提供的面向框图的建模与仿真功能，可以很容易地构建系统的仿真模型，准确地进行仿真分析。Simulink 模块库的模块集允许用户在一个 GUI 框架下对含有控制环节、机械环节和电子/电机环节的系统进行建模与仿真，这是目前其他计算机语言无法做到的。

现在的 MATLAB 已经不仅仅是一个“矩阵实验室”了，而称为一种具有广泛应用前景的全新的计算机高级编程语言。特别是图形交互式仿真环境——Simulink 的出现，为 MATLAB 的应用拓宽了更广阔的空间。图 1.1.1 所示为 MATLAB 及其产品系列示意图。

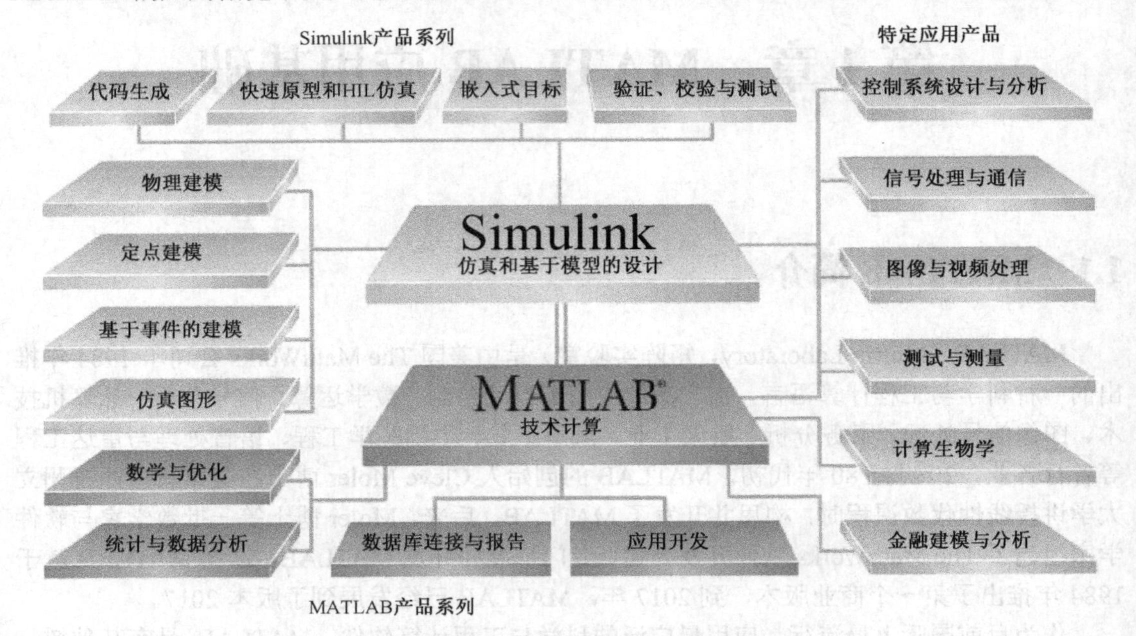

图 1.1.1 MATLAB 及其产品系列示意图

MATLAB 在我国的应用已经有十多年的历史，而自动控制则是其最重要的应用领域之一，自动控制的建模、分析、设计及应用都离不开 MATLAB 的支持。本章基于 MATLAB 7.1，详细介绍 MATLAB 在控制系统的数学建模、运动响应分析、运动性能分析和系统校正中的应用。

1.1.1 操作界面介绍

MATLAB 7.1 含有大量的交互工作界面，包括通用操作界面、工具包专用界面、帮助界面及演示界面等。所有的这些交互工作界面按一定的次序和关系被链接在一个高度集成的工作界面 MATLAB Desktop 中。图 1.1.2 所示为默认的 MATLAB 桌面。桌面上层铺放着三个最常用的窗口：命令窗口（Command Window）、当前目录浏览器（Current Directory）和历史命令窗口（Command History）。在默认情况下，还有一个只能看见窗口名称的工作空间浏览器（Workspace），它被铺放在桌面下层。另外，MATLAB 6.5 及以上版本还在桌面的左下角增加了 Start（开始）按钮。

MATLAB 通用操作界面是 MATLAB 交互工作界面的重要组成部分，涉及内容很多，这里仅介绍最基本和最常用的 8 个交互工作界面。

1. 命令窗口（Command Window）

命令窗口默认情形下出现在 MATLAB 界面的右侧，是进行 MATLAB 操作的最主要的窗口。在命令窗口中可输入各种 MATLAB 命令、函数和表达式，并显示除图形以外的所有运算结果。

2. 历史命令窗口（Command History）

历史命令窗口默认情形下出现在 MATLAB 界面的左下侧，用来记录并显示已经运行过的命令、函数和表达式，并允许用户对其进行选择、复制、重运行和产生 M 文件。

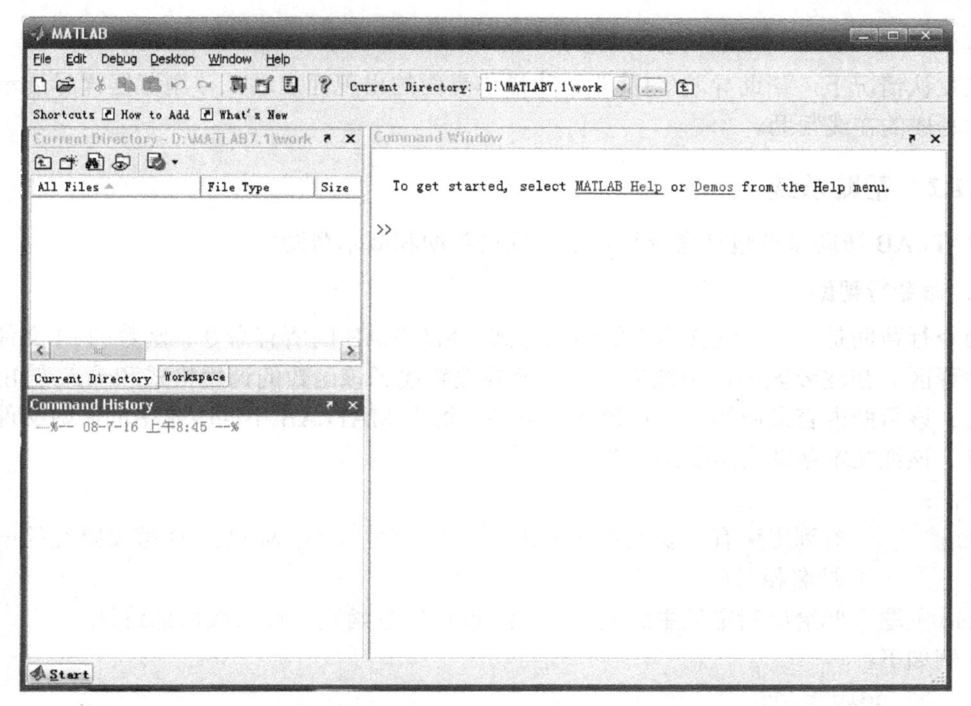

图 1.1.2　默认的 MATLAB 7.1 桌面

3. 当前目录浏览器（Current Directory）

当前目录浏览器默认情形下出现在 MATLAB 界面的左上侧的前台，用来设置当前目录，可以随时显示当前目录下的.m、.mdl 等文件的信息，并可以复制、编辑和运行 M 文件及装载 MAT 数据文件等。

4. 工作空间浏览器（Workspace）

工作空间浏览器（又称为内存浏览器窗口）默认情形下出现在 MATLAB 界面的左上侧的后台，用于显示所有 MATLAB 工作空间中的变量名、数据结构、类型、大小和字节数。在该窗口中，可以对变量进行观察、编辑、提取和保存。

5. 数组编辑器（Array Editor）

在默认情况下，数组编辑器不随操作界面的出现而启动。只有在工作空间窗口中选择数值、字符变量，双击该变量时才会出现数组编辑器窗口，并且该变量会在窗口中显示。用户可以直接在数组编辑器窗口中修改打开的数组，通过设置可以改变数据结构和显示方式。

6. 开始按钮（Start）

启动 MATLAB 后，可以在 MATLAB 桌面的左下角看见一个 Start 图标按钮，这是在 MATLAB 6.5 及以上版本中新增加的开始按钮。单击按钮，显示的下拉菜单中列出了已安装的各类 MATLAB 组件和桌面工具。

7. M 文件编辑/调试器（Editor/Debugger）

在默认情况下，M 文件编辑/调试器不随操作界面的出现而启动，只有需要编写 M 文件时才启动窗口。M 文件编辑/调试器不仅可以编辑 M 文件，而且可以对 M 文件进行交互式调试；不仅可以处理带.m 扩展名的文件，而且可以阅读和编辑其他 ASCII 码文件。

8．帮助导航/浏览器（Help Navigator/Browser）

在默认情况下，帮助导航/浏览器不随操作界面的出现而启动。该浏览器详尽展示了由超文本写成的在线帮助。

1.1.2　帮助系统

MATLAB 帮助系统包括命令行帮助、联机帮助和演示帮助。

1．命令行帮助

命令行帮助是一种“纯文本”的帮助方式。MATLAB 的所有命令、函数的 M 文件都有一个注释区。在注释区中，用纯文本形式简要地叙述了该函数的调用格式和输入/输出变量的含义。该帮助内容最原始，但也最真切可靠。每当 MATLAB 不同版本中的函数文件发生变化时，该纯文本帮助也跟着同步变化。

语法：

help	%列出所有主要的帮助主题，每个帮助主题与 MATLAB 搜索路径的一个目录名相对应
help 主题	%给出指定某主题的帮助，主题可以是函数、目录或局部路径

示例如下：

```
>> help bode
BODE  Bode frequency response of LTI models.

BODE(SYS) draws the Bode plot of the LTI model SYS (created with either
TF, ZPK, SS, or FRD). The frequency range
and number of points are chosen automatically.

BODE(SYS,{WMIN,WMAX}) draws the Bode plot for frequencies
between WMIN and WMAX (in radians/second).

BODE(SYS,W) uses the user-supplied vector W of frequencies, in
radian/second, at which the Bode response is to be evaluated.
See LOGSPACE to generate logarithmically spaced frequency vectors.

BODE(SYS1,SYS2,...,W) graphs the Bode response of multiple LTI
models SYS1,SYS2,... on a single plot. The frequency vector W
is optional. You can specify a color, line style, and marker
for each model, as in bode(sys1,'r',sys2,'y--',sys3,'gx').

[MAG,PHASE] = BODE(SYS,W) and [MAG,PHASE,W] = BODE(SYS) return the
response magnitudes and phases in
degrees (along with the frequency vector W if unspecified). No plot is
drawn on the screen.
If SYS has NY outputs and NU inputs, MAG and PHASE are arrays of
size [NY NU LENGTH(W)] where MAG(:,:,k) and PHASE(:,:,k) determine
the response at the frequency W(k). To get the magnitudes in dB,
```

```
type MAGDB = 20*log10(MAG).

For discrete-time models with sample time Ts, BODE uses the
transformation Z = exp(j*W*Ts) to map the unit circle to the
real frequency axis.  The frequency response is only plotted
for frequencies smaller than the Nyquist frequency pi/Ts, and
the default value 1 (second) is assumed when Ts is unspecified.

See also BODEMAG, NICHOLS, NYQUIST, SIGMA, FREQRESP, LTIVIEW, LTIMODELS.
```

2．联机帮助

通过单击工具栏上的 ? 图标，或者选择菜单 Help→MATLAB Help，或单击 MATLAB 左下角的 Start 按钮选择 Help 选项，或者在命令窗口中输入 Helpwin 命令，可打开 MATLAB 的帮助导航/浏览器，如图 1.1.3 所示。该浏览器是 MATLAB 专门设计的一个独立帮助子系统，由帮助导航（Help Navigator）和帮助浏览器（Help Browser）两部分组成。

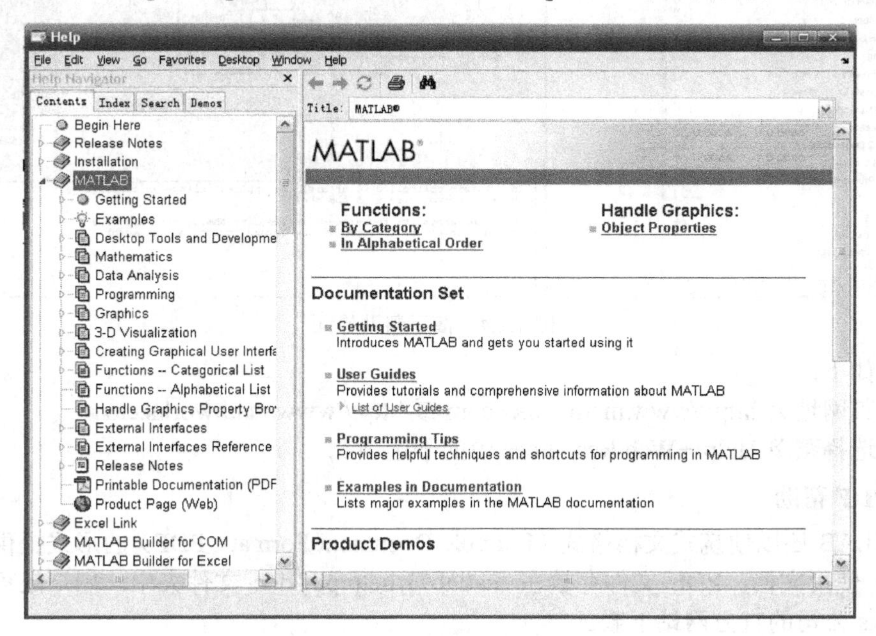

图 1.1.3　帮助导航/浏览器界面

3．演示帮助

MATLAB 及其工具箱都有很好的演示程序，即 Demos，其交互界面如图 1.1.4 所示。Demos 演示界面操作非常方便，为用户提供了图文并茂的演示实例。

打开 Demos 有以下两种方法：

（1）在 MATLAB 命令窗口中运行 demo 或 demos 命令。

（2）选择菜单项 Help→Demos，或者单击 Start 按钮并从出现的菜单中选择 Demos 选项。

4．Web 帮助

MathWorks 公司提供了技术支持网站，通过该网站用户可以找到相关的 MATLAB 产品介绍、使用建议、常见问题解答和其他 MATLAB 用户提供的应用程序。

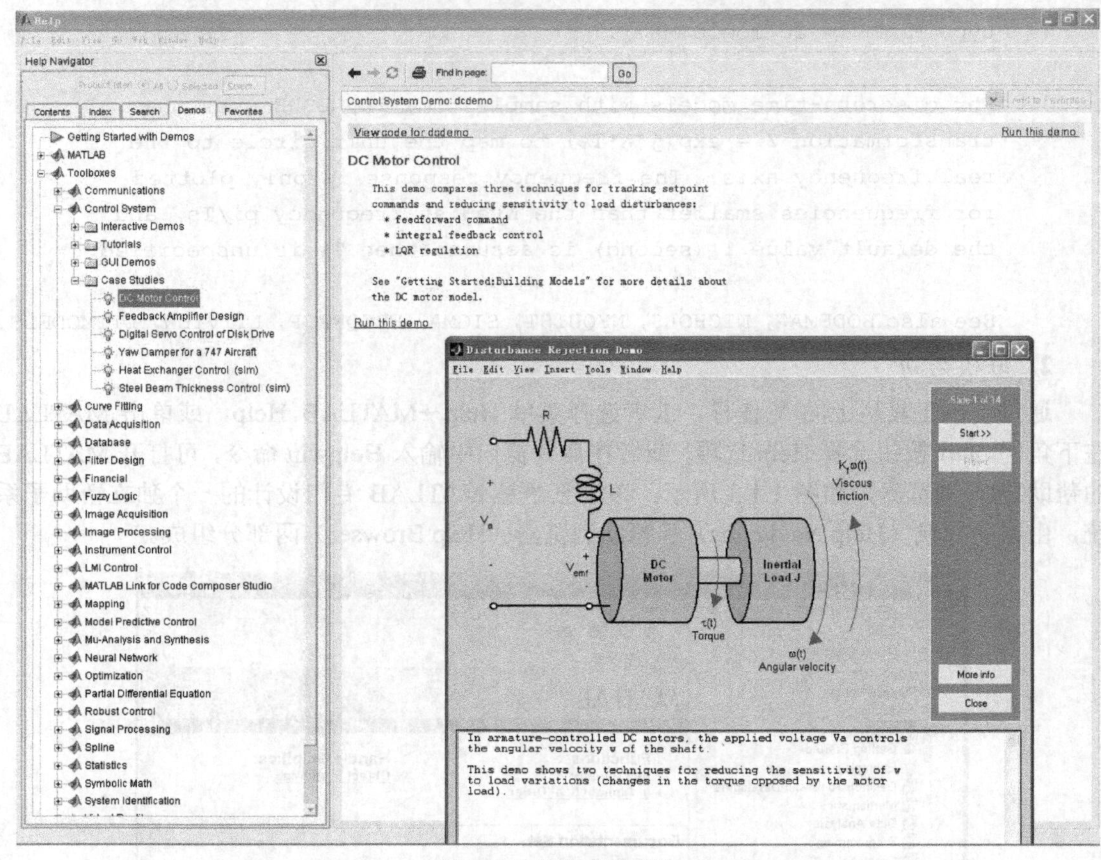

图 1.1.4 演示帮助界面

方法如下：

（1）其网址为 http://www.mathworks.com 或 http://www.mathworks.cn。

（2）选择菜单 Help→Web Resources 中的子选项。

5. PDF 帮助

MATLAB 还以便携式文档格式（Portable Document Format，PDF）的形式提供了详细的 MATLAB 使用文档。PDF 文件存放在 matlab71/help/pdf-doc 文件夹中。用户还可以从 The MathWorks 公司的官方网站下载。

1.1.3 工具箱

工具箱实际上是用 MATLAB 的基本语句编成的各种子程序集，用于解决某一方面的专门问题或实现某一类的新算法。MATLAB 有 30 多个工具箱，大致可分为两类：功能型工具箱和领域型工具箱。功能型工具箱主要用来扩充 MATLAB 的符号计算功能、图形建模仿真功能、文字处理功能及与硬件实时交互功能，能用于多种学科。而领域型工具箱是专业性很强的工具箱，如控制系统工具箱（Control System Toolbox）、信号处理工具箱（Signal Processing Toolbox）、财政金融工具箱（Financial Toolbox）等。下面简要介绍 MATLAB 工具箱内所包含的主要内容。

1. 通信工具箱（Communication Toolbox）

提供 100 多个函数和 150 多个 Sinulink 模块用于通信系统的仿真和分析。

- 信号编码
- 调制解调
- 滤波器和均衡器设计
- 通道模型
- 同步
- 可由结构图直接生成可应用的 C 语言源代码

2．控制系统工具箱（Control System Toolbox）

- 连续系统设计和离散系统设计
- 状态空间和传递函数
- 模型转换
- 频域响应：Bode 图、Nyquist 图、Nichols 图
- 时域响应：冲激响应、阶跃响应、斜波响应等
- 根轨迹、极点配置、LQG

3．财政金融工具箱（Financial Toolbox）

- 成本、利润分析，市场灵敏度分析
- 业务量分析及优化
- 偏差分析
- 资金流量估算
- 财务报表

4．频率域系统辨识工具箱（Frequency Domain System Identification Toolbox）

- 辨识具有未知延迟的连续和离散系统
- 计算幅值/相位/零点/极点的置信区间
- 设计周期激励信号、最小峰值、最优能量等

5．模糊逻辑工具箱（Fuzzy Logic Toolbox）

- 友好的交互设计界面
- 自适应神经、模糊学习、聚类及 Sugeno 推理
- 支持 Sinulink 动态仿真
- 可生成 C 语言源代码用于实时应用

6．高阶谱分析工具箱（Higher-Order Spectral Analysis Toolbox）

- 高阶谱估计
- 信号中非线性特征的检测和刻画
- 延时估计
- 幅值和相位重构
- 阵列信号处理
- 谐波重构

7．图像处理工具箱（Image Processing Toolbox）

- 二维滤波器设计和滤波
- 图像恢复增强

- 色彩、集合及形态操作
- 二维变换
- 图像分析和统计

8．线性矩阵不等式控制工具箱（LMI Control Toolbox）

- LMI 的基本用途
- 基于 GUI 的 LMI 编辑器
- LMI 问题的有效解法
- LMI 问题解决方案

9．模型预测控制工具箱（Model Predictive Control Toolbox）

- 建模、辨识及验证
- 支持 MISO 模型和 MIMO 模型
- 阶跃响应和状态空间模型

10．u 分析与综合工具箱（u-Analysis and Synthesis Toolbox）

- u 分析与综合
- H2 和 H 无穷大最优综合
- 模型降阶
- 连续和离散系统
- u 分析与综合理论

11．神经网络工具箱（Neural Network Toolbox）

- BP、Hopfield、Kohonen、自组织、径向基函数等网络
- 竞争、线性、Sigmoidal 等传递函数
- 前馈、递归等网络结构
- 性能分析及应用

12．优化工具箱（Optimization Toolbox）

- 线性规划和二次规划
- 求函数的最大值和最小值
- 多目标优化
- 约束条件下的优化
- 非线性方程求解

13．偏微分方程工具箱（Partial Differential Equation Toolbox）

- 二维偏微分方程的图形处理
- 几何表示
- 自适应曲面绘制
- 有限元方法

14．鲁棒控制工具箱（Robust Control Toolbox）

- LQG/LTR 最优综合
- H2 和 H 无穷大最优综合

- 奇异值模型降阶
- 谱分解和建模

15．信号处理工具箱（Signal Processing Toolbox）

- 数字和模拟滤波器设计、应用及仿真
- 谱分析和估计
- FFT、DCT 等变换
- 参数化模型

16．样条工具箱（Spline Toolbox）

- 分段多项式和 B 样条
- 样条的构造
- 曲线拟合及平滑
- 函数微分、积分

17．统计工具箱（Statistics Toolbox）

- 概率分布和随机数生成
- 多变量分析
- 回归分析
- 主元分析
- 假设检验

18．符号数学工具箱（Symbolic Math Toolbox）

- 符号表达式和符号矩阵的创建
- 符号微积分、线性代数、方程求解
- 因式分解、展开和简化
- 符号函数的二维图形
- 图形化函数计算器

19．系统辨识工具箱（System Identification Toolbox）

- 状态空间和传递函数模型
- 模型验证
- MA、AR、ARMA 等
- 基于模型的信号处理
- 谱分析

20．小波工具箱（Wavelet Toolbox）

- 基于小波的分析和综合
- 图形界面和命令行接口
- 连续和离散小波变换及小波包
- 一维、二维小波
- 自适应去噪和压缩

常用的管理命令及示例如下：

```
>> which Bode                %查找 Bode 函数在哪个文件夹中
```

```
C:\MATLAB6p5p1\toolbox\control\control\bode.m
>> cd  C:\MATLAB6p5p1\toolbox\control\control  %进入该文件夹
>> what                        %查找当前文件夹中的内容

M-files in the current directory C:\MATLAB6p5p1\toolbox\control\control

Contents   care        damp      dsort     imargin   ltimask   minreal
pade       rmodel      ss2ss     acker     connect   dare      dss
impulse    ltimodels   modred    parallelrss         step      append
covar      dcgain      esort     initial   ltiprops  ngrid     place
series     zgrid       augstate  ctrb      dkalman   estim     lqr
ltitr      nichols     pzmap
sgrid      balreal     ctrbf     dlqr      feedback  lqrd      ltiview
nyquist    reg         sigma     bode      ctrlpref  dlyap     filt
lqry       lyap        obsv      rlocfindsisotool    c2d       d2c
drmodel    freqresp    lsim      margin    obsvf     rlocus    slblocks
canon      d2d         drss      gensig    ltifr     mimofr    ord2
rltool     slview

MAT-files in the current directory C:\MATLAB6p5p1\toolbox\control\
control

ltiexamples

MDL-files in the current directory C:\MATLAB6p5p1\toolbox\control\
control

Model_Inputs_and_Outputs     cstextras
cstblocks                  ltiblock

Classes in the current directory C:\MATLAB6p5p1\toolbox\control\control

frd  lti  ss   tf   zpk

>> lookfor  Bode    %查找与Bode函数相关的内容

BODE  Bode frequency response of LTI models.
DBODE  Bode frequency response for discrete-time linear systems.
DFRQINT Discrete auto-ranging algorithm for DBODE plots.
FBODE  Bode frequency response for continuous-time linear systems.
FREQINT  Auto-ranging algorithm for Bode frequency response.
PLOTBODE Plots Bode responses given the plotting data.
PLOTFRSP Plot the frequency response generated by MOD2FRSP as a Bode plot.
CLXBODE Continuous complex frequency response (SIMO).
DCLXBODE Discrete complex frequency response (SIMO).
```

```
DINTPLT Script file for plotting the SV Bode plot of DINTDEMO.
FITD State space realization of a given magnitude Bode plot.
POWER_FILTERBODE plots the impedance versus frequency characteristic of
power_filter demo.
PSBFILTERBODE plots the impedance versus frequency characteristic of
psbfilter demo.
BODEPLOT Plots the Bode diagram of a transfer function or spectrum.
BODEAUX Help function to IDMODEL/BODE and FFPLOT
SYSARDEC  Parse the input arguments for BODE, NYQUITS and FFPLOT
BODE  Bode frequency response of LTI models.
BODEASYM Plots the asymptotic Bode magnitude curve
BODEMAG  Bode magnitude plot for LTI models.
BODE  Bode frequency response of LTI models.
BODEASYM Plots the asymptotic Bode magnitude curve
BODEMAG  Bode magnitude plot for LTI models.
bode.m: %IDMODEL/BODE Plots the Bode diagram of a transfer function or
spectrum.
boderesp.m: %IDFRD/BODERESP  Computes a model's frequency function,along
with its standard deviation
bode.m: %IDMODEL/BODE Plots the Bode diagram of a transfer function or
spectrum.
BODERESP  Computes a model's frequency function,along with its standard
deviation

>> type Bode    %Bode.m 文件的源代码
```

目录设置如图 1.1.5 所示。

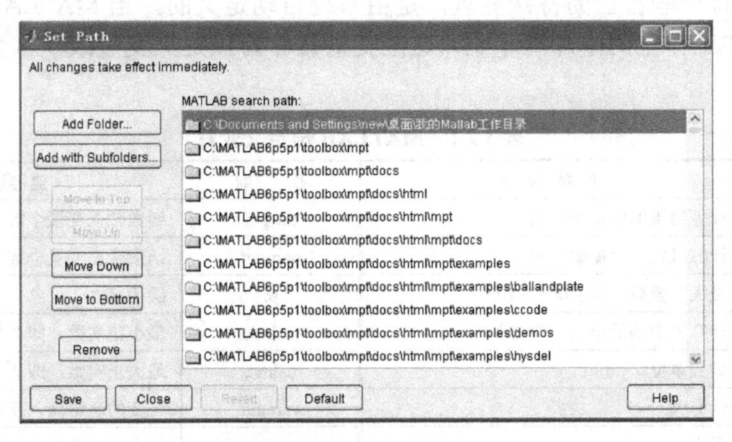

图 1.1.5　目录设置

```
>> path
    MATLABPATH
    C:\Documents and Settings\new\桌面\我的 MATLAB 工作目录
    C:\MATLAB6p5p1\work
    C:\MATLAB6p5p1\toolbox\matlab\general
...
...
```

1.2　MATLAB 基本使用方法

本节主要介绍 MATLAB 强大的数学计算功能和图形绘画功能，为控制系统的建模、分析和设计打下基础。

1.2.1　基本要素

MATLAB 基本要素包括变量、数值、复数、字符串、运算符、标点符等。

1．变量

MATLAB 不要求用户在输入变量的时候进行声明，也不需要指定变量类型。MATLAB 会自动依据所赋予变量的值或对变量进行的操作来识别变量的类型。在赋值过程中，如果赋值变量已存在，那么 MATLAB 将使用新值替换旧值，并替换其类型。

MATLAB 变量的命名规则如下：

① 变量名区分字母大小写，如 feedback 和 Feedback 表示两个不同变量。

② MATLAB 6.5 版本以上，变量名不得超过 63 个字符。

③ 变量名必须以英文字母开头。

④ 变量名由字母、数字和下画线组成，但不能包含空格和标点。

不管使用哪种计算机语言，变量的命名习惯很重要。好的变量命名可以大大提高程序的可读性。变量名不宜太长，一般用小写字母表示；变量名应使用能帮助记忆、或能够提示其在程序中用法的名字，这样还可以避免重复命名；当变量名包含多个词时，可以在每个词之间添加一个下画线，或者每个内嵌的词的第一个字母都大写，如 my_var 或 MyVar。

MATLAB 有一些自己的特殊变量，是由系统自动定义的，当 MATLAB 启动时就驻留在内存中，但在工作空间中却看不到，这些变量被称为预定义变量或默认变量，如表 1.2.1 所示。

表 1.2.1　MATLAB 预定义变量

名　称	变量含义	名　称	变量含义
ans	计算结果的默认变量名	nargin	函数输入变量个数
beep	计算机发出“嘟嘟”声	nargout	函数输出变量个数
bitmax	最大正整数，即 9.0072×10^{15}	pi	圆周率 π
eps	计算机中的最小数，即 2^{-52}	realmin	最小正实数，即 2^{-1022}
i 或 j	虚数单位	realmax	最大正实数，即 2^{1023}
Inf 或 inf	无穷大	varagin	可变的函数输入变量个数
NaN 或 nan	不定值	varagout	可变的函数输出变量个数

【例 1.2.1】 计算 2π 值。

解　在 MATLAB 命令窗口中输入：

```
>> 2*pi
```

运行结果为：

```
ans =
```

```
6.2832
```

注意：在定义变量时，应避免与预定义变量名重复，以免改变这些变量的值。如果已经改变了某个变量的值，可以通过输入“clear 变量名”来恢复该变量的初始设定值。

2．数值

在 MATLAB 中，数值表示既可以使用十进制计数法，也可以使用科学计数法。所有数值均按 IEEE 浮点标准规定的长型格式存储，数值的有效范围为 10^{-308}～10^{308}。

3．复数

MATLAB 中复数的基本单位表示为 i 或 j。可以利用以下语句生成复数：

① z = a+bi 或 z=a+bj。

② z=r*exp(θ*i)，其中 r 是复数的模，θ是幅角的弧度数。

4．字符串

在 MATLAB 中创建字符串的方法是，将待建的字符串放入单引号中。注意，单引号必须在英文状态下输入，而字符串内容可以是中文。

MATLAB 中，字符串的字体颜色为紫色。

【例 1.2.2】 显示字符串“欢迎使用 MATLAB”。

解 在 MATLAB 命令窗口中输入：

```
>> '欢迎使用 MATLAB'
```

运行结果为：

```
ans =
欢迎使用 MATLAB
```

5．运算符

MATLAB 中运算符包括算术运算符、关系运算符和逻辑运算符，如表 1.2.2 所示。

表 1.2.2 MATLAB 运算符

操作符	功能	操作符	功能
算数运算符			
+	算术加	/	算术右除
−	算术减	.*	点乘
*	算术乘	.^	点乘方
^	算术乘方	.\	点左除
\	算术左除	./	点右除
关系运算符			
==	等于	>=	大于等于
~=	不等于	<	小于
>	大于	<=	小于等于
逻辑运算符			
&	与	~	非
|	或		

6. 标点符

在 MATLAB 中，一些标点符号也被赋予了特殊的意义或用于进行一定的计算等，如表 1.2.3 所示。

表 1.2.3 MATLAB 标点符

标点符	功能	标点符	功能
:	冒号	.	小数点
;	分号，区分行及取消运算显示	…	续行符
,	逗号，区分列及函数参数分隔符	%	百分号，注释
()	圆括号，指定运算优先级	!	感叹号，调用操作系统运算
[]	方括号，矩阵定义	=	等号，赋值
{}	花括号，构成元胞数组	''	单引号，字符串标识

这里对冒号做进一步介绍。冒号在 MATLAB 中的作用极为丰富，不仅可以定义行向量，还可以截取指定矩阵中的部分元素。

产生等间距行向量的格式为：

```
from:step:to    %产生以 from 开始，以 to 结尾，步长为 step 的行向量
```

说明：

① from、step、to 均为数字表示。

② step 可省略，步长默认为 1。

【例 1.2.3】 用冒号产生增量为 1 和 2 的行向量。

解 在 MATLAB 命令窗口中输入：

```
>> a=2:8                    %默认增量为 1
```

运行结果为：

```
a =
     2     3     4     5     6     7     8
```

在 MATLAB 命令窗口中输入：

```
>> a=2:2:8                  %产生增量为 2 的行向量
```

运行结果为：

```
a =
     2     4     6     8
```

1.2.2 应用基础

用户可以利用 MATLAB 在命令窗口中随心所欲地进行各种数学演算，就如同使用计算器那么简单方便。

【例 1.2.4】 求算术运算 $[9\times(10-1)+19]\div 2^2$ 的结果。

解 在 MATLAB 命令窗口中输入：

```
>> (9*(10-1)+19)/2^2
```

运行结果为：

```
ans =
    25
```

说明：

① 命令行行首符号“>>”是命令输入提示符，由 MATLAB 自动产生，用户不用自行输入。

② MATLAB 的运算符号为西文字符，不能在中文状态下输入。

③ 在全部输入一个命令行内容后，必须按下回车键，该命令才会被执行。

④ 如果不想显示计算结果，可以在命令行结尾处添加分号“;”。对于以分号结尾的语句，尽管该命令已执行，但 MATLAB 并不显示其运算结果。

⑤ 可以添加百分号“%”来对语句进行注释。百分号后所有输入语句都为注释，直至输入回车键。系统并不执行注释语言。注释语句在 MATLAB 中以绿色文字显示。

1．矩阵

矩阵是 MATLAB 的基本运算单元，矩阵运算是 MATLAB 的核心。在 MATLAB 中，矩阵的生成方法有很多，既可以以矩阵格式输入得到，也可以由 MATLAB 提供的函数生成。

在 MATLAB 中输入矩阵应该要注意：

① 所有运算符号和标点符号必须在英文状态下输入。

② 矩阵每行元素之间用空格或逗号“,”分隔，矩阵行之间用分号“;”隔离。整个矩阵放在方括号“[ ]”中。

③ 不必对矩阵维数做说明，系统将自动配置。

【例 1.2.5】 输入矩阵 $\boldsymbol{A}=\begin{bmatrix}1&0&0\\0&1&0\\0&0&1\end{bmatrix}$。

解　在 MATLAB 命令窗口中输入：

```
>> A=[1,0,0;0,1,0;0,0,1]      %也可以输入A=[1 0 0;0 1 0;0 0 1]得到相同结果
```

运行结果为：

```
A =
     1     0     0
     0     1     0
     0     0     1
```

注意：例 1.2.5 中的命令被执行后，矩阵 $\boldsymbol{A}$ 会被保存在 MATLAB 的工作空间内。如果用户不用 clear 命令清除或对它重新赋值，那么该矩阵值会一直保存在工作空间内，直到该次的 MATLAB 命令窗口关闭。

进一步地，$A(i,j)$ 表示矩阵 $\boldsymbol{A}$ 中第 i 行第 j 列元素。在 MATLAB 中，使用 $A(i,:)$ 提取矩阵第 i 行的全部元素；使用 $A(:,j)$ 提取矩阵第 j 列的全部元素；使用 $A(i_1:i_2,:)$ 提取 i_1～i_2 行的全部元素；使用 $A(i,j)$ 提取矩阵 $\boldsymbol{A}$ 中第 i 行第 j 列元素。

【例 1.2.6】 提取例 1.2.5 中矩阵 $\boldsymbol{A}$ 第 1、2 行元素。

解　在 MATLAB 命令行中输入：

```
>> A(1:2,:)
```

运行结果为：

```
ans =
     1     0     0
     0     1     0
```

MATLAB 中还可以利用方括号将矩阵进行“合成”。如在 MATLAB 命令窗口中输入：

```
>> B=[A,A+1;A+2,A+3]
```

运行结果为：

```
B =
     1     0     0     2     1     1
     0     1     0     1     2     1
     0     0     1     1     1     2
     3     2     2     4     3     3
     2     3     2     3     4     3
     2     2     3     3     3     4
```

2．特殊矩阵的生成

MATLAB 中内置了很多特殊矩阵的生成函数，利用这些函数可以自动生成一些特殊的矩阵。

（1）空矩阵

空矩阵用方括号“[ ]”表示。

空矩阵大小为零，但变量名却保存在工作空间中。

（2）单位阵

单位阵使用函数 eye( )实现。其格式如下：

eye(*n*)	%生成 *n* 维的方阵
eye(*n*,*m*)	%生成 *n*×*m* 维矩阵

【例 1.2.7】生成 4×4 维的单位阵。

解 在 MATLAB 命令窗口中输入：

```
>> a=eye(4)
```

运行结果为：

```
a =
     1     0     0     0
     0     1     0     0
     0     0     1     0
     0     0     0     1
```

（3）零矩阵

零矩阵使用函数 zeros( )实现。格式与函数 eye( )相同。

【例 1.2.8】生成 3×4 维的零矩阵。

解 在 MATLAB 命令窗口中输入：

```
>> a=zeros(3,4)
```

运行结果为：

```
a =
     0     0     0     0
     0     0     0     0
     0     0     0     0
```

（4）对角矩阵

对角矩阵使用函数 diag( )实现。其调用格式如下：

diag(V)	%生成元素在主对角线上的对角阵

```
diag(V,K)          %生成对角阵
```

说明：

① V为向量，即对角阵元素值。

② K为数值，表示向量V偏离主对角线的列数。K < 0时，V在主对角线下方；K > 0时，V在主对角线上方；K = 0时，V在主对角线上。

【例1.2.9】生成对角矩阵。

解 在MATLAB命令窗口中输入：

```
>> V=[1 3 5 7];
>> diag(V)
```

运行结果为：

```
ans =
     1     0     0     0
     0     3     0     0
     0     0     5     0
     0     0     0     7
```

在MATLAB命令窗口中输入：

```
>> diag(V,-1)
```

运行结果为：

```
ans =
     0     0     0     0     0
     1     0     0     0     0
     0     3     0     0     0
     0     0     5     0     0
     0     0     0     7     0
```

在MATLAB命令窗口中输入：

```
>> diag(V,2)
```

运行结果为：

```
ans =
     0     0     1     0     0     0
     0     0     0     3     0     0
     0     0     0     0     5     0
     0     0     0     0     0     7
     0     0     0     0     0     0
     0     0     0     0     0     0
```

（5）全部元素为1的矩阵

该矩阵使用函数ones( )实现，其调用格式和函数eye( )相同。

【例1.2.10】产生一个3×4维的全一矩阵。

解 在MATLAB命令窗口中输入：

```
>> ones(3,4)
```

运行结果为：

```
ans =
     1     1     1     1
```

```
     1     1     1     1
     1     1     1     1
```

1.2.3　数值运算

MATLAB 在科学计算及工程中的应用极其广泛，其主要原因是许多数值运算问题都可以通过 MATLAB 简单地得到解决。

1．向量运算

向量是组成矩阵的基本元素之一。向量的输入和矩阵的输入一样，行向量元素之间用空格或逗号“,”隔离，列向量元素之间用分号“;”隔离。在 1.2.1 节中还介绍了利用标点符冒号“:”生成等间距行向量的方法。

向量的基本运算包括向量与常数间、向量与向量间的运算。

（1）向量与常数之间的四则运算

向量与常数之间的四则运算是指向量的每个元素与常数进行的加、减、乘、除等运算。运算符号分别是“+”、“−”、“*”及“/”。

（2）向量与向量之间的运算

向量与向量之间的加、减运算是指向量的每个元素与另一个向量的对应元素之间的加、减运算。运算符号为“+”和“−”。

向量的点积用函数 dot( )实现。向量的叉积用函数 cross( )实现。

```
dot(a,b)            %计算向量 a 和 b 的点积
cross(a,b)          %计算向量 a 和 b 的叉积
```

【例 1.2.11】 计算向量 $\boldsymbol{A}=[1\quad 2\quad 3]$ 和 $\boldsymbol{B}=[7\quad 12\quad 30]$ 的点积和叉积。

解　在 MATLAB 命令窗口中输入：

```
>> A=[1 2 3];B=[7 12 30];
>> dot(A,B)     %向量的点积得到一个标量
```

运算结果为：

```
ans =
   121
```

在 MATLAB 命令窗口中输入：

```
>> cross(A,B)  %向量的叉积得到一个向量
```

运行结果为：

```
ans =
    24    -9    -2
```

2．数组运算

数组是一组实数或复数排成的长方阵列。单维数组通常就是行向量或列向量；多维数组可以认为是矩阵在维数上的扩张。

从数据结构看，二维数组和矩阵没什么区别。但是在 MATLAB 中，数组和矩阵的运算有较大的区别。MATLAB 中，矩阵运算是按照线性代数运算法则定义的，而数组的运算则按照 MATLAB 所定义的规则，目的是为了数据管理方便、操作简单、命令形式自然及计算执行有效。

（1）数组与实数间的四则运算

运算符号为：加“+”、减“−”、乘“*”、除“/”。单维数组与实数的运算和向量与实数

的运算完全相同。

（2）数组之间的四则运算

运算符为：加“+”、减“−”、乘“.*”、点左除“.\”、点右除“./”。数组间的四则运算是按元素与元素的方式进行的，数组间的加、减运算和矩阵中的加、减运算相同。数组的左除和右除含义是不同的。

【例 1.2.12】 数组相除运算。

解　在 MATLAB 窗口中输入：

```
>> A=[1 2;3 4;5 6];
>> B=[1 3;2 4;5 7];
>> C=A./B                  %点右除
```

运行结果为：

```
C =
   1.0000    0.6667
   1.5000    1.0000
   1.0000    0.8571
```

在 MATLAB 命令窗口中输入：

```
>> C=A.\B                  %点左除
```

运行结果为：

```
C =
   1.0000    1.5000
   0.6667    1.0000
   1.0000    1.1667
```

注意：执行数组间的运算时，参与运算的数组必须维数相同，运算所得的数组维数也与原数组维数相同。

（3）数组的乘方运算

数组乘方运算的符号为“.^”，按元素对元素的幂运算进行，这与矩阵的幂运算完全不同。

【例 1.2.13】 数组的乘方运算。

解　在 MATLAB 命令窗口中输入：

```
>> A=[1 2;3 4;5 6];
>> C=A.^2
```

运行结果为：

```
C =
    1     4
    9    16
   25    36
```

注意：数组在进行“乘”、“除”和“乘方”运算时，运算符中的小圆点绝不能遗漏。遗漏点后虽然仍然可以运算，但此时已不按数组运算规则进行运算了。

3．矩阵运算

矩阵运算是 MATLAB 最基本的运算，MATLAB 矩阵运算功能十分强大。这里分为基本的数值运算和函数运算两部分来介绍。

（1）基本数值运算

数组运算与矩阵运算不同，如果在数组运算中遗漏了运算符中的小圆点，那么MATLAB就不会根据数组运算规则进行计算，而是根据矩阵运算规则计算。因此，去掉小圆点即为矩阵的数值运算符：加“+”、减“-”、乘“*”、除“\”或“/”、乘方“^”。

另外，矩阵的转置运算用符号右单引号“'”完成，与向量的转置运算相同。在MATLAB中，矩阵的基本数值计算规则遵照线性代数的规则。这里不做专门介绍。

（2）矩阵的函数运算

实现矩阵运算的函数如表1.2.4所示。

表1.2.4 实现矩阵特有运算的函数

函 数 名	功 能	函 数 名	功 能
sqrtm	开方运算	gsvd	广义奇异值
expm	指数运算	inv	矩阵求逆
logm	对数运算	norm	求范数
det	求行列式	poly	求特征多项式
eig	求特征值和特征向量	rank	求秩
pinv	伪逆矩阵	trace	求迹

【例1.2.14】 矩阵的函数运算。

解 （1）转置运算。在MATLAB命令窗口中输入：

```
>> A=[1 2 0;2 5 -1;4 10 -1];
>> B=A'
```

运行结果为：

```
B =
     1     2     4
     2     5    10
     0    -1    -1
```

（2）求逆运算。在MATLAB命令窗口中输入：

```
>> B=inv(A)
```

运行结果为：

```
B =
     5     2    -2
    -2    -1     1
     0    -2     1
```

（3）行列式运算。在MATLAB命令窗口中输入：

```
>> B=det(A)
```

运行结果为：

```
B =
     1
```

（4）求秩运算。在MATLAB命令窗口中输入：

```
>> B=rank(A)
```

运行结果为：

```
B =
```

```
3
```

4．多项式运算

在控制系统的设计与分析中，往往需要求出控制系统的特征根或传递函数的零极点，这些都与多项式及其运算有关。

在 MATLAB 中，多项式用系数的行向量表示，而不考虑多项式的自变量。如对一般的多项式：

$$P(x) = a_0 x^n + a_1 x^{n-1} + \cdots + a_{n-1} x + a_n$$

在 MATLAB 中表示为：

$$P = [a_0 \quad a_1 \quad \cdots \quad a_n]$$

MATLAB 提供多项式运算的函数如下：

```
p=conv(p1,p2)                %多项式卷积，p 是多项式 p1、p2 的乘积多项式
[q,r]=deconv(p1,p2)          %多项式解卷，q 是 p1 被 p2 除的商多项式，r 是余多项式
p=poly(a)                    %求方阵 a 的特征多项式，或由根 a 构造多项式 p
dp=polyder(p)                %由根求多项式，多项式求导数，求多项式 p 的导数多项式 dp
p=polyfit(x,y,n)             %多项式曲线拟合，求 x,y 向量给定数据的 n 阶拟合多项式 p
pA=polyval(p,s)              %多项式求值，按数组运算规则计算多项式值
pM=polyvalm(p,s)             %多项式求值，按矩阵运算规则计算多项式值
[r,p,k]=residue(num,den)     %分式多项式的部分分式展开。num 是分子多项式系数向量，
                             %den 是分母多项式系数向量，r 是留数，p 是极点，k 是直项
r=roots(p)                   %多项式求根，r 是多项式 p 的根向量
```

【例 1.2.15】 用多项式根构造多项式。

解　在 MATLAB 命令窗口中输入：

```
>> P=[1 2.5 0 2 0.5 2];
>> r=roots(P)                    %求多项式 P 的根
```

运行结果为：

```
r =
  -2.7709
   0.5611 + 0.7840i
   0.5611 - 0.7840i
  -0.4257 + 0.7716i
  -0.4257 - 0.7716i
>> p1=poly(r)
```

运行结果为：

```
p1 =
    1.0000    2.5000   -0.0000    2.0000    0.5000    2.0000
```

【例 1.2.16】 已知控制系统的输出像函数为 $G(s) = \dfrac{10s}{s^2 - 3s + 2}$，将其展开为部分分式。

解　在 MATLAB 命令窗口中输入：

```
>> num=[10 0];den=[1 -3 2];
>> [r,p,k]=residue(num,den)
```

运行结果为：

```
r =
      20
     -10
p =
       2
       1
k =
      []
```

由运行结果可以得到部分分式展开式为$G(s)=\dfrac{20}{s-2}-\dfrac{10}{s-1}$。

1.2.4　符号运算

MATLAB 的数学计算分为数值计算和符号计算。数值计算不允许使用未定义的变量，而符号计算可以对未赋值的符号对象进行运算和处理。

MATLAB 提供符号数学工具箱（Symbolic Math Toolbox），将符号运算结合到 MATLAB 的数值运算环境中。符号运算可以实现微积分运算、表达式的简化、求解代数方程和微分方程以及积分变换等。

1．创建和使用

在 MATLAB 中，进行符号运算时首先要创建符号对象，然后利用这些基本的符号对象构成新的表达式，进而完成所需的符号运算。

符号对象的创建用函数 sym( )完成，其调用格式如下：

```
S=sym(A)        %将数值 A 转换为符号对象 S。A 可以是数字或数值矩阵或数值表达式
S=sym('x')      %将字符串 x 转换为符号对象 S
syms a1 a2 …    %aN=sym('aN')的简洁形式。变量名之间只能用空格隔开
```

【例 1.2.17】将字符表达式转换为符号变量。

解　在 MATLAB 命令窗口中输入：

```
>> S=sym('2*sin(x)*cos(x)')
```

运行结果为：

```
S =
2*sin(x)*cos(x)
```

在 MATLAB 命令窗口中输入：

```
>> y=simple(S)                          %使用函数 simple( )化简符号表达式
```

运行结果为：

```
y =
sin(2*x)
```

2．关键词：符号对象

在 MATLAB 中，符号对象是一种数据结构，包括符号常数、符号变量和符号表达式，用来存储代表符号的字符串。在符号运算中，凡是由符号表达式生成的对象也是符号对象。实质上，符号数学就是对字符串的运算。

3．基本运算和函数运算

（1）在 MATLAB 的符号运算中，运算符加“+”、减“−”、乘“*”、除“/”或“\”实现矩阵运算；点乘“.*”、点除“./”或“.\”实现数组运算。

（2）指数函数和对数函数的使用方法，符号运算和数值计算是相同的。

（3）在符号运算中，MATLAB 提供常用的矩阵代数函数 diag( )、inv( )、det( )、rank( )、poly( )及 eig( )。用法与数值计算相同。

【例 1.2.18】 求矩阵 $\boldsymbol{A}=\begin{bmatrix} a_{11} & a_{12} \\ a_{21} & a_{22} \end{bmatrix}$ 的行列式、逆和特征值。

解 （1）求行列式。在 MATLAB 命令窗口中输入：

```
>> syms a11 a12 a21 a22;        %定义符号变量 a11，a12，a21，a22
>> A=[a11 a12;a21 a22]
A =
[ a11, a12]
[ a21, a22]
>> DetA=det(A)                  %求矩阵 A 的行列式
```

运行结果为：

```
DetA =
a11*a22-a12*a21
```

（2）求逆。在 MATLAB 命令窗口中输入：

```
>> InvA=inv(A)
```

运行结果为：

```
InvA =
[ a22/(a11*a22-a12*a21), -a12/(a11*a22-a12*a21)]
[ -a21/(a11*a22-a12*a21), a11/(a11*a22-a12*a21)]
```

（3）求特征值。在 MATLAB 命令窗口中输入：

```
>> EigA=eig(A)
```

运行结果为：

```
EigA =
 1/2*a11+1/2*a22+1/2*(a11^2-2*a11*a22+a22^2+4*a12*a21)^(1/2)
 1/2*a11+1/2*a22-1/2*(a11^2-2*a11*a22+a22^2+4*a12*a21)^(1/2)
```

注意： MATLAB 的符号对象并无逻辑运算功能。

4．符号表达式的操作

MATLAB 中对符号表达式的操作包括表达式的因式分解、展开和化简等。其操作函数的格式如下：

```
collect(e,v)        %合并同类项，将表达式 e 中 v 的同幂项系数合并
expand(e)           %表达式展开，将表达式 e 进行多项式展开
factor(e)           %因式分解，对表达式 e 进行因式分解
horner(e)           %嵌套分解，将表达式 e 分解成嵌套形式
[n,d]=numden(e)     %表达式通分，将表达式 e 通分，并返回分子和分母
simple(e)           %表达式化简，将表达式 e 化简成最简短形式
subs(e,old,new)     %符号变量替换，将表达式 e 的符号变量由 old 替换为 new
```

【例 1.2.19】已知数学表达式为 $y=ax^2+bx+c$，试将其系数替换为，$a=\sin x$，$b=\ln t$，$c=x\mathrm{e}^{2t}$。

解　在MATLAB命令窗口中输入：

```
>> syms a b c x t;          %定义符号变量
>> y=a*(x^2)+b*x+c;
>> y2=subs(y,[a b c],[sin(x) log(t) x*exp(2*t)])
```

运行结果为：

```
y2 =
sin(x)*x^2+log(t)*x+x*exp(2*t)
```

【例 1.2.20】对表达式 $y=x^4-5x^3+5x^2+5x-6$ 进行因式分解。

```
>> y=sym('x^4-5*x^3+5*x^2+5*x-6');
>> y1=factor(y)
```

运行结果为：

```
y1 =
(x-1)*(x-2)*(x-3)*(x+1)
```

【例 1.2.21】已知数学表达式为 $y(x)=\dfrac{x+3}{x(x+1)}+\dfrac{x-1}{x^2(x+2)}$，应用MATLAB将其通分。

解　在MATLAB命令窗口中输入：

```
>> syms x;
>> y=((x+3)/(x*(x+1)))+((x-1)/(x^2*(x+2)));
>> [num,den]=numden(y)
```

运行结果为：

```
num =
x^3+6*x^2+6*x-1

den =
x^2*(x+1)*(x+2)
```

即通分后，表达式为 $y(x)=\dfrac{x^3+6x^2+6x-1}{x^2(x+1)(x+2)}$。

5. 积分变换

符号的积分变换包括傅里叶（Fourier）变换、拉普拉斯变换（Laplace）和 z 变换。拉普拉斯变换和 z 变换在控制理论的研究中起着非常重要的作用，所以这里仅介绍这两种变换。

（1）拉普拉斯变换及其反变换

```
F=laplace(f)      %求时域函数 f 的拉普拉斯变换 F
f=ilaplace(F)     %求复域函数 F 的拉普拉斯反变换 f
```

【例 1.2.22】求函数 $f(t)=t\mathrm{e}^{-at}\sin\omega t$ 的拉普拉斯变换 $F(s)$。

解　在MATLAB命令窗口中输入：

```
>> syms t a w;
>> f=t*(exp(-a*t))*sin(w*t);
>> F=laplace(f)
```

运行结果为：

```
F =
2*w/((s+a)^2+w^2)^2*(s+a)
```

【例 1.2.23】求像函数 $F(s)=\frac{2}{s}+\frac{3}{s^2+9}+\frac{1}{s+2}$ 的拉普拉斯反变换。

解　在 MATLAB 命令窗口中输入：

```
>> syms s;
>> F=2/s+3/(s^2+9)+1/(s+2);
>> f=ilaplace(F)
```

运行结果为：

```
f =
2+sin(3*t)+exp(-2*t)
```

（2）z 变换及其反变换

```
F=ztrans(f)        %求时域序列 f 的 z 变换 F
f=iztrans(F)       %求 z 域函数 F 的 z 反变换 f
```

【例 1.2.24】求单位阶跃函数 $f(t)=1(t)$ 的 z 变换。

解　$f(t)=1(t)$ 的时域序列为 $f(n)=1$。

在 MATLAB 命令窗口中输入：

```
>> n=sym(1);
>> F=ztrans(n)
```

运行结果为：

```
F =
z/(z-1)
```

【例 1.2.25】求 z 变换函数 $F(z)=\frac{10z}{(z-1)(z-2)}$ 的 z 反变换。

解　在 MATLAB 命令窗口中输入：

```
>> syms z;
>> F=10*z/((z-1)*(z-2));
>> f=iztrans(F)
```

运行结果为：

```
f =
10*2^n-10
```

1.2.5　图形表达功能

MATALB 提供了丰富的图形表达功能，能够将各种科学运算结果进行可视化。计算的可视化可以将杂乱的数据通过图形来表示，从中观察出其内在的关系。

1．二维曲线的绘制

二维绘图是 MATLAB 的基础绘图，使用函数 plot( )完成。其调用格式如下：

```
plot(x,y, 's')                      %基本绘图格式
plot(x1,y1, 's1',…,xN,yN, 'sN')     %绘制多条曲线。每条曲线以(x,y,s)结构绘制，调用格
                                    式与 plot(x,y, 's')相同
```

说明：

① 如果 x，y 是相同维数的向量，则绘制以 x 为横坐标、y 为纵坐标的曲线；

如果 x 是向量，y 是矩阵，且 y 的行（或列）的维数与 x 的维数相同，则绘制以 x 为横坐标的多条不同颜色的曲线，曲线数等于 x 的维数；

如果 x 是矩阵，y 是向量，则以 y 为横坐标，其余与上述情况相同；

如果 x，y 是相同维数的矩阵，则绘制以 x 对应列元素为横坐标，y 对应列为纵坐标的曲线，曲线数等于矩阵的列数。

② 函数 plot(x,y, 's')中，y 可默认。

③ s 为选项字符串，用来设置曲线颜色、线型等，其代表的具体含义见表 1.2.5。当 s 默认时曲线为“实线”，单条曲线颜色为“蓝色”，多条曲线按“蓝、绿、红、青、品红、黄、黑”自动着色。

表 1.2.5　字符串 s 代表含义

曲线颜色		曲线线型		数据点型			
s值	含　义	–	实　线	s值	含　义	s值	含　义
B	蓝	:	虚线	.	实心黑点	d	菱形符
G	绿	-.	点画线	+	十字符	h	六角星符
R	红	—	双划线	*	八线符	o	空心圈
c	青	none	无线	^	向上三角符	p	五角星符
m	品红			<	向左三角符	s	方块符
y	黄			>	向右三角符		
k	黑			V	向下三角符		
w	白			x	叉子符		

【例 1.2.26】 已知函数 $y_1(x)=\mathrm{e}^{-0.1x}\sin x$，$y_2(x)=\mathrm{e}^{-0.1x}\sin(x+1)$，且 $x\in[0,4\pi]$，绘制两条曲线。

解　在 MATLAB 命令窗口中输入：

```
>> x=0:0.5:4*pi;                          %设置绘制点步长为 0.5
>> y1=exp(-0.1*x).*sin(x);
>> y2=exp(-0.1*x).*sin(x+1);
>> plot(x,y1,'--',x,y2,'*')               %设置曲线 y1 为虚线表示，y2 为八字符显示
```

运行结果如图 1.2.1 所示。

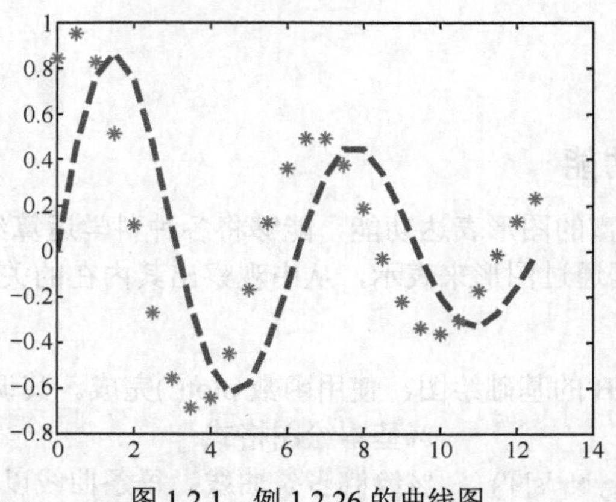

图 1.2.1　例 1.2.26 的曲线图

2．绘图操作

（1）多次重叠绘图

如果分别使用函数 plot( )绘制多条曲线，在绘制第二条曲线时，若不加命令 hold，那么第一条曲线就会自动消失。为了在一张图中绘制多条曲线，就必须使用 hold 命令。

hold on	%使当前曲线与坐标轴具备不被刷新的功能，即可重叠绘图
hold off	%使当前曲线与坐标轴取消具备不被刷新的功能

【例 1.2.27】使用 hold 命令，重新绘制例 1.2.26 中的曲线。

解　在 MATLAB 命令窗口中输入：

```
>> x=0:0.5:4*pi;                %设置绘制点步长为 0.5
>> y1=exp(-0.1*x).*sin(x);
>> y2=exp(-0.1*x).*sin(x+1);
>> plot(x,y1,'--');                %绘制曲线 y1
>> hold on
>> plot(x,y2,'*');                 %在同一图中重叠绘制曲线 y2
>> hold off
```

运行结果如图 1.2.2 所示。

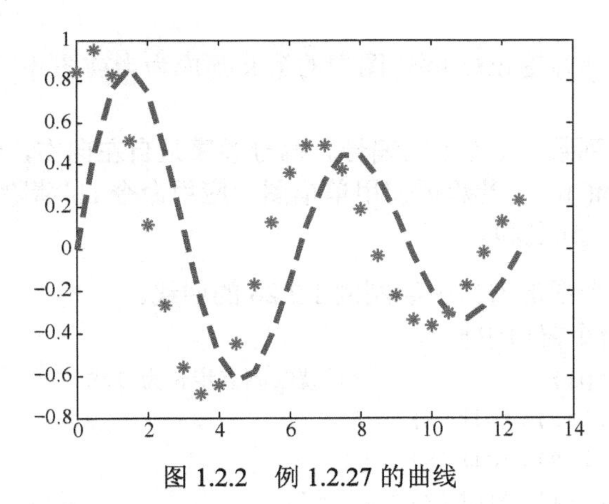

图 1.2.2　例 1.2.27 的曲线

可以看到，虽然上面两例曲线都是在同一图中绘制，但例 1.2.26 绘制的曲线 y1 是蓝色的，曲线 y2 是绿色的；而例 1.2.27 绘制的两条曲线都是蓝色的。

（2）多窗口绘图

需要在多个窗口中绘图时，可使用 figure 命令。

figure(N)	%创建绘图窗口，N 为其序号

【例 1.2.28】在两个不同窗口中绘制例 1.2.26 的曲线。

解　在 MATLAB 命令窗口中输入：

```
>> x=0:0.5:4*pi;                %设置绘制点步长为 0.5
>>y1=exp(-0.1*x).*sin(x);
>>y2=exp(-0.1*x).*sin(x+1);
>> plot(x,y1,'--')
>> figure(2)
>> plot(x,y2,'*')
```

运行结果如图 1.2.3 所示。

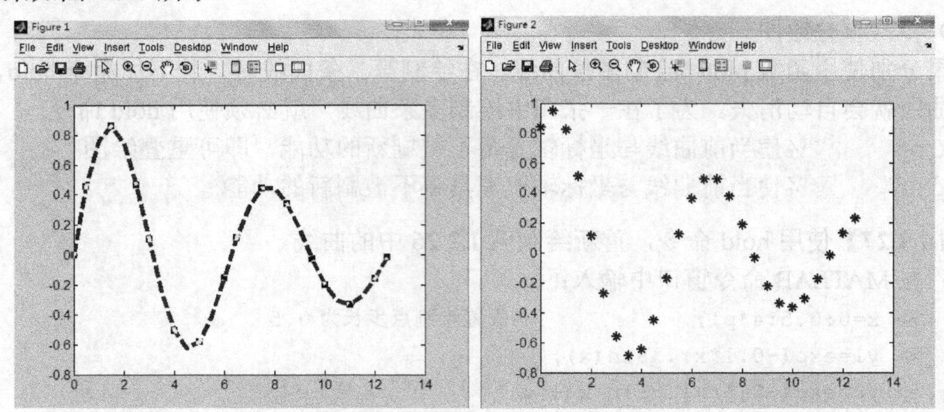

图 1.2.3　例 1.2.28 的曲线图

注意：进行多窗口绘图时，应先使用 figure(N)命令创建窗口，再绘图。

（3）图形窗口的分割

用户可以在同一个图形窗口中同时显示多幅独立的子图。在 MATLAB 中可以使用函数 subplot( )来实现。

```
subplot(m,n,k)          %使 m×n 幅子图中的第 k 幅成为当前图
```

说明：

① m 为行数，n 为列数，k 为子图编号。编号顺序是自左向右，再自上而下依次排号。

② 使用函数 subplot( )后，若想再使用单幅图，应用命令 clf 清除。

③ k 值不能大于 m、n 之和。

【例 1.2.29】 在同一个图形窗口中绘制例 1.2.26 的曲线。

解　在 MATLAB 命令窗口中输入：

```
>> x=0:0.5:4*pi;                    %设置绘制点步长为 0.5
>> y1=exp(-0.1*x).*sin(x);
>> y2=exp(-0.1*x).*sin(x+1);
>> subplot(2,1,1),plot(x,y1,'--')
>> subplot(2,1,2),plot(x,y2,'*')
```

运行结果如图 1.2.4 所示。

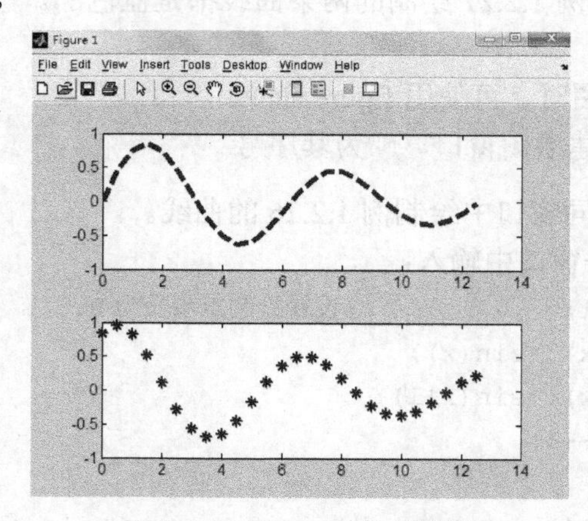

图 1.2.4　例 1.2.29 的曲线图

（4）图形注释

MATLAB 提供丰富的图形注释函数。通过表 1.2.6 中的函数，可以为图形添加标题、标注、网格和图例等。

表 1.2.6　图形注释函数

函数名	功　能	函数名	功　能
title	为图形添加标题	legend	为图形添加图例
xlabel	为 x 轴添加标注	grid	为图形坐标添加网格
ylabel	为 y 轴添加标注	text	在指定位置添加文本
zlabel	为 z 轴添加标注	gtext	用鼠标在图形上放置文本
annontation	创建特殊注释	colorbar	为图形添加颜色条

说明：

① 函数 annontation( )创建的特殊注释包括：线型、箭头、文本箭头、文本框、矩形及椭圆。

② 命令 grid 用法为：

```
grid on      %添加坐标网格
grid off     %去掉网格
```

【例 1.2.30】为函数 $y_1 = x\sin x$， $y_2 = x\cos x$， $x \in [0, 4\pi]$ 的图形添加标题、坐标轴标注。

解　在 MATLAB 命令窗口中输入：

```
>> x=0:0.1:4*pi;
>> y1=x.*sin(x);
>> y2=x.*cos(x);
>> plot(x,y1,'-',x,y2,'--')
>> title('曲线 y1=xsinx，曲线 y2=xcosx')        %添加标题
>> xlabel('x'),ylabel('y')                      %添加坐标轴标注
>>legend('第一条','第二条')                      %添加图例
>> grid on                                      %添加网格线
```

运行结果如图 1.2.5 所示。

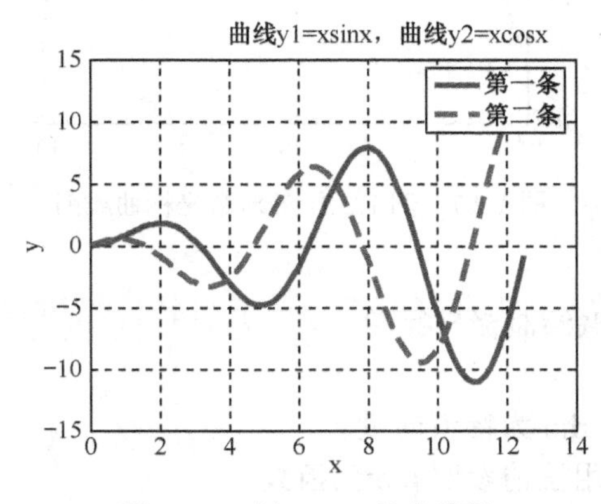

图 1.2.5　例 1.2.30 的曲线图

在 MATLAB 中也可以使用属性编辑器（Property Editor）来为图形添加标题、坐标轴标注及坐标网格。

选择菜单 Tools→Edit Plot 后，双击图形窗口内区域，或选择菜单 View→Property Editor，出现如图 1.2.6 所示的对话框，在其中进行设置即可。

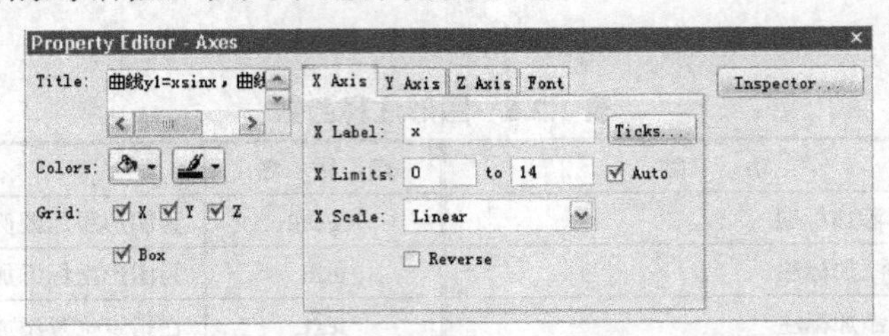

图 1.2.6　图形窗口属性编辑器

3．特殊坐标绘图

MATLAB 特殊坐标绘图包括对数坐标绘图、极坐标绘图和双纵坐标绘图。

（1）对数坐标绘图

```
semilogx(x,y)          %以 x 轴为对数坐标绘制曲线
semilogy(x,y)          %以 y 轴为对数坐标绘制曲线
loglog(x,y)            %以 x、y 轴为对数坐标绘制曲线
```

【例 1.2.31】 已知函数 $y = \lg x$，试在对数坐标下绘制其曲线图。

解　在 MATLAB 命令窗口中输入：

```
>> x=1:0.1:20;
>> y=log10(x);
>> loglog(x,y)
```

运行结果如图 1.2.7 所示。

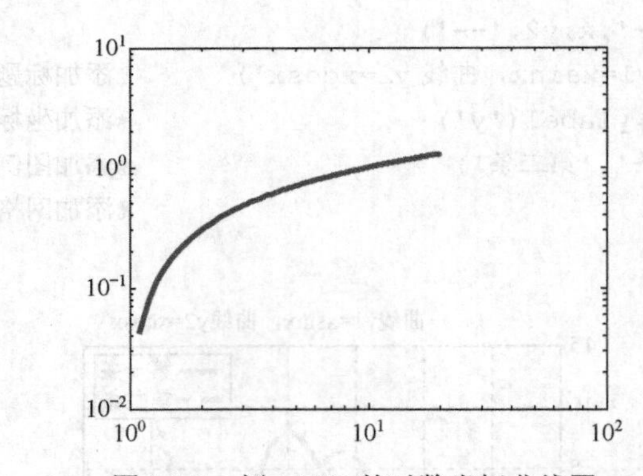

图 1.2.7　例 1.2.31 的对数坐标曲线图

（2）极坐标绘图

```
polar(theta,rho, 's')          %绘制极坐标图
```

说明：

① theta 为角度向量；rho 为幅值向量。

② 字符串's'的含义与用法请参照 plot( )函数。

【例 1.2.32】 应用 MATLAB 绘制三叶玫瑰线 $r = 2\sin 3\theta$。

解　在 MATLAB 命令窗口中输入：

```
>> theta=0:0.1:2*pi;
```

```
>> polar(theta,2*sin(3*theta),'--')
```

运行结果如图 1.2.8 所示。

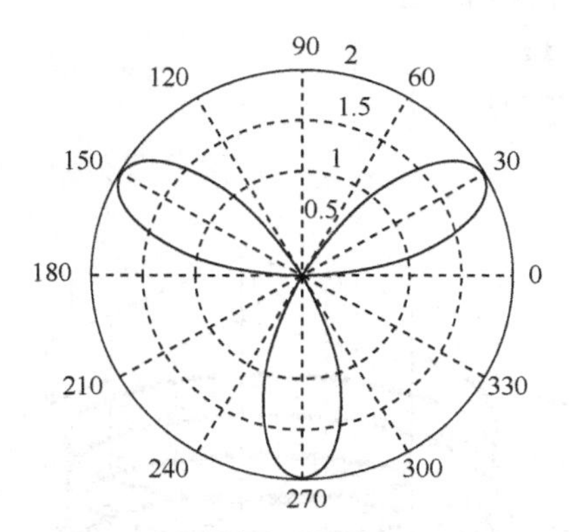

图 1.2.8　例 1.2.32 的三叶玫瑰线

（3）双纵坐标绘图

plotyy(x1,y1,x2,y2)　　%在同一个图形窗口以左右不同纵轴绘制两条曲线

说明：左纵轴用于(x1,y1)数据对，右纵轴用于(x2,y2)数据对。

【例 1.2.33】 已知函数 $y_1(x)=200\mathrm{e}^{-0.05x}\sin(x)$，$y_2(x)=0.8\mathrm{e}^{-0.5x}\sin(10x)$，且 $x\in[0,20]$，使用函数 plotyy( )绘制两条曲线。

解　在 MATLAB 命令窗口中输入：

```
>> x=0:0.01:20;
>> y1=200*exp(-0.05*x).*sin(x);
>> y2=0.8*exp(-0.5*x).*sin(10*x);
>> plotyy(x,y1,x,y2)
```

运行结果如图 1.2.9 所示。

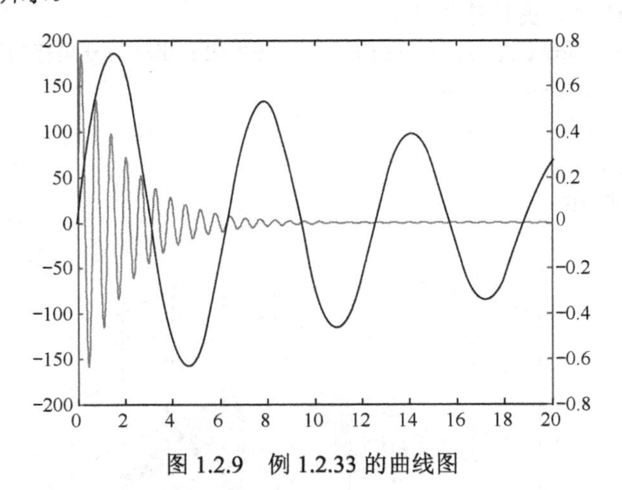

图 1.2.9　例 1.2.33 的曲线图

4．三维图形的绘制

在 MATLAB 中，三维图形的绘制可分为三维曲线的绘制和三维曲面的绘制。三维曲线的绘制使用函数 plot3( )来实现。

plot3(x,y,z, 's')　　%绘制三维曲线，x，y，z 分别为三维坐标向量

【例 1.2.34】绘制三维柱面螺旋线。

解 在 MATLAB 命令窗口中输入：

```
>> t=0:pi/50:10*pi;
>> plot3(sin(t),cos(t),t)
>> grid on
```

运行结果如图 1.2.10 所示。

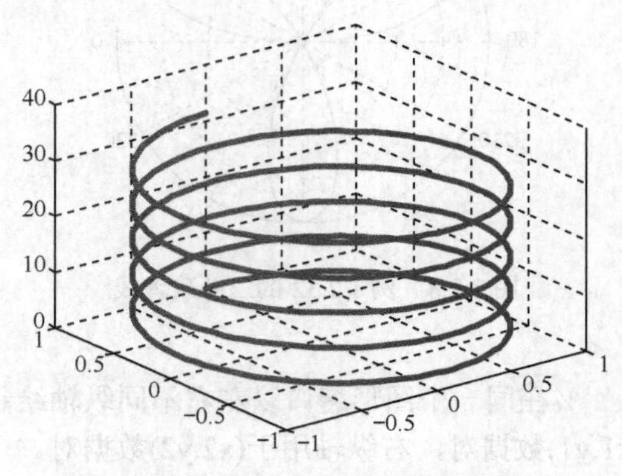

图 1.2.10 例 1.2.34 的三维柱面螺旋线

使用函数 mesh( )来实现三维曲面网线绘图。

mesh(x,y,z) %绘制三维曲面网线

说明：

① x，y 可以是向量或矩阵。

② 当 x，y 是矩阵时，应先使用函数 meshgrid( )生成绘制三维曲线的坐标矩阵数据。

【例 1.2.35】绘制三维曲面网线。

解 在 MATLAB 命令窗口中输入：

```
>> [x,y]=meshgrid(-8:0.1:8);          %生成 x 坐标与 y 坐标的矩阵数据
>> r=sqrt(x.^2+y.^2)+eps;
>> z=sin(r)./r;
>> mesh(x,y,z)
```

运行结果如图 1.2.11 所示。

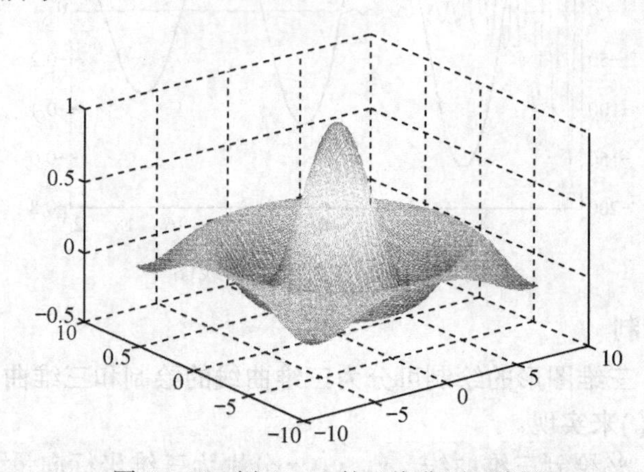

图 1.2.11 例 1.2.35 的三维曲面网线图

使用函数 surf( )来绘制三维表面图形。

```
surf(x,y,z)    %绘制三维曲面。x，y，z 分别为三维空间的坐标位置矩阵
```

【例 1.2.36】 绘制三维曲面图。

解　在 MATLAB 命令窗口中输入：

```
>> [x,y]=meshgrid(-8:0.1:8);
>>r=sqrt(x.^2+y.^2)+eps;
>> z=sin(r)./r;
>> surf(x,y,z)
```

运行结果如图 1.2.12 所示。

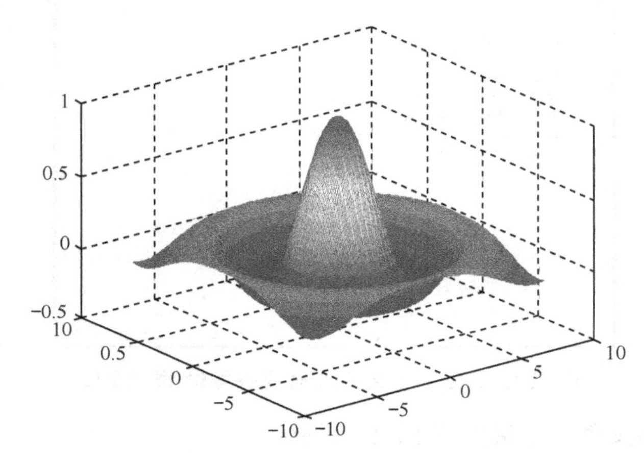

图 1.2.12　例 1.2.36 的三维曲面图

1.2.6　程序设计基础

到目前为止，例题中所采用的 MATLAB 运行方式都是在其命令窗口中直接输入交互命令行的运行方式。除此之外，M 文件的运行方式也是 MATLAB 中较常用的一种运行方式。MATLAB 是一种高效的编程语言，它有自身的程序设计要求、格式、语法、设计命令和调试方法等。本节将简单介绍 MATLAB 的程序设计语言。

1．M 文件

MATLAB 程序设计实质上就是进行 M 文件编程。M 文件具有以下特点：

（1）形式上，MATLAB 程序文件是一个 ASCII 码文件，扩展名一律为.m，M 文件的名称由此而来。用一般的文字处理软件（如记事本、写字板等）都可以对 M 文件进行编辑和修改。

（2）M 文件大大扩展了 MATLAB 的能力。MATLAB 的一系列工具箱就是用 M 文件构成的。

（3）M 文件的语法与 C 语言十分相似，因此熟悉 C 语言的用户可以很轻松地掌握 MATLAB 的编程技巧。

M 文件又分为 M 脚本文件和 M 函数文件，其文件扩展名均为.m。下面就这两种文件形式进行说明。

M 脚本文件是一种简单的 M 文件，没有输入和输出参数，仅包含了一系列 MATLAB 命令的集合，类似于 DOS 下的批处理文件。脚本文件不仅能对工作空间中已存在的变量或

文件中新建的变量进行操作，也能将所建的变量及其运行结果保存在工作空间中，以备使用。

M 文件的运行方式也很简单，可以在 MATLAB 命令窗口中输入该脚本文件的文件名，MATLAB 即会自动执行该文件的各条语句；也可以在 M 文件编辑/调试窗口菜单中选择 Debug | Run，即可运行该脚本文件。

【例 1.2.37】通过 M 脚本文件绘制玫瑰花瓣图形。

解　(1) 编写 M 脚本文件，并存储文件名为 C1_2_1.m。如图 1.2.13 所示。

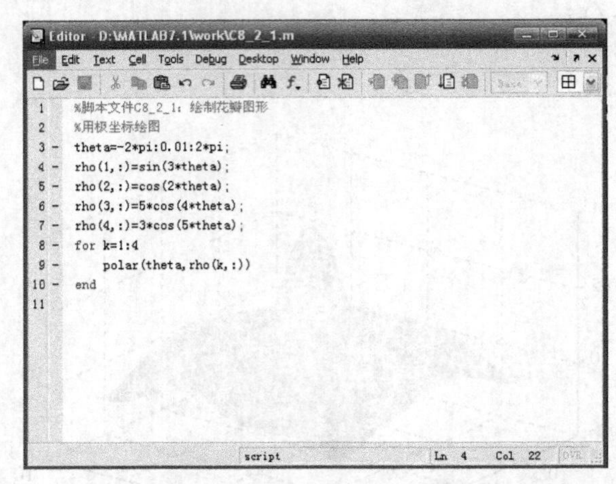

图 1.2.13　C1_2_1 文件的 M 文件编辑/调试窗口

(2) 运行 M 脚本文件，结果如图 1.2.14 所示。

M 函数文件区别于 M 脚本文件之处是，在 M 文件的第一行中包含有函数声明行。每一个 M 文件都定义了一个函数。实际上，MATLAB 提供的函数命令大部分都是由 M 函数文件定义的。

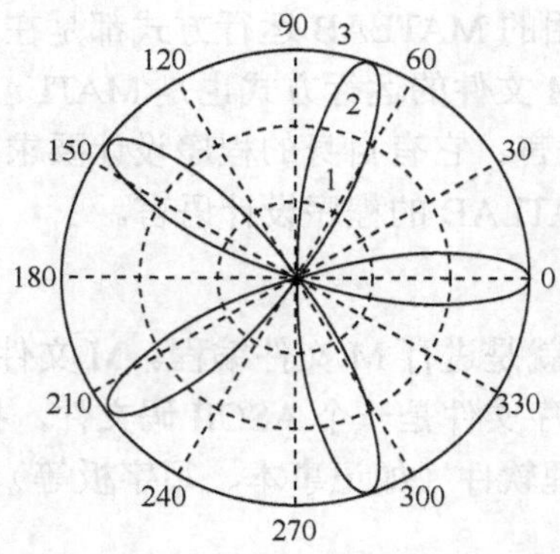

图 1.2.14　例 1.2.36 的玫瑰花瓣图

M 函数文件的基本结构是：

- ✓　函数声明行　　　　%function [输出变量列表]=函数名(输入变量列表)
- ✓　H1 行　　　　　　%用%开头，注释说明，可省略
- ✓　在线帮助文本　　　%用%开头，注释说明，可省略
- ✓　函数体　　　　　　%一条或若干条 MATLAB 命令

① 函数声明行是 M 函数文件必须有的，且函数名和文件名必须一致。若两者不一致，MATLAB 以文件名为准。

② H1 行用来概要说明该函数的功能，提供给 Help 在线帮助使用或 lookfor 查询关键词。

2．变量和数据结构

M 文件中的变量分为全局变量（global variable）和局部变量（local variable）。全局变量的作用域是整个 MATLAB 工作空间，通过 global 命令来定义。其格式为：

```
Global x y z        %定义全局变量 x, y 和 z
```

注意：由于全局变量在任何定义过的函数中都可以修改，因此不提倡使用全局变量。使用时建议把全局变量的定义放在函数体的开始，并用大写字母命名。

局部变量的作用域是函数文件所在的区域，其他函数文件无法调用。局部变量仅在其所在的函数文件运行时作用，该函数文件一旦运行结束，局部变量也就自动消失了。

MATLAB 的数据类型一共有九种，如表 1.2.7 所示。

表 1.2.7　数据类型及描述

数据类型	基本描述
数值型（Numeric Types）	包括整型、实型、复数、不定值、无穷大及数据显示格式
逻辑型（Logical Types）	包括逻辑真（true）和逻辑假（false）
字符和字符串（Characters and Strings）	包括字符字符串、字符串元胞数组；字符串的比较、搜寻、替换及转换
日期和时间（Dates and Times）	包括日期字符串、日期向量、日期类型转换及输出显示格式
结构体（Structuers）	可存储不同类型的数据
元胞数组（Cell Arrays）	矩阵的直接扩展
函数句柄（Function Handles）	用于间接访问函数的句柄
MATLAB 类（MATLAB　Classes）	创建用户自己的 MATLAB 数据类型
Java 类（Java Classes）	使用 Java 程序设计语言生成 Java 类

3．流程控制语句

MATLAB 提供了简明的流程控制语句供用户进行程序设计，主要有循环结构、条件结构、开关结构及试探结构。这里仅做简要介绍。

（1）for 循环语句

```
for 循环控制变量=（循环次数设定）
        循环体
end
```

说明：

① 设定循环次数可以是数值，也可以是数组。定义格式为：初始值: 步长: 终值。

② 和 C 语言类似，for 语句可嵌套。

【例 1.2.38】 使用 for 语句计算 1+3+5+…+100 的值。

解　在 M 文本编辑器中输入：

```
%C8_2_2
sum=0;
for n=1:2:100
sum=sum+n
end
```

运行结果为：

```
sum =
```

```
    2500
```

（2）while 循环语句

```
while  循环判断语句
          循环体
end
```

说明：

① 循环判断语句为某种形式的逻辑判断表达式。

② While 语句不能设定循环次数。

【例 1.2.39】 使用 while 语句重新计算例 1.2.38。

解 在 M 文件编辑器中输入：

```
%C1_2_3
sum=0;
n=1;
while n<=100
         sum=sum+n
         n=n+2
end
```

运行结果为：

```
sum =
         2500
n =
    101
```

（3）if-else-and 语句

```
if    逻辑判断语句
    执行语句 1
else
    执行语句 2
end
```

if 语句还有 if-end 和其嵌套形式，使用方法和 C 语言相似，这里不再赘述。

（4）switch-case 语句

```
switch    选择判断量
      case 选择判断值 1
           选择判断语句
      case 选择判断值 2
           选择判断语句
...
otherwise
      判断执行语句
end
```

习　题　1

1.1　在 MATLAB 提示符下输入 demo 命令来执行 MATLAB 的演示程序，从中可以了解 MATLAB 及其工具箱的功能和特色。

1.2　在 MATLAB 提示符下输入 ver 命令来观察在当前的 MATLAB 版本中已经加入了哪些工具箱，这些工具箱是什么时间发行的。在 MATLAB 下安装 CtrlLAB 程序，并使用 MATLAB 本身提供的路径设置程序将 CtrlLAB 程序加到可以直接运行的路径下，然后在 MATLAB 提示符下输入 ctrllab，看看是否可以启动 CtrlLAB 程序。

1.3　用 MATLAB 的格式输入下面两个矩阵

$$\boldsymbol{A}=\begin{bmatrix}1&2&3&3\\2&3&5&7\\1&3&5&7\\3&2&3&9\\1&8&9&4\end{bmatrix},\quad \boldsymbol{B}=\begin{bmatrix}1+4i&4&3&6&7&8\\2&3&3&5&5&4+2i\\2&6+7i&5&3&4&2\\1&8&9&5&4&3\end{bmatrix}$$

再求出它们的乘积矩阵 $\boldsymbol{C}$，并将 $\boldsymbol{C}$ 矩阵的右下角 2×3 子矩阵赋给 $\boldsymbol{D}$ 矩阵。赋值完成之后，调用相应的命令查看 MATLAB 工作空间的占用情况。

1.4　用 MATLAB 语句输入矩阵 $\boldsymbol{A}$ 和 $\boldsymbol{B}$ 矩阵

$$\boldsymbol{A}=\begin{bmatrix}1&2&3&4\\4&3&2&1\\2&3&4&1\\3&2&4&1\end{bmatrix},\quad \boldsymbol{B}=\begin{bmatrix}1+4j&2+3j&3+2j&4+1j\\4+1j&3+2j&2+3j&1+4j\\2+3j&3+2j&4+1j&1+4j\\3+2j&2+3j&4+1j&1+4j\end{bmatrix}$$

前面给出的是 4×4 矩阵，如果给出 A=(5,6)=5 命令将得出什么结果？

1.5　求矩阵 $\boldsymbol{A}=\begin{bmatrix}1&2&0\\2&5&-1\\4&10&-1\end{bmatrix}$ 的特征值向量、特征向量矩阵和特征值矩阵。

1.6　已知 $\boldsymbol{A}=\begin{bmatrix}\mathrm{a}&b\\c&d\end{bmatrix}$，$\boldsymbol{B}=\begin{bmatrix}m&n\\p&q\end{bmatrix}$，求此两符号矩阵的和、差、积、商、逆。

1.7　在一个图形窗口中绘制函数 $y_1=\sin x$，$y_2=\sin(10x)$ 及 $y_{12}=y_1y_2$ 的图形，给定 $x\in[0,\pi]$。

1.8　编写一个 M 文件，画出下列分段函数所表示的曲面：

$$p(x,y)=\begin{cases}0.5400\mathrm{e}^{-0.75x^2-3.75y^2-1.5y}&,x+y>1\\0.7575\mathrm{e}^{-x^2-6y^2}&,-1<x+y\leqslant1\\0.5457\mathrm{e}^{-0.75x^2-3.75y^2+1.5y}&,x+y\leqslant-1\end{cases}$$

1.9　使用极坐标绘制螺旋线 r=2t，相角是以弧度为单位的，取值范围为 $0\sim8\pi$。

1.10　在 $t\in(0,2\pi)$ 范围内绘制出 $\mathrm{e}^{-t^2/2}\sin(5t)$ 函数的曲线，试用其他二维图形绘制语句，如 line( )，stairs( )与 stem( )相应的命令绘制出这个二维曲线图，并观察结果。看看是否改变了所绘制曲线的颜色和线宽，或从绘制的图形上消去所绘制的曲线。

1.11　求解 Lyapunov 方程中的 $\boldsymbol{X}$ 矩阵，并检验结果

$$\boldsymbol{AX}+\boldsymbol{XA}^T=-\boldsymbol{C}$$

其中

$$\boldsymbol{A}=\begin{bmatrix}1 & 2 & 3\\4 & 5 & 6\\7 & 8 & 0\end{bmatrix},\quad \boldsymbol{C}=\begin{bmatrix}1 & 5 & 4\\5 & 6 & 7\\4 & 7 & 9\end{bmatrix}$$

更一般的 Lyapunov 方程的数学表示为

$$\boldsymbol{AX}+\boldsymbol{XB}=-\boldsymbol{C}$$

其中 $\boldsymbol{A}$ 和 $\boldsymbol{C}$ 与前面的一致，而 $\boldsymbol{B}$ 矩阵为

$$\boldsymbol{B}=\begin{bmatrix}2 & 3 & 4\\1 & 3 & 5\\2 & 4 & 6\end{bmatrix}$$

试求解此方程，并检验得出的结果是否正确。

1.12 观察函数的 step( )和 impulse( )函数的调用格式。设系统的传递函数模型为

$$G(s)=\frac{s^2+3s+7}{s^4+4s^3+6s^2+4s+1}$$

如果使用 step( )函数，可以用几种方法绘制出系统的阶跃响应曲线？

第2章　基于MATLAB的控制系统数学模型

反馈系统的数学模型在系统分析和设计中起着很重要的作用，基于系统的数学模型，就可以用比较系统的方法对之进行分析。同时，一些系统的方法也是基于数学模型的，这就使得控制系统的模型问题显得十分重要。

2.1　数学模型的建立

自动控制系统有很多种分类方法，如线性系统和非线性系统、连续系统和离散系统、定常系统和时变系统等。自动控制理论中用到的数学模型也有多种形式，时域中常用的数学模型有微分方程、差分方程和状态空间模型；复域中常用的数学模型有传递函数、结构图和信号流图；频域中常用的数学模型有频率特性等。本节主要介绍 MATLAB 在线性定常系统数学模型中的应用。

MATLAB 的控制系统工具箱（Control System Toolbox）提供了建立和转换线性定常系统数学模型的方法。

2.1.1　传递函数模型

在 MATLAB 中，使用函数 tf( )建立或转换控制系统的传递函数（Transfer Function，TF）模型。其功能和主要格式如下。

功能：生成线性定常连续/离散系统的传递函数模型，或者将状态空间模型或零极点增益模型转换为传递函数模型。

格式：

```
sys=tf(num,den)          %生成传递函数模型 sys
sys=tf(num,den,Ts)       %生成离散时间系统的脉冲传递函数模型 sys
sys=tf('s')              %指定传递函数模型以拉普拉斯变换算子 s 为自变量
sys=tf('z',Ts)           %指定脉冲传递函数模型以 z 变换算子 z 为自变量，以 Ts 为采样周期
tfsys=tf(sys)            %将任意线性定常系统 sys 转换为传递函数模型 tfsys
```

说明：

① 对于 SISO 系统，num 和 den 分别为传递函数的分子向量和分母向量；对于 MIMO 系统，num 和 den 为行向量的元胞数组，其行数与输出向量的维数相同，列数与输入向量的维数相同。

② Ts 为采样周期，若系统的采样周期未定义，则设置 Ts= −1 或 Ts= [ ]。

③ 默认情况下，生成连续时间系统的传递函数模型，以拉普拉斯变换算子 s 为自变量。

【例2.1.1】已知控制系统的传递函数为$G(s)=\dfrac{s+1}{s^3+2s+3}$，用MATLAB建立其数学模型。

解 生成连续时间传递函数模型

（1）在MATLAB命令窗口中输入：

```
>> num=[1 1];
>> den=[1 0 2 3];
>> sys=tf(num,den)
```

运行结果为：

```
Transfer function:
   s + 1
-------------
s^3 + 2 s + 3
```

（2）直接生成传递函数模型：

```
>> sys=tf([1 1],[1 0 2 3])
```

运行结果为：

```
Transfer function:
   s + 1
-------------
s^3 + 2 s + 3
```

（3）指定使用拉普拉斯算子s生成传递函数：

```
>> s=tf('s');
>> G=(s+1)/(s^3+2*s+3)
```

运行结果为：

```
Transfer function:
   s + 1
-------------
s^3 + 2 s + 3
```

生成相应的离散时间系统传递函数

（4）指定采样周期为0.1s：

```
>> num=[1 1];
>> den=[1 0 2 3];
>> sys=tf(num,den,0.1)
```

运行结果为：

```
Transfer function:
   z + 1
-------------
z^3 + 2 z + 3
Sampling time: 0.1
```

（5）未指定采样周期：

```
>> sys=tf(num,den,-1)
```

运行结果为：

```
Transfer function:
   z + 1
```

```
-------------
z^3 + 2 z + 3
 Sampling time: unspecified
```

（6）指定使用 z 变换算子生成脉冲传递函数模型，采样周期为 0.1s：

```
>> s=tf('z',0.1);
>> G=(s+1)/(s^3+2*s+3)
```

运行结果为：

```
Transfer function:
    z + 1
-------------
z^3 + 2 z + 3
 Sampling time: 0.1
```

【例 2.1.2】设 MIMO 系统的传递函数矩阵为 $G(s)=\begin{bmatrix}\dfrac{s+1}{s^3+2s+3}\\ \dfrac{1}{s}\end{bmatrix}$，应用 MATLAB 建立其连续时间数学模型。

解　建立 MIMO 系统的模型主要有以下两种方法。

（1）分别建立传递函数矩阵中的每一个传递函数模型：

```
>> G=[tf([1 1],[1 0 2 3]);tf([1],[1 0])]
```

运行结果为：

```
Transfer function from input to output...
          s + 1
 #1:  -------------
      s^3 + 2 s + 3
       1
 #2:  ---
       s
```

（2）由传递函数的系数组成元胞数组：

```
>> num={[1 1];1};
>> den={[1 0 2 3];[1 0]};
>> G=tf(num,den)
```

运行结果为：

```
Transfer function from input to output...
          s + 1
 #1:  -------------
      s^3 + 2 s + 3
      1
 #2:  -
      s
```

注意：描述传递函数 $G(s)=1/s$ 时，den=[1,0]，而不是 den=[1]。

2.1.2　状态空间模型

在 MATLAB 中，使用函数 ss( )建立或转换控制系统的状态空间（State-Space，SS）模型。其主要功能和格式如下。

功能：生成线性定常/离散系统的状态空间模型，或者将传递函数模型或零极点增益模型转换为状态空间模型。

格式：

```
sys=ss(a,b,c,d)        %生成线性定常连续系统的状态空间模型 sys
sys=ss(a,b,c,d,Ts)     %生成离散系统的状态空间模型
sys_ss=ss(sys)         %将任意线性定常系统 sys 转换为状态空间模型
```

说明：

① a、b、c、d 分别对应系统的系统矩阵、输入矩阵、输出矩阵和前馈矩阵。

② Ts 为采样周期。若采样周期未定义，则指定 Ts = −1 或 Ts = [ ]。

③ 若前馈矩阵 d=0，则在建立状态空间模型时，必须根据输入变量和输出变量的维数确定零矩阵 d 的维数。

【例 2.1.3】线性定常系统的状态空间表达式为：

$$\dot{\boldsymbol{x}} = \begin{bmatrix} 0 & 1 & 0 \\ 0 & 0 & 1 \\ -3 & -2 & 0 \end{bmatrix} \boldsymbol{x} + \begin{bmatrix} 0 \\ 0 \\ 1 \end{bmatrix} \boldsymbol{u}$$

$$\boldsymbol{y} = [1 \quad 0 \quad 0] \boldsymbol{x}$$

（1）应用 MATLAB 建立其状态空间模型；

（2）建立相应的离散时间系统状态空间模型；

（3）把离散状态空间模型转换为传递函数模型。

解　（1）建立连续时间系统状态空间模型：

```
>> a=[0 1 0;0 0 1;-3 -2 0];b=[0;0;1];c=[1 1 0];d=0;
>> sys=ss(a,b,c,d)
```

运行结果为：

```
a =
         x1  x2  x3
     x1   0   1   0
     x2   0   0   1
     x3  -3  -2   0
b =
         u1
     x1   0
     x2   0
     x3   1
c =
         x1  x2  x3
     y1   1   1   0
d =
         u1
     y1   0
 Continuous-time model.
```

（2）建立离散时间系统状态空间模型，并指定采样周期为 0.1s：

```
>> sys=ss(a,b,c,d,0.1)
```

运行结果为：

```
a =
        x1  x2  x3
   x1    0   1   0
   x2    0   0   1
   x3   -3  -2   0
b =
        u1
   x1    0
   x2    0
   x3    1
c =
        x1  x2  x3
   y1    1   1   0
d =
        u1
   y1    0
Sampling time: 0.1
Discrete-time model.
```

（3）将离散时间系统状态空间模型转换为传递函数模型：

```
>> sys2=tf(sys)
```

运行结果为：

```
Transfer function:
              z + 1
------------------------------
z^3 - 1.11e-015 z^2 + 2 z + 3
 Sampling time: 0.1
```

【例 2.1.4】 线性定常系统的传递函数矩阵为 $\boldsymbol{G}(s)=\begin{bmatrix}\dfrac{s+1}{s^3+3s^2+3s+2}\\ \dfrac{s^2+3}{s^2+s+1}\end{bmatrix}$，应用 MATLAB 建立其状态空间模型。

解　在 MATLAB 命令窗口中输入：

```
>> G=[tf([1 1],[1 3 3 2]);tf([1 0 3],[1 1 1])];
>> ss(G)
```

运行结果为：

```
a =
          x1     x2     x3     x4     x5
   x1     -3   -1.5     -1      0      0
   x2      2      0      0      0      0
   x3      0      1      0      0      0
```

```
    x4    0    0    0   -1   -1
    x5    0    0    0    1    0
b =
         u1
    x1   1
    x2   0
    x3   0
    x4   2
    x5   0
c =
          x1    x2    x3    x4    x5
    y1     0   0.5   0.5     0     0
    y2     0     0     0  -0.5     1
d =
         u1
    y1   0
    y2   1
Continuous-time model.
```

2.1.3 零极点增益模型

在 MATLAB 中，使用函数 zpk( )建立或转换线性定常系统的零极点增益（Zero-Pole-Gain，ZPK）模型。其主要功能和格式如下。

功能：建立线性定常连续/离散系统的零极点增益模型，或者将传递函数模型或状态空间模型转换成零极点增益模型。

格式：

```
sys=zpk(z,p,k)          %建立连续系统的零极点增益模型 sys
sys=zpk(z,p,k,Ts)       %建立离散系统的零极点增益模型 sys
sys=zpk('s')            %指定零极点增益模型以拉普拉斯变换算子 s 为自变量
sys=zpk('z')            %指定零极点增益模型以 z 变换算子为自变量
zsys=zpk(sys)           %将任意线性定常系统模型 sys 转换为零极点增益模型
```

说明：

① z、p、k 分别对应系统的零点向量、极点向量和增益。

② 若系统不包含零点（或极点），则取 z=[ ]（或 p=[ ]）。

③ Ts 为采样周期。若采样周期未定义，则指定 Ts = −1 或 Ts = [ ]。

【例 2.1.5】线性定常连续系统的传递函数为 $G(s)=\dfrac{10(s+1)}{s(s+2)(s+5)}$，应用 MATLAB 建立其零极点增益模型。

解 （1）建立连续时间系统模型：

```
>> z=[-1];p=[0 -2 -5];k=10;
>> zpk(z,p,k)
```

运行结果为：

```
Zero/pole/gain:
```

```
  10 (s+1)
-------------
s (s+2) (s+5)
```

（2）建立离散时间系统模型，并指定采样周期为 0.1s：

```
>> zpk(z,p,k,0.1)
```

运行结果为：

```
Zero/pole/gain:
  10 (z+1)
-------------
z (z+2) (z+5)
```

（3）建立离散时间系统模型，不指定采样周期，且自变量按 z^{-1} 排列。

```
>> zpk(z,p,k,-1,'variable','z^-1')
```

运行结果为：

```
Zero/pole/gain:
 10 z^-2 (1+z^-1)
--------------------
(1+2z^-1) (1+5z^-1)
```

【例 2.1.6】 线性定常连续系统的传递函数为 $G(s)=\dfrac{s+1}{s^3+2s+3}$，应用 MATLAB 建立其零极点增益模型。

解　在 MATLAB 命令窗口中输入：

```
>> sys1=tf([1 1],[1 0 2 3]);
>> sys2=zpk(sys1)
```

运行结果为：

```
Zero/pole/gain:
       (s+1)
---------------------
(s+1) (s^2  - s + 3)
```

2.1.4　频率响应数据模型

在 MATLAB 中，使用函数 frd( )建立控制系统的频率响应数据（Frequency Response Date，FRD）模型。其主要功能和格式如下。

功能：建立频率响应数据模型或者将其他线性定常系统模型转换为频率响应数据模型。

格式：

sys=frd(response,frequency)	%建立频率响应数据模型 sys
sys=frd(response,frequency,Ts)	%建立离散系统频率响应数据模型 sys
sysfrd=frd(sys,frequency, 'Units',units)	%将其他数学模型 sys 转换为频率响应数据模型，并指定 frequency 的单位（'Units'）为 units

说明：

① response 为存储频率响应数据模型的多维元胞；frequency 为频率向量，默认时单位为 rad/s。

② 频率响应数据模型可以由其他三种模型转换得到，但是不能将频率响应数据模型转换为其他类型的数学模型。

③ Ts 为采样周期。若采样周期未定义，则指定 Ts = −1 或 Ts = [ ]。

【例 2.1.7】设系统的传递函数为 $G(s)=\dfrac{s+1}{s^3+2s+3}$，计算当频率在 10^{-1}～10^2 之间取值的频率响应数据模型。

解 若将频率的单位设定为赫兹（Hz），在 MATLAB 命令窗口中输入：

```
>> sys=tf([1 1],[1 0 2 3]);
>> fre=0.1:100;                         %设定频率在 0.1～100 之间
>> sysfrd=frd(sys,fre,'Units','Hz')
```

运行结果为：

```
From input 1 to:
  Frequency(Hz)           output 1
  -------------           --------
       0.1          0.362746 + 8.748598e-002i
       1.1         -0.021817 + 3.368143e-003i
       2.1         -0.005810 + 4.480484e-004i
       3.1         -0.002650 + 1.371227e-004i
       ...（省略中间部分结果）
      95.1         -0.000003 + 4.687323e-009i
      96.1         -0.000003 + 4.542513e-009i
      97.1         -0.000003 + 4.403607e-009i
      98.1         -0.000003 + 4.270307e-009i
      99.1         -0.000003 + 4.142333e-009i
Continuous-time frequency response data model.
```

2.1.5 模型参数的获取

在 MATLAB 中可以使用下列函数来获取几种数学模型的参数，而不用进行模型之间的转换。这些函数的主要功能和格式如下。

函数	格式	功能
tfdata( )	[num,den]=tfdata(sys) [num,den,Ts]=tfdata(sys)	得到传递函数模型参数
ssdata( )	[a,b,c,d]=ssdata(sys) [a,b,c,d,Ts]=ssdata(sys)	得到状态空间模型参数
zpkdata( )	[z,p,k]=zpkdata(sys) [z,p,k,Ts,Td]=zpkdata(sys)	得到零极点增益模型参数
frddata( )	[res,fer]=frddata(sys) [res,fer,Ts]=frddata(sys)	得到频率响应数据模型参数

【例 2.1.8】设系统的传递函数为 $G(s)=\dfrac{s+1}{s^3+2s+3}$，试求其零点向量、极点向量和增益等参数。

解 在 MATLAB 命令窗口中输入：

```
>> num=[1 1];den=[1 0 2 3];
>> [z,p,k]=zpkdata(tf([num],[den]))
```

运行结果为：

```
z =
    [-1]
p =
    [3x1 double]    %[0.5000+1.6583i;0.5000-1.6583i;-1.0000+0.0000i]
k =
     1
```

2.2　数学模型的相互转换

在实际应用过程中，常常需要对现有的数学模型进行转换。线性系统模型的不同描述方法之间存在内在的等效关系，因此可以相互转换。MATLAB 提供了模型转换函数。使用模型转换函数可以实现连续时间模型和离散时间模型之间的转换以及离散时间模型的重新采样。

2.2.1　连续时间模型和离散时间模型的相互转换

在 MATLAB 中，使用函数 c2d( )将连续时间模型转换为离散时间模型，其格式如下：

sysd=c2d(sys,Ts)	%以采样周期 Ts 将线性定常连续系统 sys 离散化
sysd=c2d(sys,Ts,method)	%以字符串 method 指定的离散化方法将线性定常连续系统离散化

说明：

（1）method 字符串包括：① 'zoh'，零阶保持器；② 'foh'，一阶保持器；③ 'tustin'，图斯汀变换；④ 'matched'，零极点匹配法未指定离散方法时，采用零阶保持器离散方法。

（2）零极点匹配法仅支持 SISO 系统，其他方法既可支持 SISO 系统，也可支持 MIMO 系统。

【例 2.2.1】连续时间系统传递函数为 $G(s)=\dfrac{s+1}{s^3+2s+3}\mathrm{e}^{-0.35s}$，将其按采样周期 0.1s，以一阶保持器方法离散化。

解　在 MATLAB 命令窗口中输入：

```
>> sys=tf([1 1],[1 0 2 3],'inputdelay',0.35);
>> G=c2d(sys,0.1,'foh')
```

运行结果为：

```
Transfer function:
          0.0002109 z^4 + 0.004773 z^3 + 0.0005981 z^2 - 0.004378 z - 0.0002057
z^(-3) * -----------------------------------------------------------------
                              z^4 - 2.979 z^3 + 2.982 z^2 - z
```

在 MATLAB 中，使用函数 d2c( )将离散时间模型转换为连续时间模型，其格式如下：

sysc=d2c(sysd)	%将线性定常离散模型 sysd 转换为连续时间模型 sys
sysc=d2c(sysd,method)	%用字符串 method 指定的方法将线性定常离散模型 sysd 转换

为连续时间模型 sysc

说明：method 字符串的含义和函数 c2d( )中的相同。

【例 2.2.2】线性定常离散系统的脉冲传递函数为 $G(s)=\dfrac{z-1}{z^2+z+0.3}$，采样周期 T_s=0.1s。采用零阶保持器法将其转换为连续时间模型。

解 在 MATLAB 命令窗口中输入：

```
>> sysd=tf([1,-1],[1 1 0.3],0.1);
>> sysc=d2c(sysd)
```

运行结果为：

```
Transfer function:
      121.7 s
---------------------
s^2 + 12.04 s + 776.7
```

2.2.2 传递函数模型和状态空间模型的相互转换

在 MATLAB 中使用函数 tf2ss( )将传递函数模型转换为状态空间模型，其格式如下：

[a,b,c,d]=tf2ss(num,den)	%将分子向量为 num 和分母向量为 den 的传递函数模型转换为状态空间模型(a,b,c,d)

【例 2.2.3】线性定常连续系统的传递函数为 $G(s)=\dfrac{\begin{bmatrix}1\\ s\\ s^2\end{bmatrix}}{s^3+2s+3}$，应用 MATLAB 将其转换为状态空间模型。

解 在 MATLAB 命令窗口中输入：

```
>> num=[0 0 3;0 1 0;1 0 0];
>> den=[1 0 2 3];
>> [a,b,c,d]=tf2ss(num,den)
```

运行结果为：

```
a =
     0    -2    -3
     1     0     0
     0     1     0
b =
     1
     0
     0
c =
     0     0     3
     0     1     0
     1     0     0
d =
     0
```

```
     0
     0
```

注意：分子矩阵中必须保持每行元素的元素个数相等，不等的必须添加 0。

在 MATLAB 中使用函数 ss2tf( )将状态空间模型转换为传递函数模型，其格式如下：

[num,den]=ss2tf(a,b,c,d,iu)	%将状态空间模型(a,b,c,d)转换为分子向量为 num、分母向量为 den 的传递函数模型，并得到第 iu 个输入向量至全部输出之间的传递函数参数

【例 2.2.4】 线性定常系统的状态空间模型为：

$$\dot{\boldsymbol{x}}=\begin{bmatrix}0 & 1 & 0\\0 & 0 & 1\\-3 & -2 & 0\end{bmatrix}\boldsymbol{x}+\begin{bmatrix}0\\0\\1\end{bmatrix}\boldsymbol{u}$$

$$\boldsymbol{y}=\begin{bmatrix}1 & 0 & 0\end{bmatrix}\boldsymbol{x}$$

应用 MATLAB 将其转换为传递函数模型。

解　在 MATLAB 命令窗口中输入：

```
>> a=[0 1 0;0 0 1;-3 -2 0];b=[0;0;1];c=[1 1 0];d=[0;0];
>> [num,den]=ss2tf(a,b,c,d,1);G=tf(num,den)
```

运行结果为：

```
num =
          0    0.0000    1.0000    1.0000
den =
    1.0000   -0.0000    2.0000    3.0000
G=
       s+1
   -----------
     s^3+2s+3
Continuous-time transfer function.
```

2.2.3　传递函数模型和零极点增益模型的相互转换

在 MATLAB 中使用函数 tf2zp( )将传递函数模型转换为零极点增益模型，其格式如下：

[z,p,k]=tf2zp(num,den)	%将分子向量为 num 和分母向量为 den 的传递函数模型转换为零点向量为 z、极点向量为 p、增益为 k 的零极点增益模型

【例 2.2.5】 线性定常离散时间系统的脉冲传递函数为 $G(z)=\dfrac{2z+1}{z^3+z^2-z-1}$，应用 MATLAB 将其转换为零极点增益模型。

解　在 MATLAB 命令窗口中输入：

```
>> num=[2 1];den=[1 1 -1 -1];
>> [z,p,k]=tf2zp(num,den)
```

运行结果为：

```
z =
   -0.5000
```

```
p =
   1.0000
  -1.0000 + 0.0000i
  -1.0000 - 0.0000i
k =
   2
```

在 MATLAB 中使用函数 zp2tf( )将零极点增益模型转换为传递函数模型。其格式如下：

[num,den]=zp2tf(z,p,k)	%将零点向量为 z、极点向量为 p、增益为 k 的零极点增益模型转换为分子向量为 num、分母向量为 den 的传递函数模型

【例 2.2.6】线性定常系统的零极点增益模型为：

$$G(s)=\frac{s(s+5)(s+6)}{(s+3+4\mathrm{j})(s+3-4\mathrm{j})(s+1)(s+2)}$$

应用 MATLAB 将其转换为传递函数模型。

解 在 MATLAB 命令窗口中输入：

```
>> z=[-6;-5;0];p=[-3+4i;-3-4i;-2;-1];k=1;
>> [num,den]=zp2tf(z,p,k);G=tf(num,den)
```

运行结果为：

```
num =
   0    1    11    30    0
den =
   1    9    45    87    50
G=
      s^3 + 11 s^2 + 30 s
   ----------------------------------
   s^4 + 9 s^3 + 45 s^2 + 87 s + 50
   Continuous-time transfer function.
```

注意：z 和 p 为列向量。MATLAB 程序中，复数的虚数单位 i、j 通用。

2.2.4 状态空间模型和零极点增益模型的相互转换

在 MATLAB 中使用函数 ss2zp( )将状态空间模型转换为零极点增益模型，其格式如下：

[z,p,k]=ss2zp(a,b,c,d,iu)	%将状态空间模型(a,b,c,d)转换为零点向量为 z、极点向量为 p、增益为 k 的零极点增益模型，并得到第 iu 个输入向量至全部输出之间的零极点增益模型的参数

【例 2.2.7】线性定常系统的状态空间模型为

$$\dot{\boldsymbol{x}}=\begin{bmatrix}0&1&0&0\\0&0&1&0\\0&0&0&1\\0&0&5&0\end{bmatrix}\boldsymbol{x}+\begin{bmatrix}0\\1\\0\\-2\end{bmatrix}\boldsymbol{u}$$

$$\boldsymbol{y}=\begin{bmatrix}1&0&0&0\end{bmatrix}\boldsymbol{x}$$

应用 MATLAB 将其转换为零极点增益模型。

解　在 MATLAB 命令窗口中输入：

```
a=[0 1 0 0;0 0 1 0;0 0 0 1;0 0 5 0];b=[0;1;0;-2];
c=[1 0 0 0];d=0;
[z,p,k]=ss2zp(a,b,c,d,1)
```

运行结果为：

```
z =
   -2.6458
    2.6458
p =
         0
         0
    2.2361
   -2.2361
k =
     1
```

在 MATLAB 中使用函数 zp2ss( )将零极点增益模型转换为状态空间模型。其格式如下：

[a,b,c,d]=zp2ss(z,p,k)	%将零点向量为 z、极点向量为 p、增益为 k 的零极点增益模型转换为状态空间模型(a,b,c,d)

【例 2.2.8】 线性定常系统的零极点增益模型为：

$$G(s)=\frac{s(s+5)(s+6)}{(s+3+4\mathrm{j})(s+3-4\mathrm{j})(s+1)(s+2)}$$

应用 MATLAB 将其转换为状态空间模型。

解　在 MATLAB 命令窗口中输入：

```
>> z=[-6;-5;0];p=[-3+4i;-3-4i;-2;-1];k=1;
>> [a,b,c,d]=zp2ss(z,p,k)
```

运行结果为：

```
a =
   -3.0000   -1.4142         0         0
    1.4142         0         0         0
    1.0000         0   -6.0000   -5.0000
         0         0    5.0000         0
b =
     1
     0
     0
     0
c =
     1     0     5     1
d =
     0
```

2.2.5 离散时间系统的重新采样

在 MATLAB 中使用函数 d2d( )对离散时间系统进行重新采样，得到新采样周期下的离散时间系统模型。其格式如下：

sys2=d2d(sys1,Ts)	%将离散时间模型 sys1 按照新的采样周期 Ts 重新采样得到离散时间模型 sys2

【例 2.2.9】线性定常离散系统的脉冲传递函数为 $G(z)=\dfrac{z-1}{z^2+z+0.3}$，应用 MATLAB 将其采样周期由 T_s=0.1s 转变成 T_s=0.5s。

解 在 MATLAB 命令窗口中输入：

```
>> sys1=tf([1 -1],[1 1 0.3],0.1);
>> sys2=d2d(sys1,0.5)
```

运行结果为：

```
Transfer function:
    0.19 z - 0.19
----------------------
z^2 - 0.05 z + 0.00243
 Sampling time: 0.5
```

下面讨论采样的频率和混频问题。

采样定理中指出，假设一个连续信号的最高频率是 $F_{\max}$，如果采样频率 $F_s > 2F_{\max}$，那么采样信号可以唯一地恢复出原连续信号，否则当采样频率 $F_s \leqslant 2F_{\max}$ 时，会造成采样信号中的频谱混叠（混频）现象，不能无失真地恢复原连续信号。

对一个连续信号 $f_a(t)$ 进行理想采样的过程可以表示为

$$\hat{f}_a(t)=f_a(t)s(t) \tag{2.1}$$

其中，$\hat{f}_a(t)$ 为原信号 $f_a(t)$ 的理想采样，$s(t)$ 为周期脉冲信号，即

$$s(t)=\sum_{n=-\infty}^{\infty}\delta(t-nT) \tag{2.2}$$

$\hat{f}_a(t)$ 的傅里叶变换 $\hat{F}_a(\mathrm{j}\Omega)$ 为

$$\hat{F}_a(\mathrm{j}\Omega)=\frac{1}{T}\sum_{m=-\infty}^{\infty}F_a[\mathrm{j}(\Omega-m\Omega_s)] \tag{2.3}$$

式（2.3）表明，$\hat{F}_a(\mathrm{j}\Omega)$ 是 $F_a(\mathrm{j}\Omega)$ 的周期延拓，其延拓周期为采样角频率（$\Omega_s=2\pi/T$）。因此，只有满足采样定理时，才不会发生频率混叠现象。

【例 2.2.10】对信号 $\sin(120\pi t)+\cos(50\pi t)+\cos(60\pi t)$ 进行采样。

首先对该信号进行采样，并绘制其信号波形和采样序列波形，因此创建名为 fz 的函数来实现该功能。该函数需要两个输入值，分别为原信号函数（fy）和采样频率（fs）。在 MATLAB 的 M 文件（不妨命名为 samp.m）中编写该函数如下：

```
function fz = samp(fy,fs)
fs0 = 10000;
tp = 0.1;
```

```
t = [-tp:1/fs0:tp];
k1 = 0:999;
k2 = -999:-1;
m1 = length(k1);
m2 = length(k2);

%设置原信号的频率数组
f = [fs0*k2/m2,fs0*k1/m1];
w = [-2*pi*k2/m2,2*pi*k1/m1];
fx1 = eval(fy);
FX1 = fx1*exp(-j*[1:length(fx1)]'*w);

%画原信号波形
figure(1)
subplot(2,1,1)
plot(t,fx1,'r')        %画出原信号的时间域波形
title('原信号')
xlabel('时间 t(s)')
axis([min(t),max(t),min(fx1),max(fx1)])
subplot(2,1,2)
plot(f,abs(FX1),'r') %画出原信号的频率域波形
title('原信号幅度频谱')
xlabel('频率 f(Hz)')
axis([-100,100,0,max(abs(FX1))+5])

%对信号在不同频率下进行采样
Ts = 1/fs;    %采样周期
t1 = -tp:Ts:tp;
f1 = [fs*k2/m2,fs*k1/m1];
t = t1;

%不同采样频率情况下采样点和离散采样信号频谱的计算
fz = eval(fy);
FZ = fz*exp(-j*[1:length(fz)]'*w);

%画采样序列波形
figure(2)
subplot(2,1,1)
plot(t,fz,'.')
title('采样信号')
xlabel('时间 t(s)')
line([min(t),max(t)],[0,0])
```

```
subplot(2,1,2)
plot(f1,abs(FZ),'m')
title('采样信号幅度频谱')
xlabel('频率 f(Hz)')
```

分为欠采样（即采样频率小于两倍的原信号频率）、临界采样（即采样频率等于两倍的原信号频率）及过采样（即采样频率大于两倍的原信号频率）三种情况讨论。

在另一个文件（不妨命名为 EXP_Samp.m）中编写程序如下：

```
f1 = 'sin(2*pi*60*t)+cos(2*pi*25*t)+cos(2*pi*30*t)';

%欠采样
fs0 = samp(f1,80);

%临界采样
fs1 = samp(f1,120);

%过采样
fs2 = samp(f1,150);
```

注意：在执行程序时，欠采样、临界采样和过采样需要分别运行。

原信号波形及频谱，如图 2.2.1 所示。

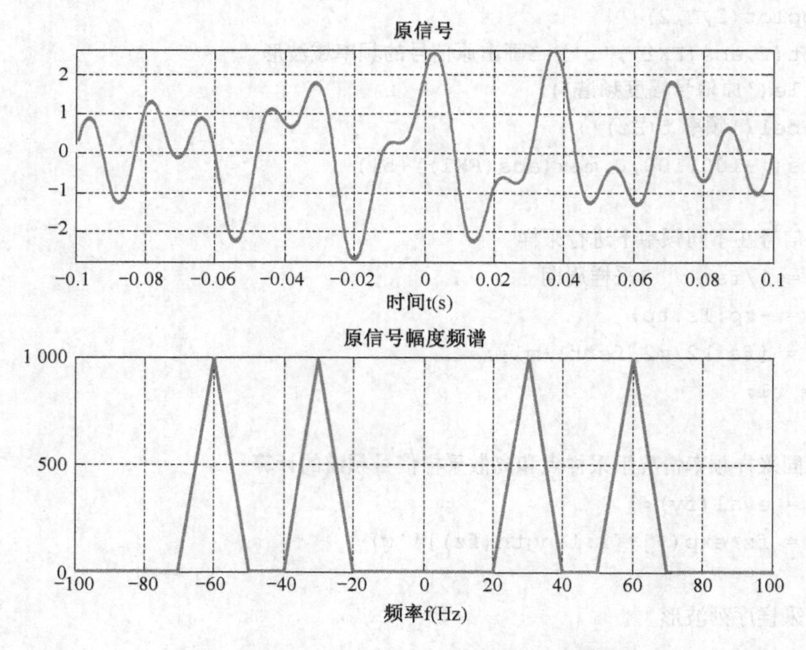

图 2.2.1　例 2.2.10 中原信号的波形和频谱图

（1）欠采样过程。假设采样频率 $F_s < 2F_{max}$（采样频率为 80Hz），得到采样信号及幅度频谱如图 2.2.2 所示。

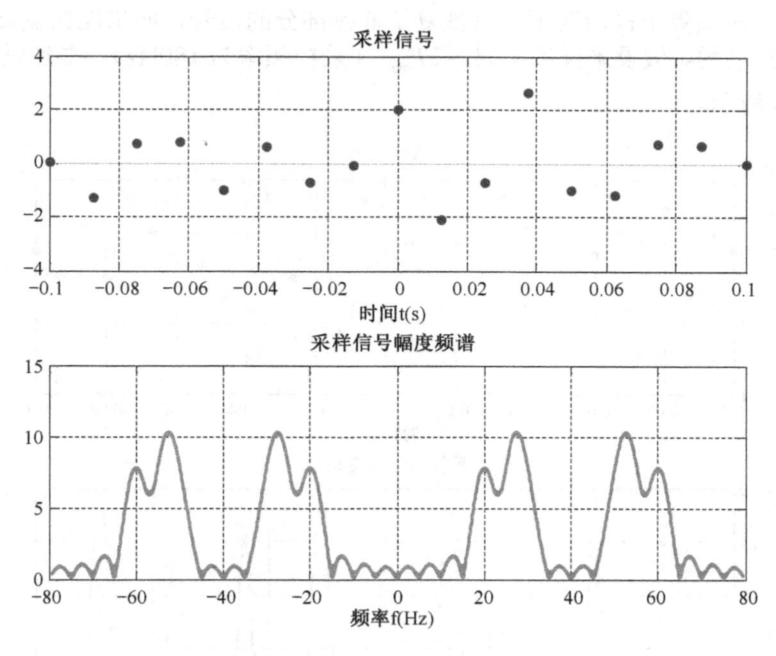

图 2.2.2　例 2.2.10 的欠采样过程

根据采样定理，无法恢复原采样信号。

（2）临界采样过程。假设采样频率 $F_s = 2F_{max}$（采样频率为 120Hz），得到采样信号及幅度频谱如图 2.2.3 所示。

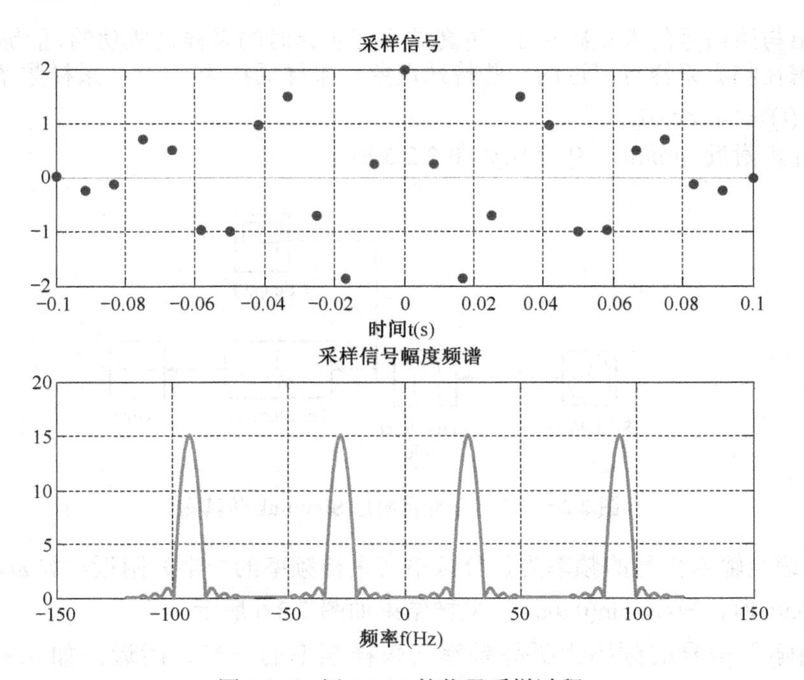

图 2.2.3　例 2.2.10 的临界采样过程

可以看出，在临界采样情况下，只恢复了低频部分的信号，而未能恢复高频信号。

（3）过采样过程。假设采样频率 $F_s > 2F_{max}$（采样频率为180Hz），得到采样信号及幅度频谱如图2.2.4所示。

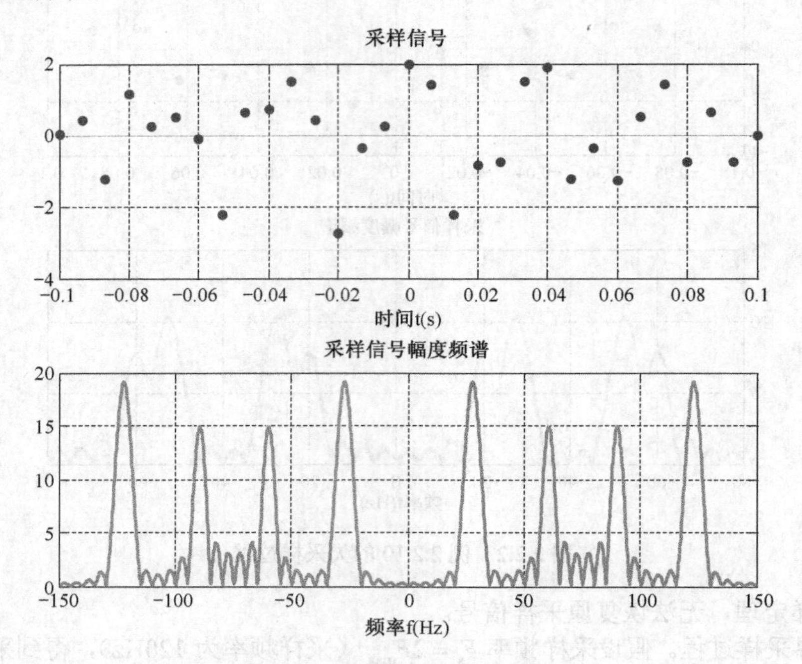

图2.2.4 例2.2.10的过采样过程

可以看出与原信号的误差减小了。仿真结果证明此时的采样是成功的，能够恢复原信号。

下面考虑在临界采样点附近的一些特殊现象。采样周期为 T=1s，采样频率为 $\omega_s = 2\pi$，输入信号为 $r(t) = \sin(\omega t + \varphi)$。

临界采样点附近Simulink仿真图如图2.2.5所示。

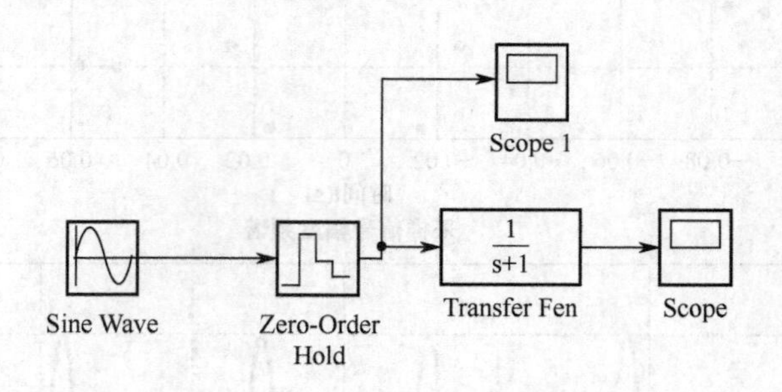

图2.2.5 临界采样点附近Simulink仿真图

（1）考虑当输入信号的频率为折叠频率（采样频率的一半）附近，如 $\omega = 0.9(\omega_s/2) = 0.9(2\pi/2) = 0.9\pi$ 时，$r(t) = \sin(0.9\pi t)$。采样结果如图2.2.6所示。

（2）当输入信号的频率为折叠频率（采样频率的一半）附近，如 $\omega = 0.95(\omega_s/2) = 0.95(2\pi/2) = 0.95\pi$ 时，$r(t) = \sin(0.95\pi t)$。采样结果如图2.2.7所示。

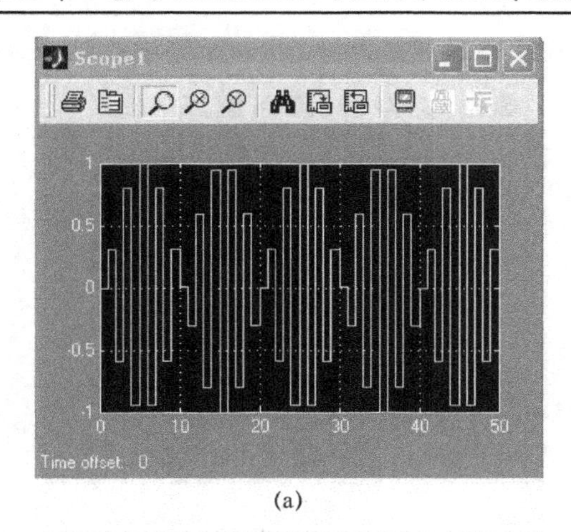

(a)

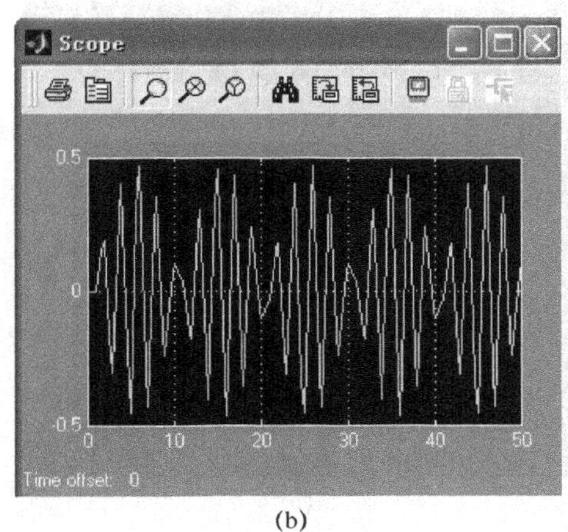

(b)

图 2.2.6　采样结果

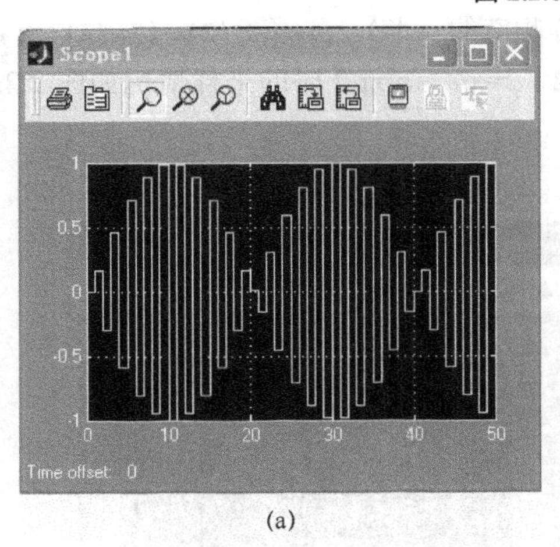

(a)

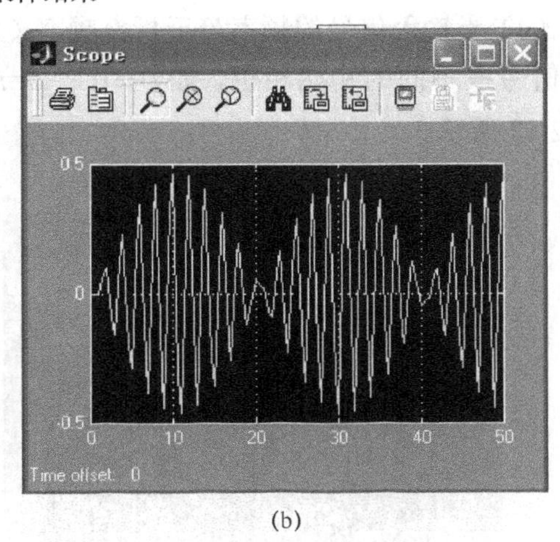

(b)

图 2.2.7　采样结果

（3）当输入信号的频率为折叠频率（采样频率的一半）附近，如 $\omega = 0.98(\omega_s/2) = 0.98(2\pi/2) = 0.98\pi$ 时，$r(t) = \sin(0.98\pi t)$。采样结果如图 2.2.8 所示。

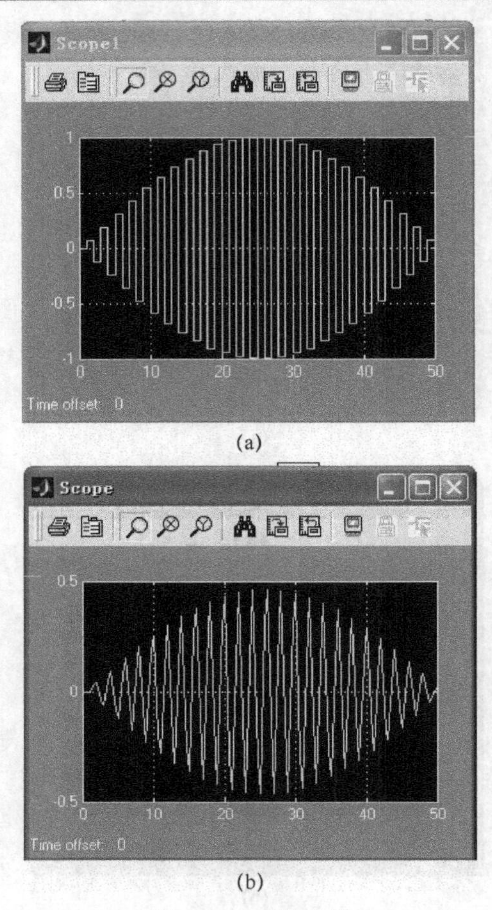

(a)

(b)

图 2.2.8　采样结果

（4）当输入信号的频率等于折叠频率（采样频率的一半），$\omega=(\omega_s/2)=(2\pi/2)=\pi$，而输入信号取不同的初始相位，如 $\varphi=0°$、φ=π/12、φ=π/4、φ=π/2 时的采样情况如图 2.2.9～图 2.2.12 所示。

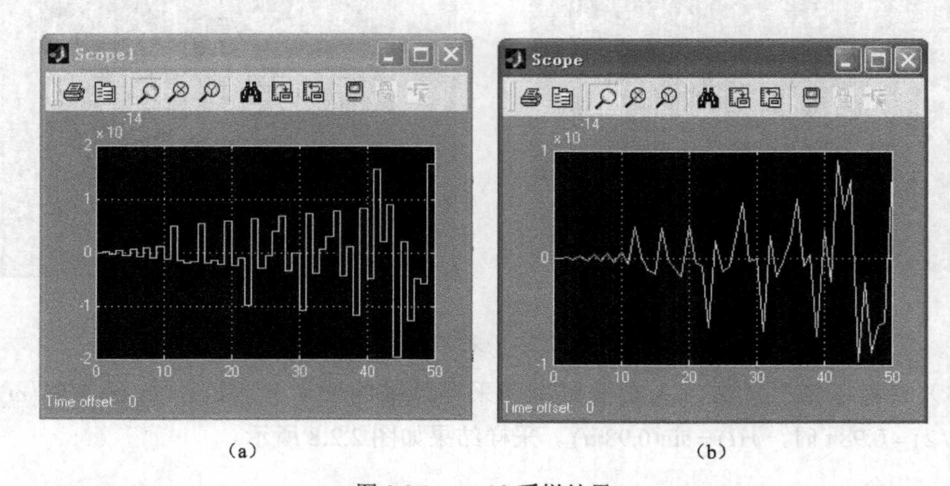

(a)　　(b)

图 2.2.9　φ=0° 采样结果

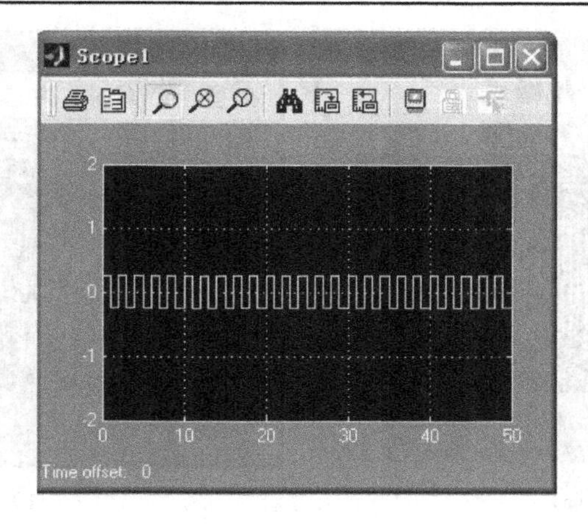

（a）

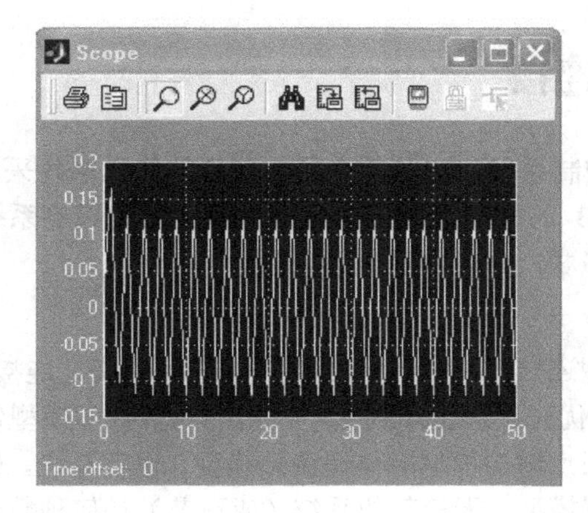

（b）

图 2.2.10　$\varphi=\pi/12$ 采样结果

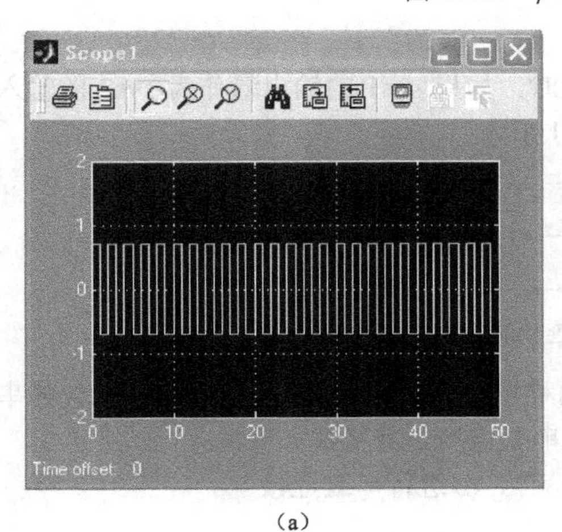

（a）

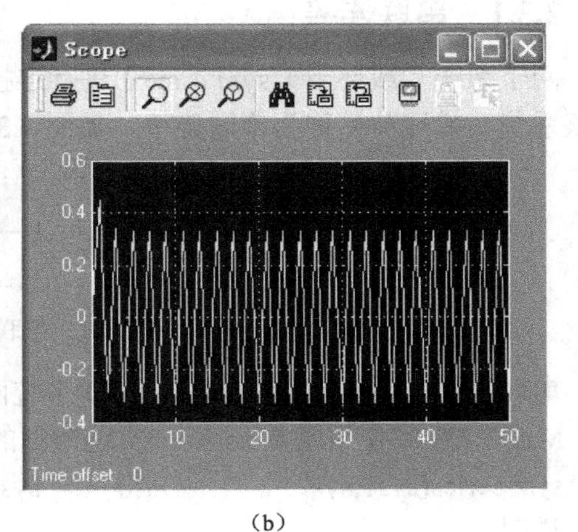

（b）

图 2.2.11　$\varphi=\pi/4$ 采样结果

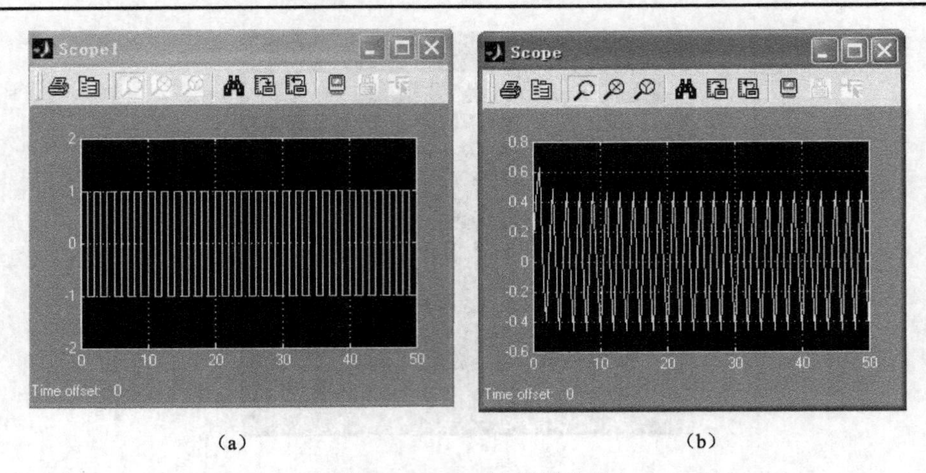

（a）　　（b）

图 2.2.12　$\varphi=\pi/2$ 采样结果

2.3　数学模型的连接

一般情况下，一个控制系统往往是两个或者更多的简单系统采用串联、并联或反馈等形式连接而成的。MATLAB 的控制系统工具箱提供了大量的控制系统或环节的数学模型连接函数，可以进行系统的串联、并联和反馈等连接。

关键词：优先原则

不同形式的数学模型连接时，MATLAB 根据优先原则确定连接后得到的数学模型形式。

按 MATLAB 确定的优先层级由高到低，常用的几种数学模型依次为：频率响应数据模型＞状态空间模型＞零极点增益模型＞传递函数模型。也就是说，如果连接的数学模型中至少有一个是频率响应数据模型，无论其他系统（或环节）是何种数学模型，那么最后得到的数学模型一定是频率响应数据模型。其他可依次类推。

2.3.1　串联连接

两个系统（或环节）sys1、sys2 进行连接时，如果 sys1 的输出量作为 sys2 的输入量，则该系统（或环节）称为串联连接，如图 2.3.1 所示。

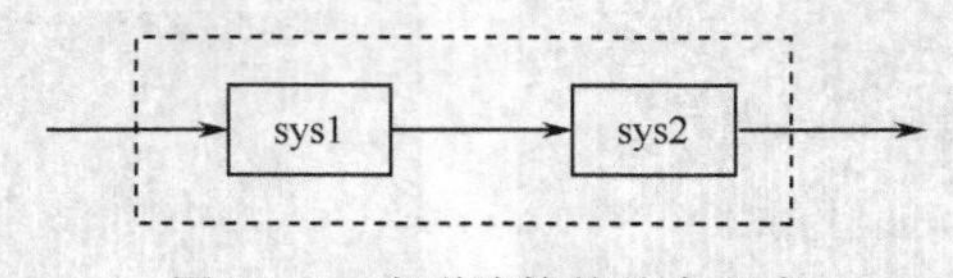

图 2.3.1　串联连接的基本方式

串联连接分为 SISO 系统和 MIMO 系统两种形式，这里只简单介绍 SISO 系统的串联连接。MATLAB 中使用函数 series( )实现模型的串联连接。其格式如下：

```
sys=series(sys1,sys2)          %将系统 sys1 和 sys2 进行串联连接
```

说明：

① 此串联方式相当于 sys=sys1×sys2。

② sys1 和 sys2 为不同形式的数学模型时，按优先原则确定。

【例 2.3.1】 设两个采样周期均为 T_s=0.1s 的离散系统脉冲传递函数分别为：

$$G_1(z)=\frac{z^2+3z+2}{z^4+3z^3+5z^2+7z+3}，\quad G_2(z)=\frac{10}{(z+2)(z+3)}$$

求将它们串联连接后得到的脉冲传递函数。

解　根据优先原则，传递函数模型和零极点增益模型两种形式的系统连接时，最后将得到零极点增益模型形式。

```
>> G1=tf([1 3 2],[1 3 5 7 3],0.1);
>> G2=zpk([],[-2,-3],10,0.1);
>> G=series(G1,G2)
```

运行结果为：

```
Zero/pole/gain:
                        10 (z+2) (z+1)
-----------------------------------------------------------
(z+2) (z+1.869) (z+3) (z+0.6245) (z^2 + 0.5063z + 2.57)
 Sampling time: 0.1
```

2.3.2　并联连接

两个系统（或环节）sys1、sys2 进行连接时，如果它们具有相同的输入量，且输出量是 sys1 输出量和 sys2 输出量的代数和，则该系统（或环节）称为并联连接，如图 2.3.2 所示。

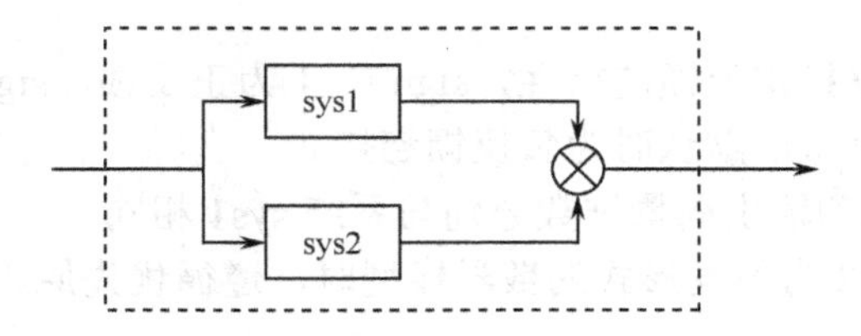

图 2.3.2　并联连接的基本方式

并联连接也分为 SISO 系统和 MIMO 系统，这里只简单介绍 SISO 系统。在 MATLAB 中使用函数 parallel( )实现模型的并联连接，其格式如下：

```
sys=parallel(sys1,sys2)        %将系统 sys1 和 sys2 进行并联连接
```

说明：

① 此并联连接方式相当于 sys=sys1+sys2。

② sys1 和 sys2 为不同形式的数学模型时，按优先原则确定。

【例 2.3.2】 设两个采样周期均为 T_s=0.1s 的离散系统脉冲传递函数分别为：

$$G_1(z)=\frac{z^2+3z+2}{z^4+3z^3+5z^2+7z+3}，\quad G_2(z)=\frac{10}{(z+2)(z+3)}$$

求将它们并联连接后得到的脉冲传递函数。

解　根据优先原则，最后得到的是零极点增益模型形式。

```
>> G1=tf([1 3 2],[1 3 5 7 3],0.1);
>> G2=zpk([],[-2,-3],10,0.1);
>> G=parallel(G1,G2)
```

运行结果为：

```
Zero/pole/gain:
    11(z+1.869)(z+0.6673)(z^2+0.9178z+3.061)
----------------------------------------------------------
(z+1.869)(z+2)(z+3)(z+0.6245)(z^2+0.5063z+2.57)
 Sampling time: 0.1
```

2.3.3　反馈连接

两个系统（或环节）按照图 2.3.3 所示的方式连接称为反馈连接。它也分为 SISO 系统和 MIMO 系统，这里只介绍 SISO 系统。

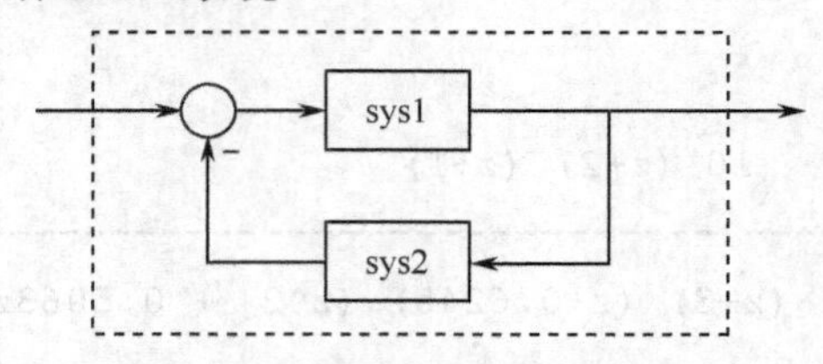

图 2.3.3　反馈连接的基本形式

在 MATLAB 中使用函数 feedback( )实现模型的反馈连接。其格式如下：

sys=feedback(sys1,sys2,sign)　　%按字符串 sign 指定的反馈方式将系统 sys1 和 sys2 进行反馈连接

说明：

① 字符串 sign 用来指定反馈的极性，sign = +1 为正反馈，sign = −1 为负反馈。

② 字符串 sign 可默认，默认时为负反馈连接。

③ 系统 sys 的输入和输出向量维数分别与系统 sys1 相同。

④ 系统 sys1 和 sys2 为不同形式的数学模型时，遵循优先原则。

【例 2.3.3】 设两个线性定常系统的传递函数分别为：

$$G_1(s)=\frac{1}{s^2+2s+1},\quad G_2(s)=\frac{1}{s+1}$$

求将它们反馈连接后的传递函数。

解　在 MATLAB 命令窗口中输入：

```
>> G1=tf(1,[1 2 1]);
>> G2=tf(1,[1 1]);
>> G=feedback(G1,G2)
```

运行结果为：

```
Transfer function:
         s + 1
---------------------
s^3 + 3 s^2 + 3 s + 2
```

习　题　2

2.1　在 MATLAB 中输入以下系统模型

（1）$G(s)=\dfrac{s^3+4s^2+3s+2}{s^2(s+1)[(s+4)^2+4]}$

（2）$\dot{\boldsymbol{x}}(t)=\begin{bmatrix}-0.3 & 0.1 & -0.05\\ 1 & 0.1 & 0\\ -1.5 & -8.9 & -0.05\end{bmatrix}\boldsymbol{x}(t)+\begin{bmatrix}2\\0\\4\end{bmatrix}\boldsymbol{u}(t)$，$\boldsymbol{y}=[1,2,3]\boldsymbol{x}$

2.2　假设 2.1 题中所有的模型均为开环模型，并假设每个模型都有单位负反馈结构，请用 MATLAB 语言求出系统的闭环模型，并求出开环和闭环系统的零点和极点。

2.3　试求以下状态方程模型的等效传递函数模型，并求出此模型的零极点。

$$\dot{\boldsymbol{x}}=\begin{bmatrix}1 & 2 & 3\\ 4 & 5 & 6\\ 7 & 8 & 0\end{bmatrix}\boldsymbol{x}+\begin{bmatrix}4\\3\\2\end{bmatrix}\boldsymbol{u}，\quad \boldsymbol{y}=[1,2,3]\boldsymbol{x}$$

2.4　已知控制系统的传递函数 $\dfrac{Y(s)}{U(s)}=\dfrac{2s^2+18s+40}{s^3+6s^2+11s+6}$，试求其零极点模型和状态空间模型。

2.5　已知控制系统的零极点模型 $G(s)=\dfrac{2(s+4)(s+5)}{(s+1)(s+2)(s+3)}$，求其传递函数模型和状态空间模型。

2.6　已知控制系统的状态空间模型为

$$\dot{\boldsymbol{x}}=\begin{bmatrix}0 & 1 & 0 & 0\\ 0 & 0 & 1 & 0\\ 0 & 0 & 0 & 1\\ -50 & -48 & -28.5 & -9\end{bmatrix}\boldsymbol{x}+\begin{bmatrix}0\\0\\0\\1\end{bmatrix}\boldsymbol{u}，\quad \boldsymbol{y}=[10\ \ 2\ \ 0\ \ 0]\boldsymbol{x}$$

求其传递函数模型和零极点模型，并求其零极点和绘制零极点图。

2.7　已知一串联系统的三个传递函数 $G_1=\dfrac{2s^2+6s+5}{s^3+4s^2+5s+2}$，$G_2=\dfrac{s^2+4s+1}{s^3+9s^2+8s}$ 和 $G_3=\dfrac{5(s+3)(s+7)}{(s+1)(s+4)(s+6)}$，求此系统的传递函数。

2.8　已知一个并联系统，其中，$G_1=\dfrac{s+3}{(s+1)^2(s+2)}$，$G_2=\dfrac{3s^2+s+4}{5s^2+12s+3}$，求此并联系统的传递函数。

2.9　从下面给出的典型反馈控制系统结构子模型中，求出总系统的状态方程与传递函数模型，并得出各个模型的零极点模型表示。

（1）$G(s)=\dfrac{211.87s+317.64}{(s+20)(s+94.34)(s+0.1684)}$，$G_c(s)=\dfrac{169.6s+400}{s(s+4)}$，$H(s)=\dfrac{1}{0.01s+1}$

（2）$G(s)=\dfrac{35786.7s+108444}{(s+4)(s+20)(s+74.04)}$，$G_c(s)=\dfrac{1}{s}$，$H(s)=\dfrac{1}{0.01s+1}$

2.10 如图 2.1 所示为控制系统的控制框图，求系统的闭环传递函数。

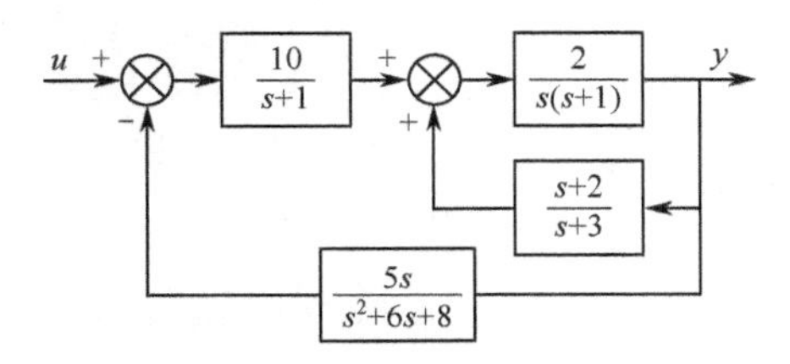

图 2.1　习题 2.10 系统结构框图

2.11 设系统由两个模块 $G_1(s)$ 和 $G_2(s)$ 串联而成，已知

$$G_1(s)=\frac{s+1}{s^2+3s+4},\quad G_2(s)=\frac{s^2+3s+5}{s^4+4s^3+3s^2+2s+1}$$

若想求出总系统的状态方程模型，在 MATLAB 下比较下面两种方法将有何不同结果：

（1）将两个传递函数模型进行串联连接，然后求出整个系统的状态方程模型。

（2）求出两个模型的状态方程表示，然后求出整个系统的状态方程模型。

2.12 多输入多输出（MIMO）系统的广义方框图如图 2.2 所示，图中

$$\boldsymbol{G}_1(s)=\begin{bmatrix}\dfrac{s+2}{s^2+2s+1} & \dfrac{1}{s^2+3s+2}\\ \dfrac{s+1}{s+2} & \dfrac{s+2}{s^2+5s+6}\end{bmatrix},\quad \boldsymbol{G}_2(s)=\begin{bmatrix}\dfrac{1.2}{(s+1)(s+3)} & \dfrac{s+1}{(s+2)(s+3)}\\ \dfrac{s+1}{(s+2)(s+4)} & \dfrac{s+2}{(s+3)(s+4)}\end{bmatrix}$$，求系统的传递函数矩阵。

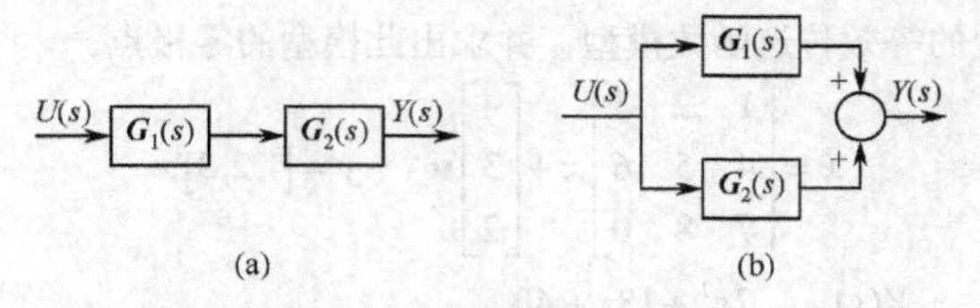

图 2.2 MIMO 系统方框图

第 3 章　基于 MATLAB 的控制系统运动响应分析

3.1　零输入响应分析

系统的输出响应由零输入响应和零状态响应组成。零输入响应是指系统的输入信号为零，系统的输出由初始状态产生的响应。

在 MATLAB 中，使用函数 initial( )和 dinitial( )分别来计算线性定常连续时间系统状态空间模型和离散时间状态空间模型的零输入响应，其主要功能和格式如下。

（1）函数 initial( )：求线性连续时间系统状态空间模型的零输入响应。

initial(sys1,…,sysN,x0)	%同一个图形窗口内绘制多个系统 sys1，…, sysN 在初始条件 x0 作用下的零输入响应
initial(sys1,…,sysN,x0,T)	%指定响应时间 T
Initial(sys1,'PlotStyle1',…,sysN,' PlotStyleN',x0)	%在同一个图形窗口绘制多个连续系统的零输入响应曲线，并指定曲线的属性 PlotStyle
[y,t,x]=initial(sys,x0)	%不绘制曲线，得到输出向量、时间和状态变量响应的数据值

说明：

① 线性定常连续系统 sys 必须是状态空间模型。

② x0 为初始条件。

③ T 为终止时间点，由 t=0 开始，至 T 秒结束。可省略，默认时由系统自动确定。

④ y 为输出向量；t 为时间向量，可省略；x 为状态向量，可省略。

【例 3.1.1】已知单位负反馈控制系统的开环传递函数为 $G(s)=\dfrac{100}{s(s+10)}$，应用 MATLAB 求其初始条件为$\begin{bmatrix}1 & 2\end{bmatrix}$时的零输入响应。

解　在 MATLAB 命令窗口中输入：

```
>> G1=tf([100],[1 10 0]);
>> G=feedback(G1,1,-1);          %使用函数 feedback( )进行反馈连接
>> GG=ss(G);                     %将传递函数模型转换为状态空间模型
>> initial(GG,[1 2])
```

运行结果如图 3.1.1 所示。

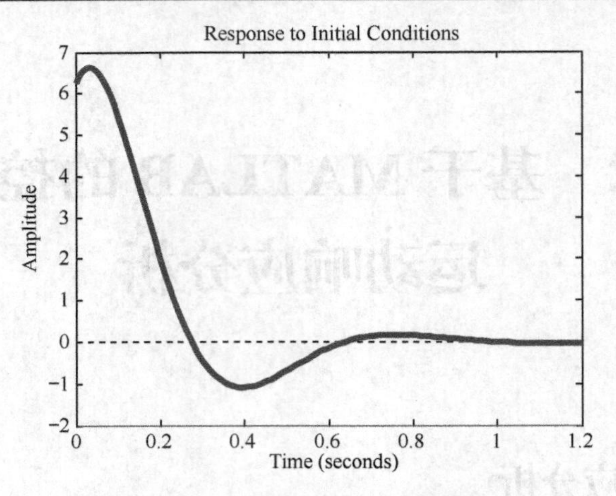

图 3.1.1 例 3.1.1 的零输入响应曲线

注意：使用 initial( )函数时，系统 sys 必须是状态空间模型，否则 MATLAB 会提示以下错误：

```
??? Error using ==> rfinputs
Only available for state-space models.
```

（2）函数 dinitial( )：求线性离散时间状态空间模型的零输入响应。

dinitial(a,b,c,d,x0,N)	%绘制系统(a,b,c,d)在初始条件 x0 作用下的响应曲线
[y,x,N]=dinitial(a,b,c,d,x0)	%不绘制曲线，返回输出向量、状态向量和相应点数的数据值

说明：

① 系统的数学模型只能以离散时间状态空间模型的形式给出。

② a、b、c 和 d 分别对应系统的系统矩阵、输入矩阵、输出矩阵和前馈矩阵。

③ y 为输出向量；t 为时间向量，可省略；x 为状态向量，可省略。

【例 3.1.2】已知线性离散时间系统的状态空间模型和初始条件分别为：

$$\begin{bmatrix} \boldsymbol{x}_1(k+1) \\ \boldsymbol{x}_2(k+1) \end{bmatrix} = \begin{bmatrix} 0.9429 & -0.07593 \\ 0.07593 & 0.997 \end{bmatrix} \begin{bmatrix} \boldsymbol{x}_1(k) \\ \boldsymbol{x}_2(k) \end{bmatrix}$$

$$\boldsymbol{y}(k) = [1.969 \quad 6.449] \begin{bmatrix} \boldsymbol{x}_1(k) \\ \boldsymbol{x}_2(k) \end{bmatrix}$$

$$\boldsymbol{x}(0) = \begin{bmatrix} 1 \\ 0 \end{bmatrix}$$

采样周期 T_s=0.1s，试绘制其零输入响应曲线。

解 在 MATLAB 命令窗口中输入：

```
>> a=[0.9429 -0.07593;0.07593 0.997];b=[0;0];
>> c=[1.969 6.449];d=0;
>> dinitial(a,b,c,d,[1 0])
```

运行结果如图 3.1.2 所示。

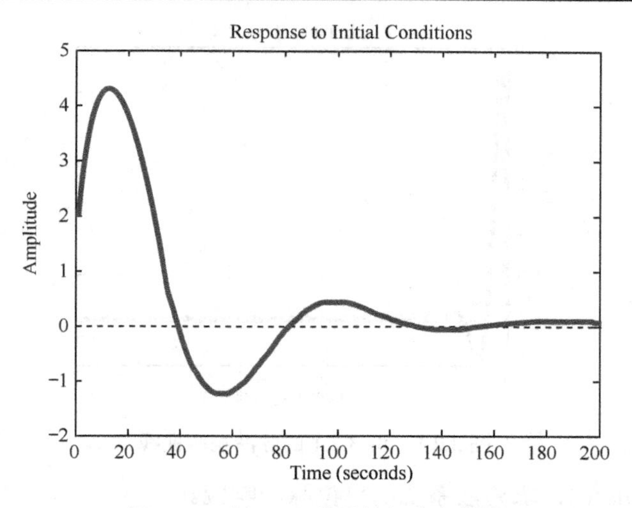

图 3.1.2　例 3.1.2 的零输入响应曲线

3.2 脉冲输入响应分析

在 MATLAB 中，可使用函数 impulse( )和 dimpulse( )分别来计算和显示线性连续系统与离散系统的单位脉冲响应。其主要功能和格式如下。

（1）函数 impulse( )：求连续系统的单位脉冲响应。

```
impulse(sys1,⋯,sysN)                 %在同一个图形窗口中绘制 N 个系统 sys1，⋯, sysN 的
                                     单位脉冲响应曲线
impulse(sys1,⋯,sysN,T)               %指定响应时间 T
impulse(sys1, 'PlotStyle1',⋯,sysN, 'PlotStyleN')     %指定曲线属性 PlotStyle
[y,t,x]= impulse(sys)                %得到输出向量、状态向量以及相应的时间向量
```

说明：

① 线性定常系统 sys 可以是传递函数模型、状态空间模型、零极点增益模型等形式。

② T 为终止时间点，由 t=0 开始，至 T 秒结束。可省略，默认时由系统自动确定。

③ y 为输出向量；t 为时间向量，可省略；x 为状态向量，可省略。

【例 3.2.1】 已知两个线性定常连续系统的传递函数分别为：

$$G_1(s)=\frac{100}{s^2+10s+100}，\quad G_2(s)=\frac{3s+2}{2s^2+7s+2}$$

绘制它们的脉冲响应曲线。

解　在 MATLAB 命令窗口中输入：

```
>> G1=tf(100,[1 10 100]);
>> G2=tf([3 2],[2 7 2]);
>> impulse(G1,'-',G2,'-.',7)          %指定曲线属性和终止时间
```

运行结果如图 3.2.1 所示。

在 MATLAB 命令中指定了两条曲线的显示属性，G_1 按实线显示，G_2 按点画线显示。并指定了终止时间 T=7s。

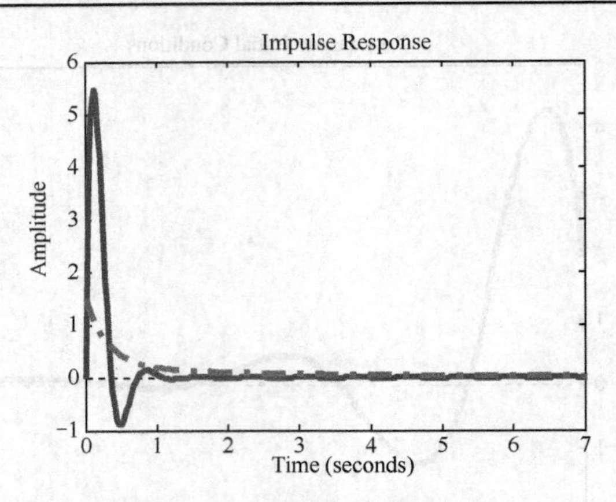

图 3.2.1 例 3.2.1 的脉冲响应曲线

（2）函数 dimpulse( )：求离散系统的单位脉冲响应。

dimpulse(num,den,N)	%绘制 SISO 系统的单位脉冲响应曲线，且响应点数 N 由用户定义
dimpulse(a,b,c,d,iu,N)	%绘制 MIMO 系统第 iu 个输入信号作用下的单位脉冲响应曲线，且响应点数 N 由用户定义
[y,x]= dimpulse(num,den)	%得到 SISO 系统的单位脉冲响应数据值
[y,x]= dimpulse(a,b,c,d)	%得到 MIMO 系统的单位脉冲响应数据值

说明：

① a、b、c 和 d 分别对应系统的系统矩阵、输入矩阵、输出矩阵和前馈矩阵。

② 响应点数 N 可默认，默认时由系统自动确定。

③ y 为输出向量；x 为状态向量，可省略。

【例 3.2.2】已知线性定常离散系统的脉冲传递函数为 $G(z)=\dfrac{z+1}{z^3+2z+3}$，计算并绘制其脉冲响应曲线。

解 在 MATLAB 命令窗口中输入：

```
>> num=[1 1];den=[1 1 0 3];
>> dimpulse(num,den,12)      %指定仿真 12 个采样点
```

运行结果如图 3.2.2 所示。

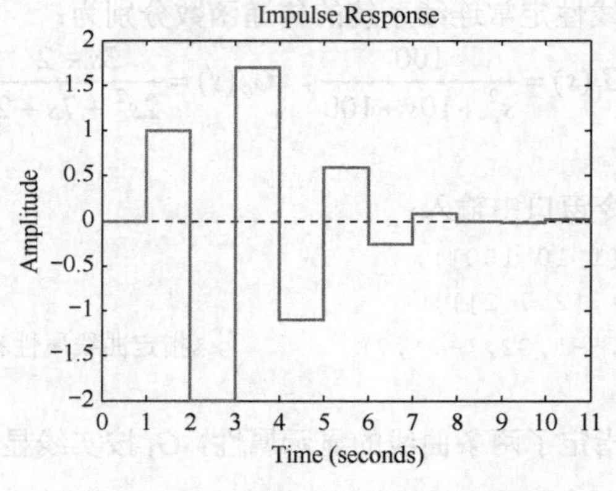

图 3.2.2 例 3.2.2 的脉冲响应曲线

3.3　阶跃输入响应分析

在 MATLAB 中，可使用函数 step( )和 dstep( )来实现线性定常连续系统和离散系统的单位阶跃响应，其格式和功能如下。

（1）函数 step( )：求线性定常连续系统的单位阶跃响应。

```
step(sys1,…,sysN)                %在同一个图形窗口中绘制 N 个系统 sys1，…，sysN 的单位阶跃响应
step(sys1,…,sysN,T)              %指定终止时间 T
step(sys1, 'PlotStyle1',…,sysN, 'PlotStyleN')    %定义曲线属性 PlotStyle
[y,x,t]=step(sys)                %得到输出向量、状态向量以及相应的时间向量
```

说明：

① 线性定常连续系统 sys1，…, sysN 可以是连续时间传递函数、零极点增益及状态空间等模型形式。

② 系统为状态空间模型时，只求其零状态响应。

③ T 为终止时间点，由 t=0 开始，至 T 秒结束。可省略，默认时由系统自动确定。

④ y 为输出向量；t 为时间向量，可省略；x 为状态向量，可省略。

【例 3.3.1】已知典型二阶系统的传递函数为 $\Phi(s)=\dfrac{\omega_n^2}{s^2+2\zeta\omega_n s+\omega_n^2}$。式中，自然频率 ω_n= 6rad/s；绘制当阻尼比 ζ=0.1, 0.2, 0.707, 1.0, 2.0 时系统的单位阶跃响应。

解　在 MATLAB 命令窗口中输入：

```
>> wn=6;
>> kosi=[0.1 0.2 0.707 1 2];
>> hold on;                          %保持曲线坐标不被刷新
>> for kos=kosi
num=wn.^2;
den=[1,2*kos*wn,wn.^2];
step(num,den)
end
```

运行结果如图 3.3.1 所示。

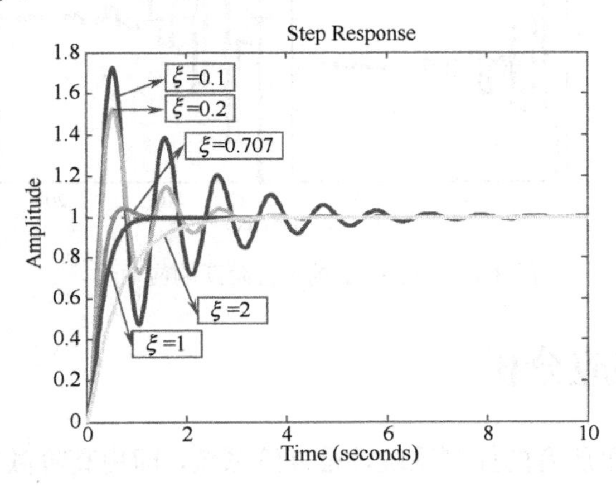

图 3.3.1　例 3.3.1 的单位阶跃响应曲线

（2）函数 dstep( )：求线性定常离散系统的单位阶跃响应。

dstep(num,den,N)	%绘制 SISO 系统的单位阶跃响应曲线，且响应点数 N 由用户指定
dstep(a,b,c,d,iu,N)	%绘制 MIMO 系统第 iu 个输入信号作用下的单位阶跃响应曲线，且响应点数 N 由用户指定
[y,x]= dstep(num,den)	%求 SISO 系统的单位阶跃响应数据值
[y,x]= dstep(a,b,c,d)	%求 MIMO 系统的单位阶跃响应数据值

说明：

① a、b、c、d 分别对应系统系统矩阵、输入矩阵、输出矩阵和前馈矩阵。

② 响应点数 N 可默认，默认时由系统自动确定。

③ y 为输出向量；x 为状态向量，可省略。

【例 3.3.2】已知线性定常离散系统的状态空间模型为

$$\boldsymbol{x}(k+1)=\begin{bmatrix}-0.5572 & -0.7814\\ 0.7814 & 0\end{bmatrix}\boldsymbol{x}(k)+\begin{bmatrix}1 & -1\\ 0 & 2\end{bmatrix}\boldsymbol{u}(k)$$

$$\boldsymbol{y}(k)=[1.969 \quad 6.449]\boldsymbol{x}(k)$$

绘制其单位阶跃响应曲线。

解 在 MATLAB 命令窗口中输入：

```
>> a=[-0.5571 -0.7814;0.7814 0]; b=[1 -1;0 2];
>> c=[1.969 6.449]; d=[0];
>> dstep(a,b,c,d)
```

运行结果如图 3.3.2 所示。

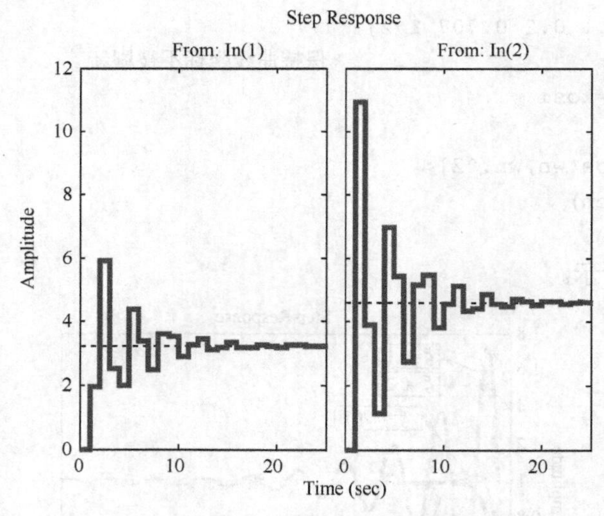

图 3.3.2 例 3.3.2 的单位阶跃响应曲线

3.4 高阶系统响应分析

在控制工程中，几乎所有的控制系统都是高阶系统，即用高阶微分方程描述的系统。对于不能用一、二阶系统近似的高阶系统来说，其动态性能指标的确定是比较复杂的。可以由以下几种方法进行分析。

（1）直接应用 MATLAB/Simulink 软件进行高阶系统分析

系统结构图如图 3.4.1 所示。

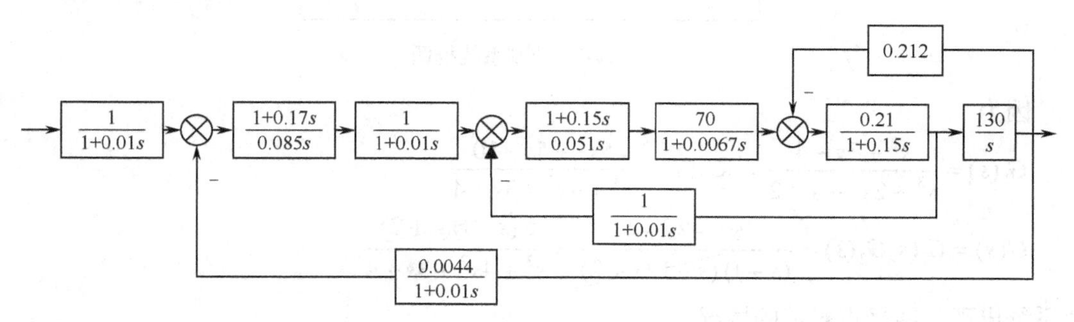

图 3.4.1　控制系统框图

在 Simulink 中的仿真模型如图 3.4.2 所示。

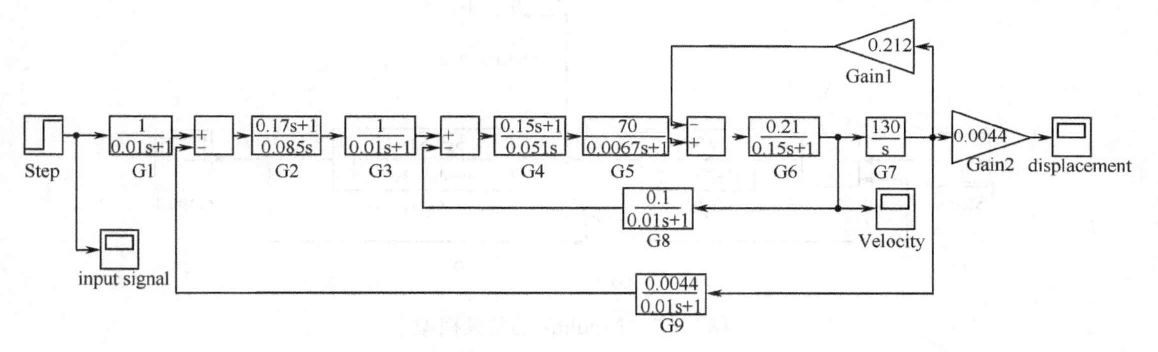

图 3.4.2　Simulink 的仿真模型

执行结果如图 3.4.3 所示。

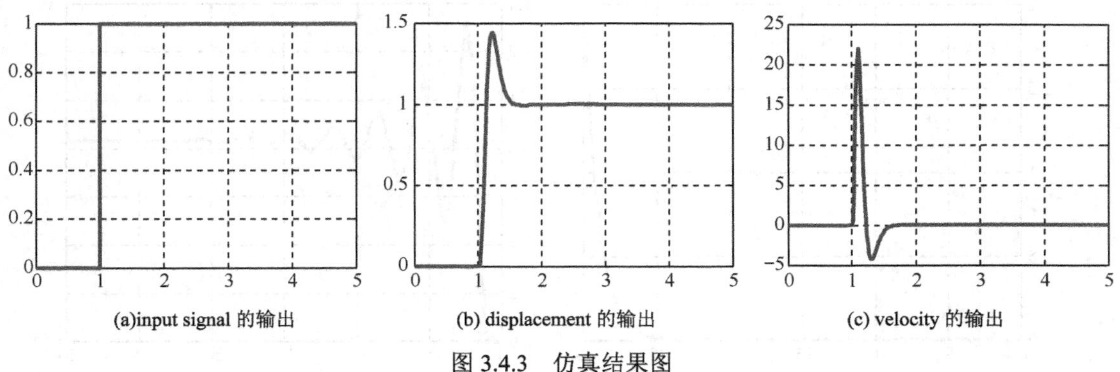

图 3.4.3　仿真结果图

利用 Simulink 对高阶系统进行分析，仿真结果清晰可见。另外，还可以利用此软件直观分析零极点对消的情况。

零极点对消是指，当开环系统传递函数分子分母中包含有公因子，则相应的开环零点和开环极点将出现对消，在这种情况下会出现系统内部不稳定、外部稳定的情况，如图 3.4.4 所示的系统图。

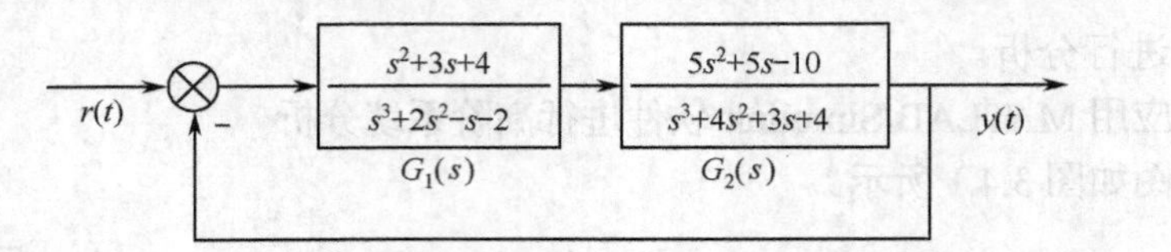

图 3.4.4　控制系统框图

因为

$$G_1(s)=\frac{s^2+3s+4}{s^3+2s^2-s-2}，\ G_2(s)=\frac{5s^2+5s-10}{s^3+4s^2+3s+4}$$

$$G(s)=G_1(s)G_2(s)=\frac{s^2+3s+4}{(s+1)\cancel{(s-1)(s+2)}}\times\frac{5\cancel{(s-1)(s+2)}}{s^3+4s^2+3s+4}$$

此系统出现了零极点对消的情况。

绘制其 Simulink 图如图 3.4.5 所示。

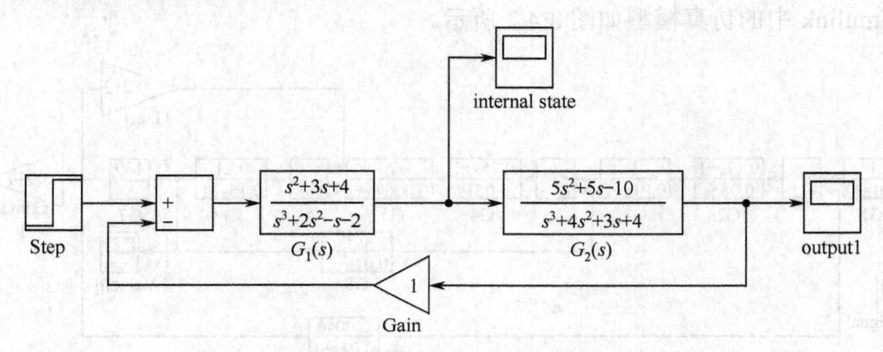

图 3.4.5　Simulink 的仿真模型

执行后得到的结果如图 3.4.6 所示。

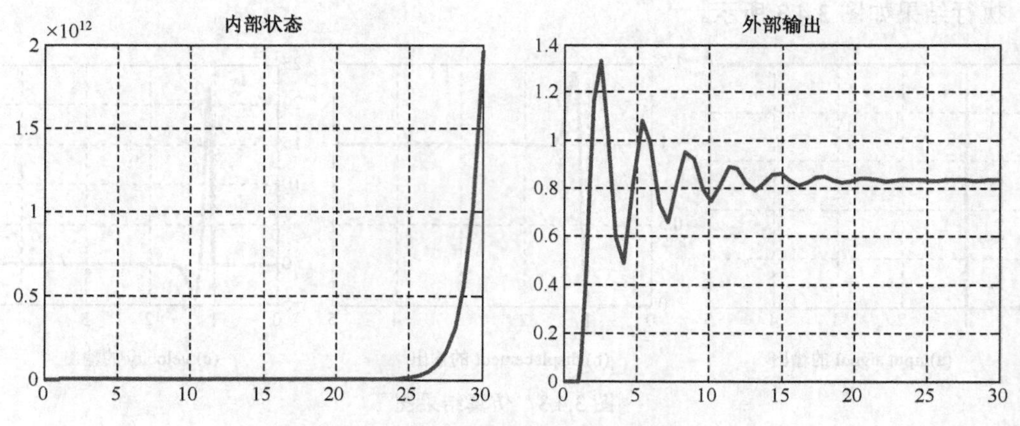

图 3.4.6　Simulink 的仿真输出曲线

从图中可以清楚、直观地看到，系统内部不稳定，而外部稳定。

（2）采用闭环主导极点对高阶系统近似分析

在高阶系统中，凡距虚轴近的闭环极点，指数函数（包括振荡函数的振幅）衰减就慢，而其在动态过程中所占的分量也较大。如果某一极点远离虚轴，这一极点对应的动态响应分量就小，衰减得也快。如果一个极点附近还有闭环零点，它们的作用将会近似相互抵消。如果把那些对动态响应影响不大的项忽略掉，高阶系统就可以用一个较低阶的系统来近似描述。

在高阶系统中，若按求解微分方程得到响应曲线的办法去分析系统的特性，将是十分困难的。在工程中，常用低阶近似的方法来分析高阶系统。闭环主导极点的概念就是在这种情况下提出的。若系统距虚轴最近的闭环极点周围无闭环零点，而其余的闭环极点距虚轴很远，我们称这个距虚轴最近的极点为闭环主导极点。高阶系统的性能就可以根据这个闭环主导极点来近似估算。工程上往往将系统设计成衰减振荡的动态特性，所以闭环主导极点通常都选择为共轭复数极点。图 3.4.7 是一个选择闭环主导极点的例子。

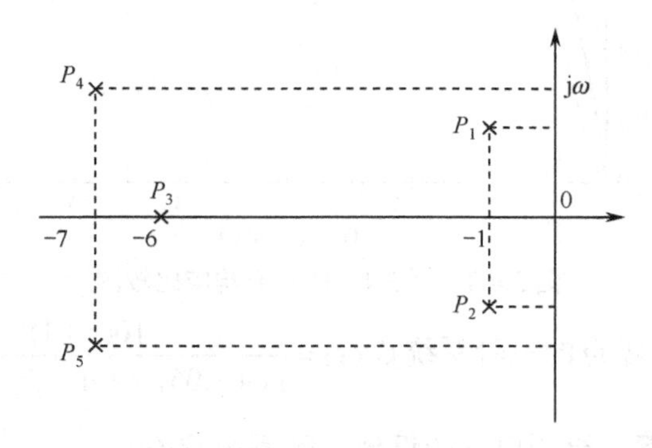

图 3.4.7　闭环主导极点

图 3.4.7 中，共轭复数极点 P_1 和 P_2 距虚轴最近，而 P_3、P_4、P_5 这 3 个极点距虚轴的距离比 P_1、P_2 距虚轴的距离大于 5 倍以上，因此可以把 P_1、P_2 选为闭环主导极点，把一个 5 阶系统近似成二阶系统。

使用闭环主导极点的概念有一定的条件，因此不能任意使用，否则会产生较大的误差，得不到正确的结论。

【例 3.4.1】 已知具有零点的三阶系统 $G_1(s)=\dfrac{10(s+1)}{(s+5)[s-(-1+\mathrm{j})][s-(-1-\mathrm{j})]}$，使用闭环主导极点的概念，在同一坐标下，绘制出它的近似二阶系统 $G_2(s)=\dfrac{2(s+1)}{[s-(-1+\mathrm{j})][s-(-1-\mathrm{j})]}$，并分析对比它们的性能。

解　在 MATLAB 中输入以下代码：

```
>>sys1 =zpk([-1],[-5 -1+i -1-i],10);
>>sys2=zpk([-1],[-1+i -1-i],2);
>> step(sys1,sys2)
```

仿真后，得到如图 3.4.8 所示的结果。

从图 3.4.8 中可以看出，用近似方法得到的系统和原系统的性能指标的数值都很接近，这说明当系统存在闭环主导极点时，高阶系统可降阶为低阶系统进行分析，其结果不会带来太大的误差。

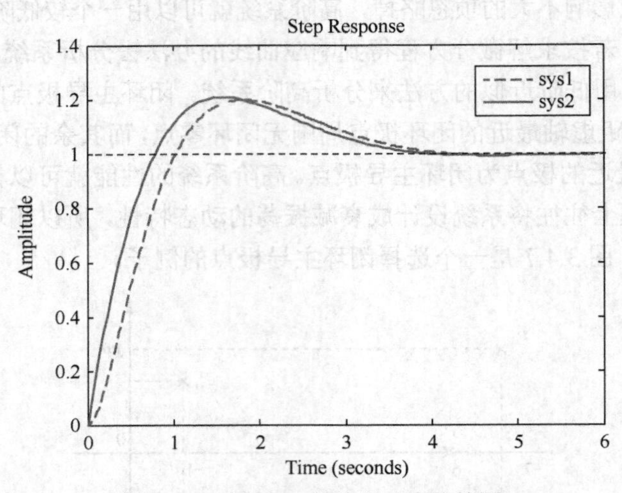

图 3.4.8　例 3.4.2 的阶跃响应比较图

【例 3.4.2】已知具有零点的三阶系统 $G_1(s)=\dfrac{10(s+1)}{(s+1.05)(s+4+\mathrm{j})(s+4-\mathrm{j})}$，用闭环主导极点的概念，在同一坐标下，绘制出它的近似二阶系统 $G_2(s)=\dfrac{10/1.05}{(s+4+\mathrm{j})(s+4-\mathrm{j})}$，并分析对比它们的性能。

解　在 MATLAB 中输入以下代码：

```
sys1=zpk([-1],[-1.05 -4+i -4-i],10);
sys2=tf([10/1.05],[1 8 17]);
step(sys1,sys2)
```

得到的结果如图 3.4.9 所示。

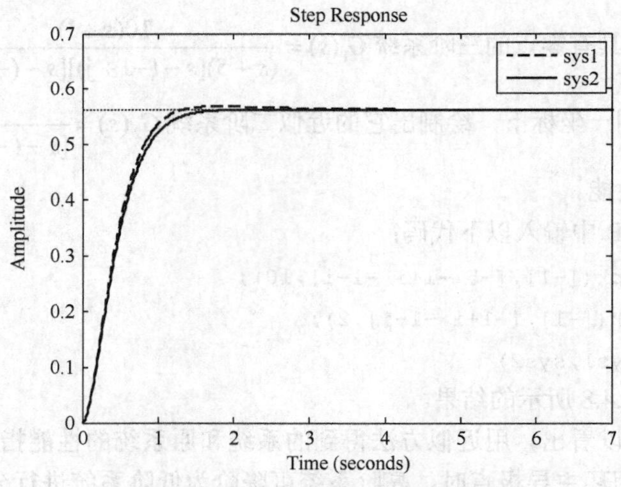

图 3.4.9　例 3.3.2 的阶跃响应比较图

从图 3.4.9 中可以看出，用近似方法得到的系统和原系统的性能指标的数值都很接近，这说明当系统存在闭环主导极点时，高阶系统可降阶为低阶系统进行分析，其结果不会带来太大的误差。

3.5 任意输入响应分析

在 MATLAB 中，连续系统和离散系统对任意输入信号的响应用函数 lsim( )和 dlsim( )来实现，其主要功能和格式如下。

（1）函数 gensig( )：产生用于函数 lsim( )的试验输入信号。

```
[u,t]= gensig(type,tau)          %产生以 tau（单位：秒）为周期并由 type 确定形式的标
                                  量信号 u，t 为采样周期组成的向量
[u,t]= gensig(type,tau,Tf,Ts)    % Tf 为信号的持续时间，Ts 为采样周期 t 之间的时间间隔
```

说明：

① type 定义的信号形式包括：'sin'正弦波、'square'方波、'pulse'周期性脉冲。

② 返回值为数据，并不绘制图形。

（2）函数 lsim( )：求线性定常系统在任意输入信号作用下的时间响应。

```
lsim(sys,u,t,x0)                 %绘制系统在给定输入信号和初始条件 x0 同时作用下的
                                  响应曲线
lsim(sys,u,t,x0, 'method')       %指定采样点之间的差值方法为'method'
lsim(sys1,…,sysN,u,t,x0)         %绘制 N 个系统在给定输入信号和初始条件 x0 同时作用
                                  下的响应曲线
lsim(sys1, 'PlotStyle1',…,sysN, 'PlotStyleN')      %定义曲线属性 PlotStyle
[y,t,x]= lsim(sys,u,t,x0)        %不绘制曲线，得到输出向量、时间和状态变量响应的数
                                  据值
```

说明：

① u 为输入序列，每一列对应一个输入；t 为时间点。u 的行数和 t 相对应。u、t 可以由函数 gensig( )产生。

② 字符串'method'可以指定：'zoh'零阶保持器、'foh'一阶保持器。

③ 字符串'method'默认时，函数 lsim( )根据输入信号 u 的平滑度自动选择采样点之间的差值方法。

④ y 为输出向量；t 为时间向量，可省略；x 为状态向量，可省略。

【例 3.5.1】 已知线性定常连续系统的传递函数为 $G_1(s)=\dfrac{100}{s^2+10s+100}$，求其在指定方波信号作用下的响应。

解 在 MATLAB 命令窗口中输入：

```
>> [u,t]=gensig('square',4,10,0.1);   %用函数 gensig( )产生周期为 4s，持续
                                        时间为 10s，每 0.1s 采样一次的正弦波
>> G=tf(100,[1 10 100]);
>> lsim(G,'-.',u,t)
```

运行结果如图 3.5.1 所示。

在 MATLAB 命令中，指定了曲线以点画线的形式显示，图中的方波即为用函数 gensig( )产生的方波。

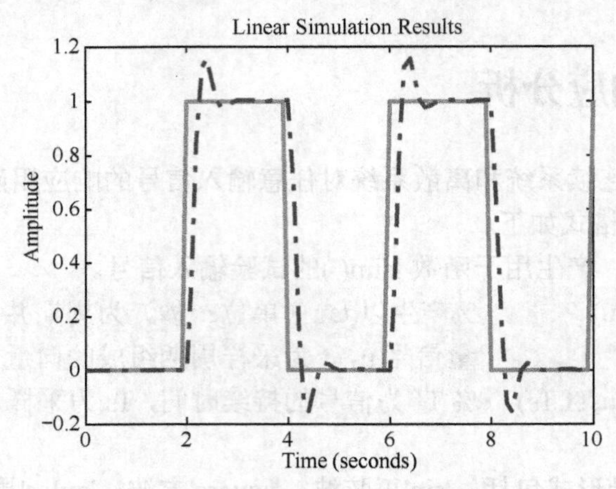

图 3.5.1　例 3.5.1 的响应曲线

（3）函数 dlsim( )：求线性定常离散系统在任意输入下的响应。

```
dlsim(a,b,c,d,u)              %绘制系统(a,b,c,d)在输入序列 u 作用下的响应曲线
dlsim(num,den,u)              %绘制系统在输入序列 u 作用下的响应曲线
[y,x]= dlsim(a,b,c,d,u)
[y,x]= dlsim(num,den,u)
```

说明：

① a、b、c、d 分别对应系统的系统矩阵、输入矩阵、输出矩阵和前馈矩阵。

② y 为输出向量；x 为状态向量，可省略。

【例 3.5.2】 已知线性定常离散系统的脉冲传递函数为 $G(z)=\dfrac{2z^2+5z+1}{z^2+2z+3}$，试绘制其在正弦序列输入下的响应曲线。

解　在 MATLAB 命令窗口中输入：

```
>> [u,t]=gensig('sin',4,6,0.2); %产生周期为 4 的正弦信号，采样周期为 0.2s
>> num=[2 -2];den=[1 1 0.3];
>> dlsim(num,den,u)
```

运行结果如图 3.5.2 所示。

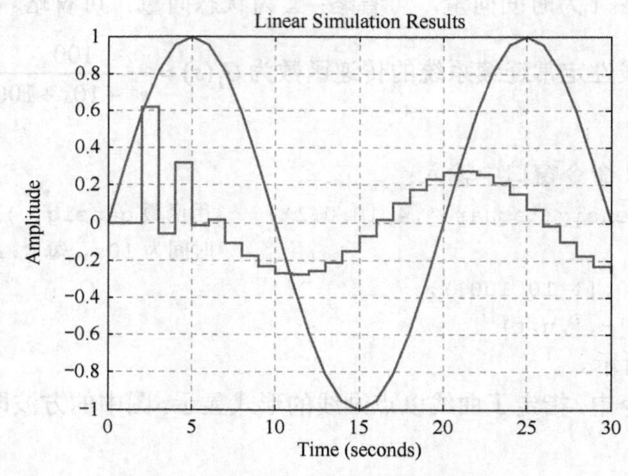

图 3.5.2　例 3.5.2 的响应曲线

3.6　根轨迹分析方法

根轨迹是开环系统某一参数（如开环增益）由 0 变换至+∞时，闭环系统特征方程式的根在 s 平面上变化的轨迹。

根轨迹与系统性能之间存在着比较密切的联系。根轨迹图不仅可以直接给出闭环系统时间响应的全部信息，而且还可以指明开环零点和极点应该怎么变化才能满足给定闭环系统的性能指标要求。

MATLAB 控制系统工具箱提供了用于根轨迹分析的相关函数。

（1）函数 rlocus( )：用于计算并绘制根轨迹图。

```
rlocus(sys,k)                 %绘制开环系统 sys 的闭环根轨迹，增益 k 由用户指定
rlocus(sys1,sys2,…,sysN)      %在同一个窗口中绘制多个系统的根轨迹
[r,k]= rlocus(sys)            %不绘制图形，计算并返回系统 sys 的根轨迹值
r= rlocus(sys,k)              %不绘制图形，计算并返回系统的根轨迹值，增益 k 由用户指定
```

① 系统 sys 为开环系统。

② 增益 k 可以省略。在默认情况下，k 由系统自动确定。

③ 函数同时适用于连续时间系统和离散时间系统。

【例 3.6.1】 已知负反馈控制系统的结构框图如图 3.6.1 所示，其中 $G(s)=\dfrac{10}{s(s-1)}$，$H(s)=1+0.2s$，绘制其闭环系统的根轨迹。

解　在 MATLAB 命令窗口中输入：

```
>> G=tf([10],[1 -1 0]);
>> H=tf([0.2 1],[1]);
>> sys=G*H;
>> rlocus(sys)
```

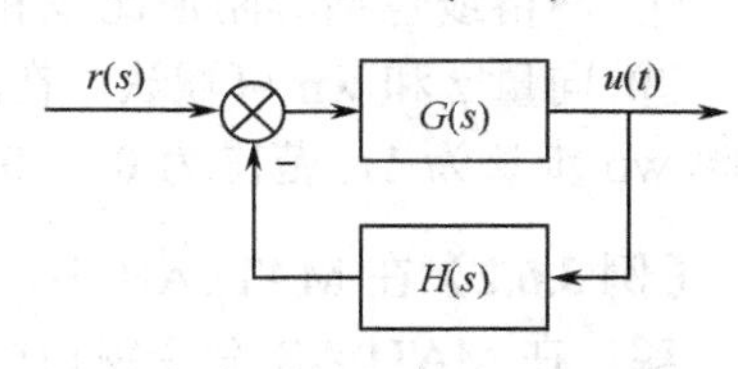

图 3.6.1　例 3.6.1 的负反馈控制系统框图

运行结果如图 3.6.2 所示。

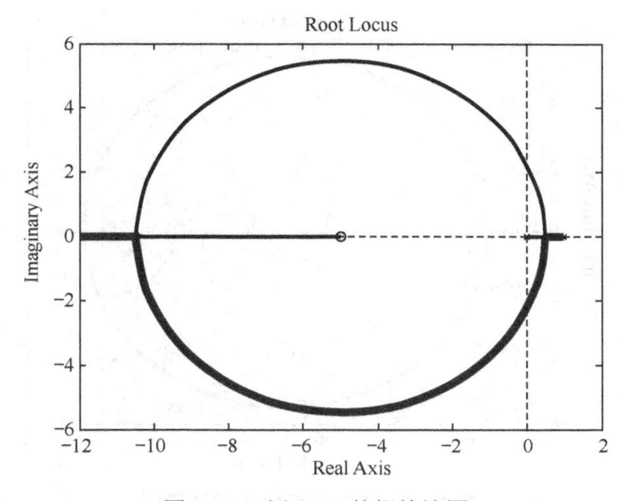

图 3.6.2　例 3.6.1 的根轨迹图

可以使用鼠标对根轨迹图做简单的操作，比如使用鼠标右键菜单添加网格线；使用鼠标左键单击图上任意一点，得到当前点的信息，如图 3.6.3 所示。

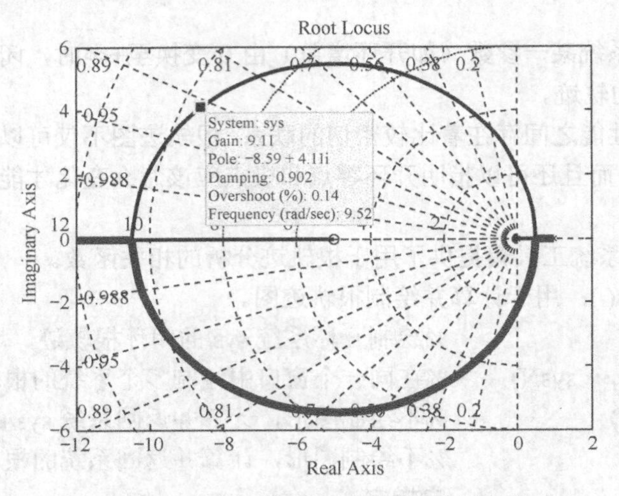

图 3.6.3　添加网格线并显示系统性能参数

（2）函数 sgrid( )：用于为连续时间系统的根轨迹图添加网格线。

sgrid(z,wn)	%为根轨迹图添加网格线，等阻尼比范围和等自然频率范围分别由向量 z 和 wn 确定

说明：

① 网格线包括等阻尼比线和等自然频率线。

② 向量 z 和 wn 可默认。在默认情况下，等阻尼比 z 步长为 0.1，范围为 0～1。等自然频率 wn 步长为 1，范围为 0～10。

【例 3.6.2】在 MATLAB 中，使用函数 sgrid( )为例 3.5.1 中的根轨迹添加网格线。

解　在 MATLAB 命令窗口中输入：

```
>> sgrid
```

运行结果如图 3.6.4 所示。

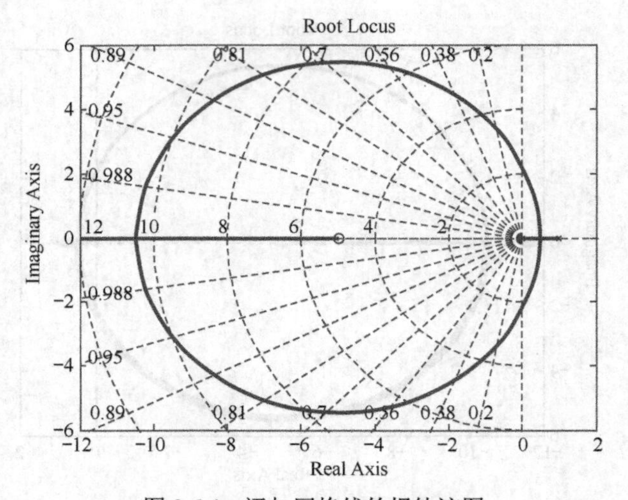

图 3.6.4　添加网格线的根轨迹图

（3）函数 zgrid( )：用于为离散时间系统的根轨迹图添加网格线。

zgrid(z,wn)	%为根轨迹图添加网格线，等阻尼比范围和等自然频率范围分别由向量 z 和 wn 确定

因为使用函数 zgrid( )和 sgrid( )的方法相同，所以不再赘述。另外，无论使用函数 sgrid( )还是 zgrid( )，在它们默认 z 和 wn 情况下，和使用鼠标右键添加网格线的结果是完全相同的。

（4）函数 damp( )：计算自然频率和阻尼比。

[wn,z]= damp(sys)	%计算系统的自然频率和阻尼比

说明：

① 系统 sys 为闭环系统传递函数。

② 返回值 wn 表示自然频率值，z 表示阻尼比。

【例 3.6.3】 计算开环传递函数为 $G(s)=\dfrac{130}{s(s+10)}$ 的单位负反馈系统的阻尼比 ζ 和自然振荡频率 ω_n。

解　在 MATLAB 命令窗口中输入：

```
>> G=tf([130],[1 10 130]);     %闭环传递函数
>> damp(G)
```

运行结果为：

```
      Pole                        Damping   Frequency(Rad/s)   Time Constant(s)
  -5.00e+00 +1.02e+01i    4.39e-01      1.14e+01           2.00e-01
  -5.00e+00 - 1.02e+01i   4.39e-01      1.14e+01           2.00e-01
```

即阻尼比 ζ=0.4，自然频率 ω_n 为 11.4rad/s。

3.7　控制系统的频率特性

常用的频率特性曲线有三种：对数频率特性曲线（Bode 图）、幅相频率特性曲线（Nyquist 曲线）和对数幅相曲线（Nichols 曲线）。频域分析方法的基本内容之一就是绘制这三种曲线。这里仅介绍 Bode 图和 Nyquist 曲线。

1. Bode 图

由对数幅频特性曲线和对数相频特性曲线组成，是工程中广泛使用的一组曲线。两条曲线的横坐标相同，均按照 lgω分度（单位：rad/s）。对数幅频特性曲线的纵坐标按照 $L(\omega)=20\lg|G(\mathrm{j}\omega)|$ 线性分度（单位：dB）；对数相频特性曲线的纵坐标按照 $\angle G(\mathrm{j}\omega)$ 线性分度（单位：度）。

（1）函数 bode( )：计算并绘制线性定常连续系统的对数频率特性曲线。

bode(sys1,⋯,sysN)	%在同一个图形窗口中绘制 N 个系统 sys1，⋯, sysN 的 Bode 图
bode(sys1,⋯,sysN,w)	%指定频率范围 w
bode(sys1, 'PlotStyle1',⋯,sysN, 'PlotStyleN')	%定义曲线属性 PlotStyle
[mag,phase,w]= bode(sys)	%不绘制曲线，得到幅值向量、相位向量和频率向量

说明：

① 频率范围 w 可默认，在默认情况下由 MATLAB 根据数学模型自动确定；用户指定 w 用法为 w={wmin,wmax}。

② 系统 sys 即可为 SISO 系统，也可以是 MIMO 系统；其形式可以是传递函数模型、状态空间模型或零极点增益模型等多种形式。

【例 3.7.1】已知线性定常连续系统的零极点增益模型为 $G(s)=\dfrac{5(s+0.1)}{(s+5)(s+0.01)}$，试绘制其 Bode 图。

解 在 MATLAB 命令窗口中输入：

```
>> G=zpk(-0.1,[-5,-0.01],5);
>> bode(G)
```

运行结果如图 3.7.1 所示。

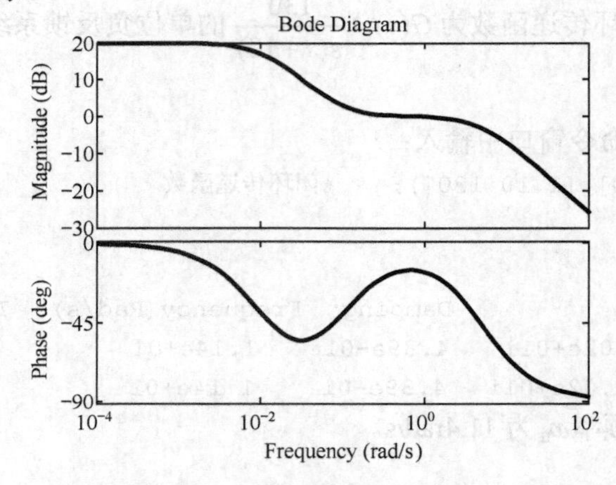

图 3.7.1 例 3.7.1 的 Bode 图

在 Bode 图中可以对其一些属性进行操作。

① 曲线上任意一点参数值的确定

用鼠标左键单击曲线上任意一点，可得到这一点的对数幅频（或相频）值及相应的频率值，如图 3.7.2 所示。

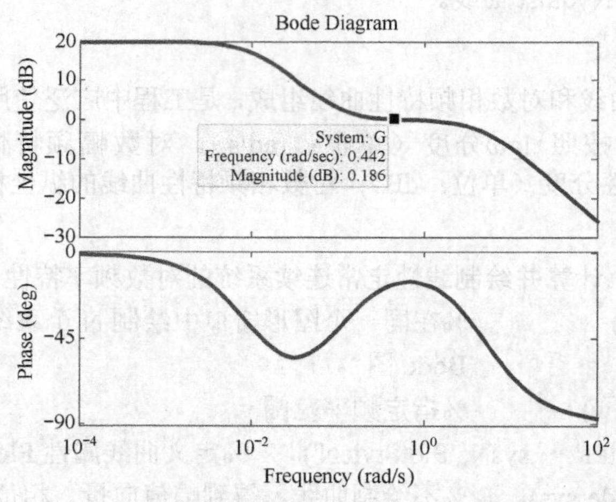

图 3.7.2 显示参数值的 Bode 图

② 曲线显示属性的设置

用鼠标右键单击图中任意处，会弹出菜单，在菜单 Show 中可以选取显示或隐藏对数幅频特性曲线（Magnitude）和对数相频特性曲线（Phase）。

③ 添加网格线

与上述相同，须添加网格线可以在弹出菜单中选择 Grid。图 3.7.3 为添加网格线后只显示对数幅频特性曲线的 Bode 图。

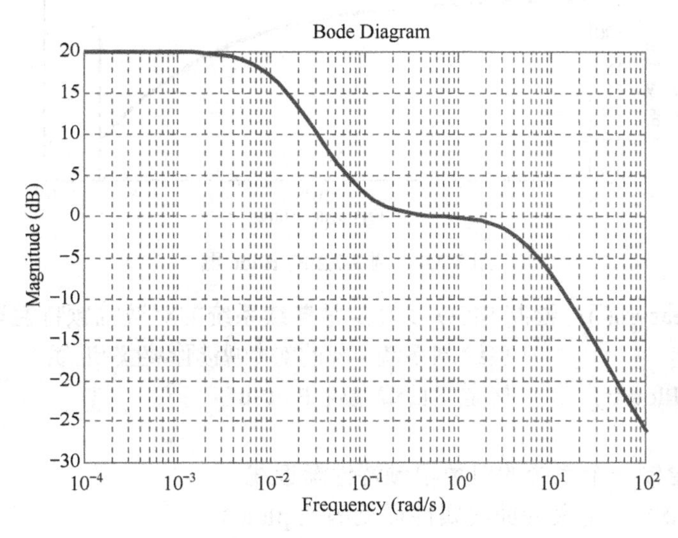

图 3.7.3　对数幅频特性曲线

（2）函数 dbode( )：绘制线性定常离散系统的对数频率特性曲线。

```
dbode(a,b,c,d,Ts,iu,w)              %绘制系统(a,b,c,d)第 iu 个输入信号至全部输出的
                                    Bode 图，Ts为采样周期。频率范围由 w 指定
dbode(num,den,Ts,w)                 %绘制传递函数的 Bode 图，频率范围由 w 指定
[mag,phase,w]= dbode(a,b,c,d,Ts)    %计算幅值向量、相位向量和频率向量
[mag,phase,w]= dbode(num,den,Ts)    %计算幅值向量、相位向量和频率向量
```

说明：频率范围 w 可默认，在默认情况下由 MATLAB 根据数学模型自动确定；用户指定 w 用法为 w={wmin,wmax}。

【例 3.7.2】 某离散时间系统的开环脉冲传递函数为 $G(z)=\dfrac{z^2+0.1z+7.5}{z^4+0.12z^3+9z^2}$，采样周期为 0.5s，试绘制其 Bode 图。

解　在 MATLAB 命令窗口中输入：

```
>> dbode([1 0.1 7.5],[1 0.12 9 0 0],0.5)
```

运行结果如图 3.7.4 所示。

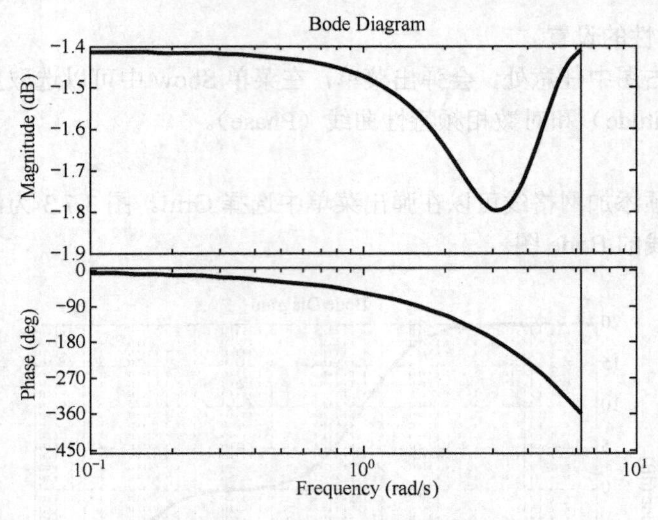

图 3.7.4　例 3.7.2 的 Bode 图

（3）函数 bodeasym( )：绘制 SISO 线性定常连续系统的对数幅频特性渐近线。

```
bodeasym(sys)                  %绘制系统 sys 的对数幅频特性渐近线
bodeasym(sys,PlotStr)          %定义曲线属性 PlotStr
```

说明：

① 每次只能绘制一个系统的对数幅频特性渐近线。

② 字符串'PlotStr'可定义的曲线属性详见函数 plot( )。

【例 3.7.3】系统的传递函数为 $G(s)=\dfrac{27}{s^2+2s}$，绘制其对数幅频特性渐近线。

解　在 MATLAB 命令窗口中输入：

```
>> G=tf(27,[1 2 0]);
>> bodeasym(G)
>> grid
```

运行结果如图 3.7.5 所示。

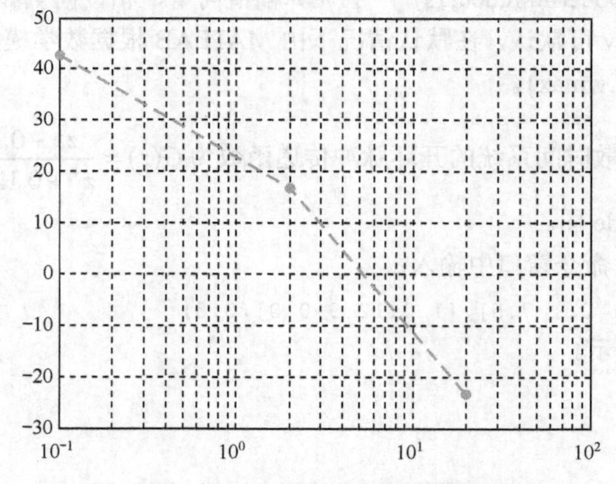

图 3.7.5　例 3.7.3 的对数幅频特性渐近线

2．Nyquist 曲线

以横轴为实轴，以纵轴为虚轴构成复平面。当输入信号的频率ω由$-\infty$变化至$+\infty$时，向量 $G(\mathrm{j}\omega)$的幅值和相位也随之变化，其端点在复平面上移动的轨迹就是幅相曲线。

注意：由于幅频特性为ω的偶函数，相频特性为ω的奇函数，则ω从 0 变化至$+\infty$和ω从 0 变化至$-\infty$的幅相曲线关于实轴对称，因而一般只绘制从 0 变化至$+\infty$的幅相曲线。

（1）函数 nyquist( )：计算并绘制线性定常系统的幅相频率特性曲线。

```
nyquist(sys1,…,sysN)                %在同一个图形窗口中同时绘制 N 个系统 sys1,…, sysN
                                     的 Nyquist 曲线
nyquist(sys1,…,sysN,w)              %指定频率范围 w
nyquist(sys1, 'PlotStyle1',…,sysN, 'PlotStyleN')    %定义曲线属性 PlotStyle
[re,im,w]= nyquist(sys)             %计算系统 sys 的幅相频率特性数据值
[re,im]=nyquist(sys,w)              %指定频率范围，计算系统 sys 的幅相频率特性数据值
```

说明：

① 频率范围 w 可默认，在默认情况下由 MATLAB 根据数学模型自动确定；用户指定 w 用法为 w={wmin,wmax}。

② 此函数可用于 SISO 系统和 MIMO 系统。

③ re 表示幅相频率特性的实部向量，im 表示虚部向量，w 表示频率向量。

【例 3.7.4】单位负反馈系统的开环传递函数为 $G(s)=\dfrac{4(s+0.2)}{s(s+4)(s+0.1)}$，试绘制其 Nyquist 曲线。

解　在 MATLAB 命令窗口中输入：

```
>> den=conv(conv([0,1 1],[0.2 1]),[1 1]);
>> G=tf(5,den);
>> nyquist(G)
```

运行结果如图 3.7.6 所示。

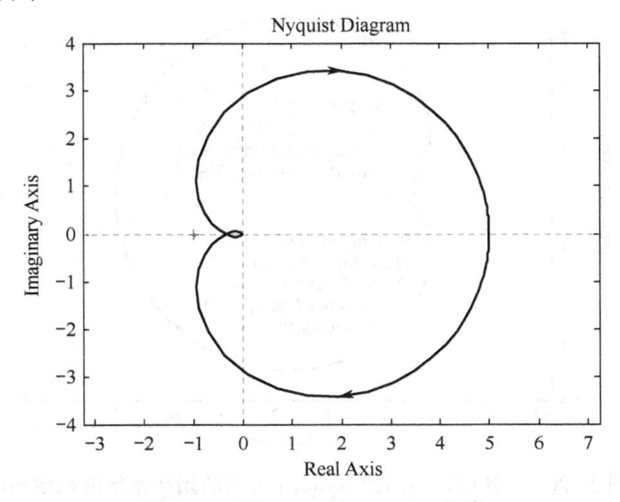

图 3.7.6　例 3.7.4 的 Nyquist 曲线

同样，在 Nyquist 图上可以对其进行一些属性改变操作。

① 添加网格线

可以使用鼠标右键单击图中任意一处，选择菜单项 Grid 即可。

② 只绘制ω从 0 变化至+∞的 Nyquist 曲线

使用鼠标右键单击图中任意一处，选择菜单项 Show，去掉勾选项 Negative Frequencies。如图 3.7.7 所示。

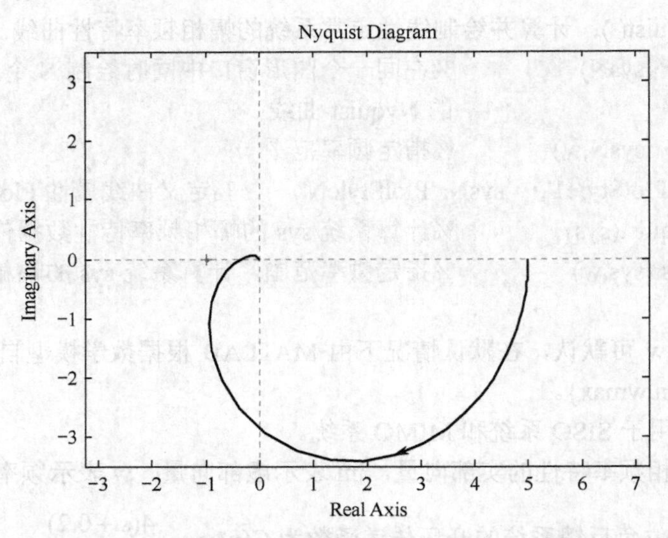

图 3.7.7 仅描述ω从 0 变化至+∞的 Nyquist 曲线

③ 判断系统稳定

使用鼠标右键单击图中任意一处，菜单中选择 Characteristics，并选择其中的 Minimum Stability Margins，得到 Nyquist 曲线与单位圆交点。将鼠标指针放至该处，就可得到系统的截止频率、相位裕度以及相应的闭环系统是否稳定等信息，如图 3.7.8 所示。

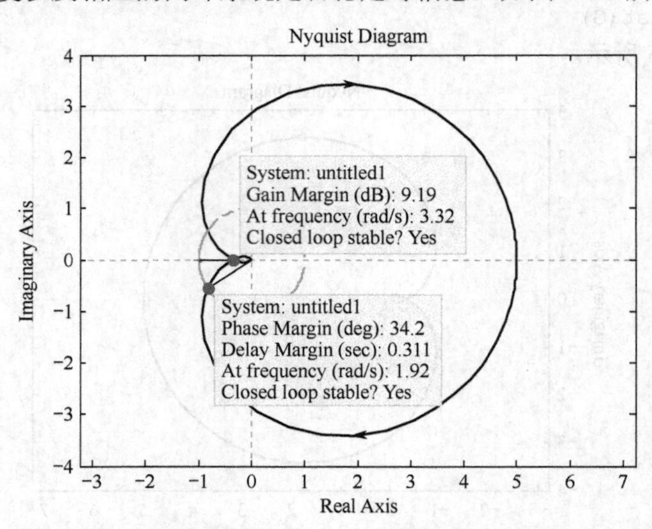

图 3.7.8 在开环传递函数 Nyquist 上判断闭环系统的稳定裕度

从图 3.7.8 中即可得到相位裕度（Phase Margin）为 34.2°，延迟裕度（Delay Margin）为 0.31s，幅值裕度（Gain Margin）为 9.19dB，闭环系统稳定（Closed Loop Stable? Yes）。

习　题　3

3.1　计算有初始条件的零输入响应。设控制系统状态空间表达式为：

$$A=\begin{bmatrix}-2 & -2.5 & -0.5\\ 1 & 0 & 0\\ 0 & 1 & 0\end{bmatrix},\quad B=\begin{bmatrix}1\\0\\0\end{bmatrix},\quad C=\begin{bmatrix}0 & 1.5 & 1\end{bmatrix},\quad D=0$$

零输入时的状态值 $x(0)=[2\quad 2]$。

3.2　绘制以下状态方程模型的单位脉冲响应曲线

$$\dot{x}(t)=\begin{bmatrix}-0.2 & 0.5 & 0 & 0 & 0\\ 0 & -1.5 & 1.6 & 0 & 0\\ 0 & 0 & -14.3 & 85.8 & 0\\ 0 & 0 & 0 & -33.3 & 100\\ 0 & 0 & 0 & 0 & -10\end{bmatrix}x(t)+\begin{bmatrix}0\\0\\0\\0\\30\end{bmatrix}u(t),\quad y=\begin{bmatrix}1 & 0 & 0 & 0 & 0\end{bmatrix}x$$

并绘制出所有状态变量的曲线。

3.3　绘制以下传递函数模型的单位阶跃响应曲线

$$G(s)=\frac{5s+8}{s^4+4s^3+6s^2+3s+3}$$

3.4　设系统的传递函数为 $G(s)=\dfrac{147.3(s+1.5)}{(s^2+2s+5)(s^2+10s+26)(s+1.7)}$，试分析其主导极点，并比较由主导极点构成的系统与原系统的单位阶跃响应。

3.5　设系统的闭环系统传递函数为 $G(s)=\dfrac{500}{(s^2+10s+50)(s+10)}$，试分析其主导极点，并比较由主导极点构成的系统与原系统的单位阶跃响应。

3.6　已知某控制系统的传递函数 $G(s)=\dfrac{5(s+1)}{s(s^3+4s^2+2s+3)}$，对于任意的输入信号，求系统的输出响应曲线。

（1）当输入信号是 $u(t)=\sin\left(t+\dfrac{30}{180}\times\pi\right)$ 时

（2）当输入信号是 $u(t)=2\cos\left(5t+\dfrac{30}{180}\times\pi\right)$ 时

3.7　绘制以下系统的根轨迹曲线

（1）$\dfrac{K}{s(s^2+2s+2)(s^2+6s+13)}$

（2）$\dfrac{K(s+12)}{(s+1)(s^2+12s+100)(s+10)}$

（3）$\dfrac{K(0.05s+1)}{s(0.0714s+1)(0.0125s^2+0.1s+1)}$

（4）$\dfrac{K(s-5)(s+4)}{s(s+1)(s+3)}$

3.8　已知反馈系统的开环传递函数为：

$$G(s)=\frac{K(s^2+2s+4)}{s(s+4)(s+6)(s^2+1.4s+1)}$$

试画出系统的根轨迹和根轨迹渐近线。

3.9　已知单位反馈控制系统的开环传递函数为：

$$G(s)=\frac{K(s+2)}{s(s+4)(s+8)(s^2+2s+5)}$$

试画出下列两种情形的根轨迹图：

（1）负反馈控制系统的根轨迹图；

（2）正反馈控制系统的根轨迹图。

3.10 已知某控制系统的开环传递函数 $G(s)=\dfrac{K}{s(s+1)(s+2)}$，当 K=1.5 时，试绘制系统的开环频率特性曲线，并求出系统的幅值裕量与相位裕量。

3.11 已知一个典型的二阶环节传递函数为 $G(s)=\dfrac{\omega_n^2}{s^2+2\zeta\omega_n s+\omega_n^2}$，其中 $\omega_n=0.7$，试分别绘制 $\zeta=0.1,0.4,1.0,1.6,2.0$ 时的 Bode 图。

3.12 已知某系统的开环传递函数为 $G_0(s)=\dfrac{500(0.0167s+1)}{s(0.05s+1)(0.0025s+1)(0.001s+1)}$，试绘制系统的 Bode 图，求此系统的相角稳定裕度和幅值稳定裕度。

3.13 已知系统开环传递函数为 $G_k(s)=\dfrac{3(s+1)}{(s+0.8+1.6j)(s+0.8-1.6j)}$，试求取系统 Nyquist 曲线。

3.14 已知二阶系统传递函数为：$G(s)=\dfrac{1}{s^2+2\xi s+1}$，试绘制阻尼系数 ξ 分别为 0.4、0.7、1.0、1.3 时系统的 Nyquist 曲线。

3.15 请绘制出下面系统模型的 Bode 图和 Nyquist 图。

（1）$G(s)=\dfrac{10}{s^2(5s-1)(s+5)}$

（2）$G(s)=\dfrac{8(s+1)}{s^2(s+15)(s^2+6s+10)}$

（3）$G(s)=\dfrac{4(s/3+1)}{s(0.02s+1)(0.05s+1)(0.1s+1)}$

（4）$\dot{\boldsymbol{x}}=\begin{bmatrix}0 & 2 & 1\\ -3 & -2 & 0\\ 1 & 3 & 4\end{bmatrix}\boldsymbol{x}+\begin{bmatrix}4\\ 3\\ 2\end{bmatrix}\boldsymbol{u}$，$\boldsymbol{y}=[1\quad 2\quad 3]\boldsymbol{x}$

第 4 章　基于 MATLAB 的控制系统运动性能分析

4.1　控制系统的稳定性分析

稳定性是控制系统的最重要性能，也是系统能够正常运行的首要条件。应用 MATLAB 可以方便、快捷地作出系统稳定性的判断。

1. 时域分析

由于系统的闭环极点在 s 平面上的分布决定了控制系统的稳定性，因此，欲判断系统的稳定性，只需要确定系统闭环极点在 s 平面上的分布。利用 MATLAB 命令可以快速求出闭环系统零极点，并绘制其零极点分布图。

在 MATLAB 中，可以使用函数 pzmap( )绘制系统的零极点图，从图中可以直观地看到右半 s 平面是否存在极点，从而判断系统是否稳定。其主要功能和格式如下。

功能：计算线性定常系统的零极点，并将它们表示在 s 复平面上。

格式：

pzmap(sys1,⋯,sysN)	%在一张零极点图中同时绘制 N 个线性定常系统 sys1，⋯，sysN 的零极点图
[p,z]=pzmap(sys)	%得到线性定常系统的极点和零点数值，并不绘制零极点图

说明：

① sys 描述的系统可以是连续系统，也可以是离散系统。

② 零极点图中，极点以×表示，零点以○表示。

【例 4.1.1】 已知某单位负反馈系统的开环传递函数为 $G(s)=\dfrac{s+2}{s^5+2s^4+9s^3+10s^2}$，应用 MATLAB 判断闭环系统的稳定性（从多个角度分析闭环系统的稳定性）。

解　首先建立系统的数学模型，然后绘制其零极点图。

```
>> num=[1 2];
>> den=[1 2 9 10 0 0];
>> G=tf(num,den);
>>sys=feedback(G,1);
>> pzmap(sys)
```

运行结果如图 4.1.1 所示。从该系统的零极点图可以看出，系统有位于 s 平面右半边的极点，所以系统不稳定。

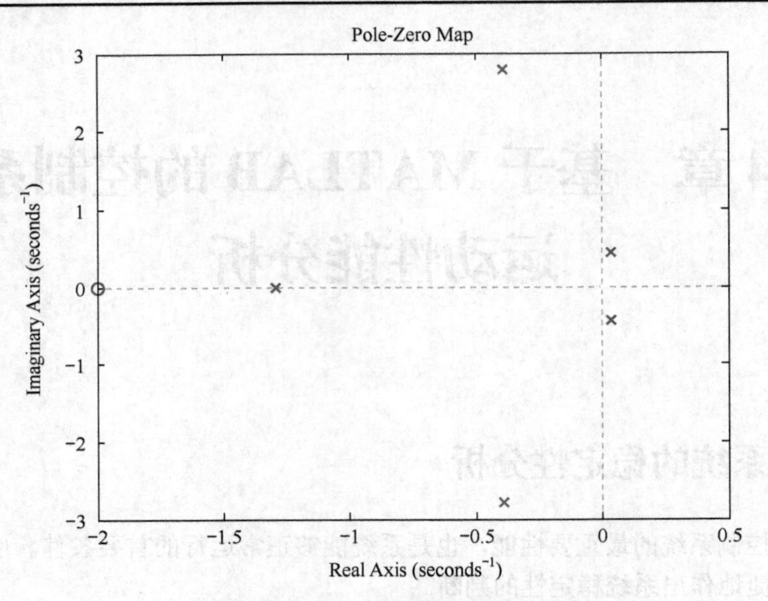

图 4.1.1　例 4.1.1 闭环系统的零极点图

开环传递函数的 Bode 图如图 4.1.2 所示。

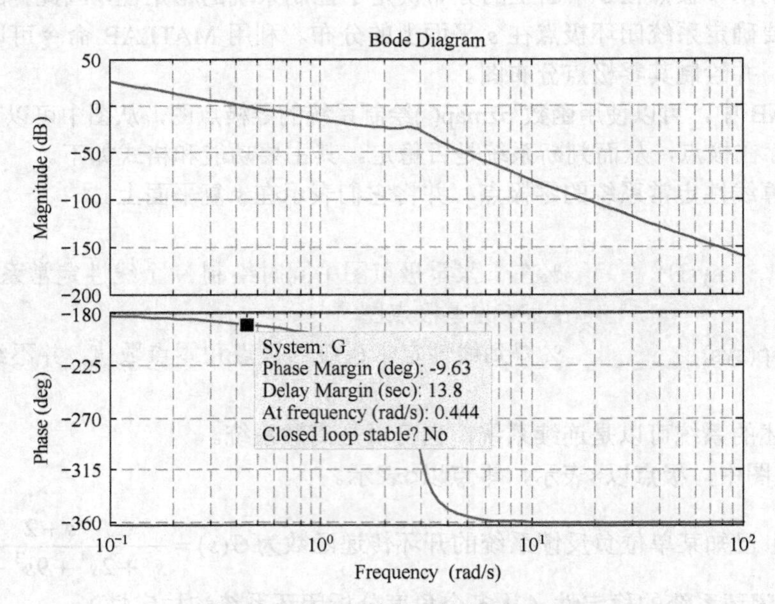

图 4.1.2　开环传递函数的 Bode 图

【例 4.1.2】已知线性定常离散系统的脉冲传递函数为 $G(z)=\dfrac{2z^2+5z+1}{z^2+2z+3}$，应用 MATLAB 判断系统的稳定性。

解　在 MATLAB 命令窗口中输入：

```
>> num=[2 5 1];den=[1 2 3];
>> sys=tf(num,den,-1);        %构建离散传递函数
>> pzmap(sys)
```

运行结果如图 4.1.3 所示。

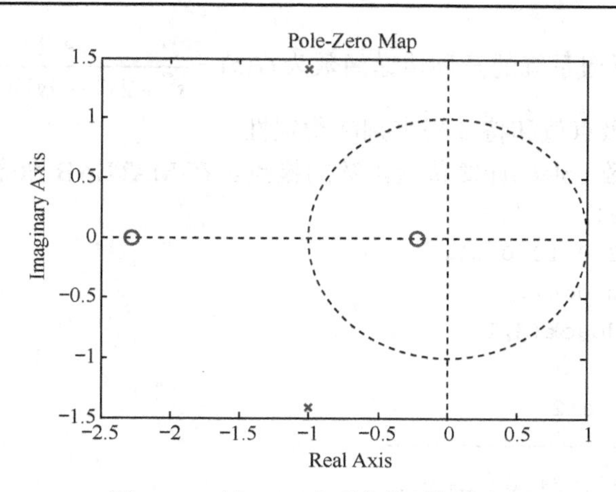

图 4.1.3　例 4.1.2 中系统的零极点图

```
% 系统的特征根（极点）含两个不稳定共轭极点(单位圆外)
>> roots(den)
ans =
  -1.0000 + 1.4142i
  -1.0000 - 1.4142i
```

由图 4.1.3 可见，系统有一个极点位于 z 平面单位圆周的外部，因此系统不稳定。

```
>> step(sys,10);    %系统的单位阶跃响应（逐步发散，系统不稳定）
>> grid
```

系统的单位阶跃响应如图 4.1.4 所示。

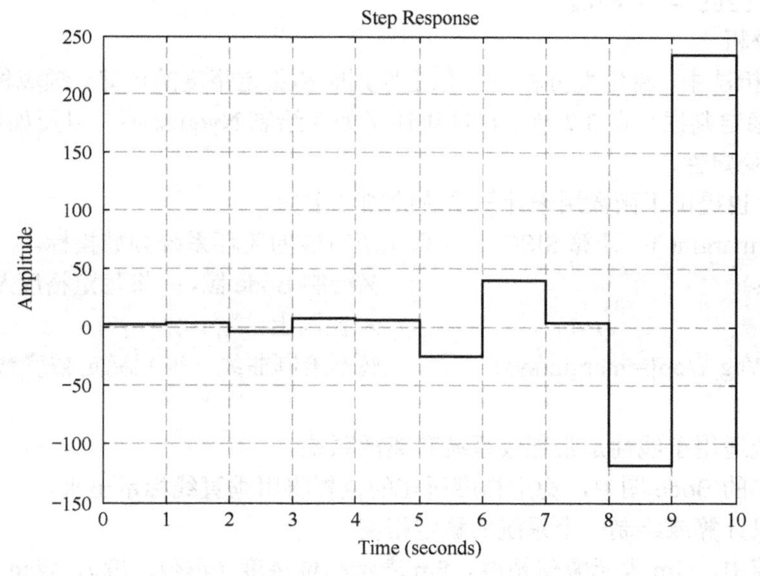

图 4.1.4　系统的单位阶跃响应

在 MATLAB 中，也可以用函数 pole( )直接求出系统传递函数的极点，或使用函数 roots( )求其特征根，主要格式如下：

p=pole(sys)	%求系统 sys 传递函数的极点
p=roots(s)	%求多项式 s 的特征根

【例 4.1.3】已知反馈系统的开环传递函数为$G(s)=\dfrac{s+2}{s^5+2s^4+9s^3+10s^2}$，应用 MATLAB 通过直接计算其闭环极点值和特征根来判断稳定性。

解　（1）使用函数 pole( )计算传递函数的极点。在 MATLAB 命令窗口中输入：

```
>> num=[1 2];
>> den=[1 2 9 10 0 0];
>> G=tf(num,den);
>> sys=feedback(G,1);
sys =
              s+2
 --------------------------
  s^5+2s^4+9s^3+10s^2+s+2
 Continuous-time transfer function.
>> p=pole(sys)
```

（2）

```
%闭环系统的特征根（极点）含两个不稳定共轭极点。
>> roots([ 1 2 9 10 1 2])
ans =
  -0.3916 + 2.7915i
  -0.3916 - 2.7915i
  -1.2898 + 0.0000i
   0.0365 + 0.4402i
   0.0365 - 0.4402i
```

2．频域分析

在频域分析法中，稳定性分析包括稳定性判断和稳定裕度的计算。频域稳定性的判别依据是 Nyquist 稳定判据。在 3.7 节中已经讲述了如何绘制 Nyquist 图，以及如何在 Nyquist 图中判别系统的稳定性。

MATLAB 也提供了函数用来计算系统的频域指标。

（1）函数 margin( )：计算 SISO 开环系统所对应的闭环系统频域指标。

margin(sys)	%绘制 Bode 图，并将稳定裕度及相应的频率标示在图上
[Gm,Pm,Wcg,Wcp]= margin(sys)	%不绘制曲线，得到稳定裕度数据值

说明：

① 该系统适用于线性定常连续系统和离散系统。

② 在绘制的 Bode 图中，稳定裕度所在的位置将用垂直线标示出来。

③ 每次只计算或绘制一个系统的稳定裕度。

④ 返回值中，Gm 表示幅值裕度，Pm 表示相位裕度（单位：度），Wcg 表示截止频率，Wcp 表示穿越频率。

【例 4.1.4】设单位负反馈闭环系统的开环传递函数为$G(s)=\dfrac{3200}{s(s+5)(s+16)}$，计算闭环系统的稳定裕度。

解　在 MATLAB 命令窗口中输入：

```
>> G=zpk([],[0 -5 -16],320);
>> margin(G)
```

运行结果如图 4.1.5 所示。

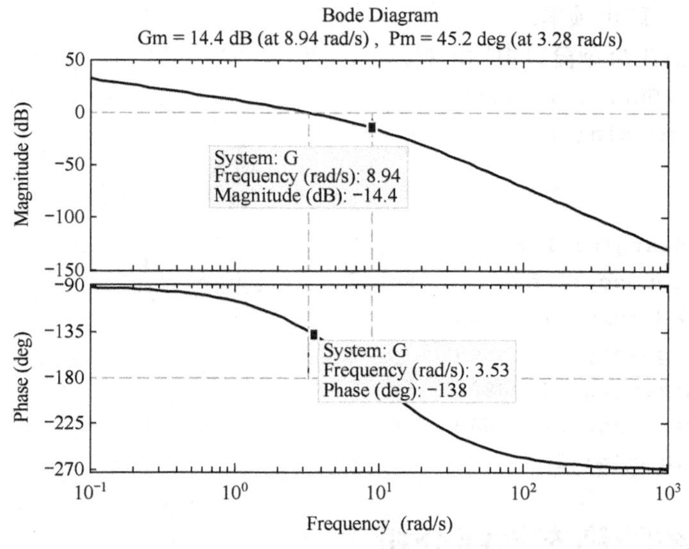

图 4.1.5　例 4.1.4 的 Bode 图

在 MATLAB 命令窗口中输入：

```
>> [Gm,Pm,Wcg,Wcp]=margin(G)
Gm =
    5.2500
Pm =
   45.1805
Wcg =
    8.9443
Wcp =
    3.2773
```

注意：G_m 的单位不是分贝。若要采用分贝表示，则按照 $20\lg(G_m)$ 计算。

（2）函数 allmargin( )：计算系统的稳定裕度及截止频率。

S= allmargin(sys)　　　　　　%提供 SISO 开环系统的信息

说明：

① 返回变量 S 包括如下信息：

- GMFrequency：穿越频率（单位：rad/s）。
- GainMargin：幅值裕度（单位：度）。
- PMFrequency：截止频率（单位：rad/s）。
- PhaseMargin：相位裕度（单位：度）。
- DelayMargin：延迟裕度（单位：s）及临界频率（单位：rad/s）。
- Stable：相应闭环系统稳定（含临界稳定）时值为 1，否则为 0。

② 系统 sys 不能为频率响应数据模型。

③ 输出为无穷大时，用 Inf 表示。

【例 4.1.5】设一单位反馈伺服系统的开环传递函数为$G(s)=\dfrac{2000}{s^2+10s}$，计算其稳定裕度及相应的穿越频率、截止频率。

解 在 MATLAB 命令窗口中输入：

```
>> G=tf(2000,[1 10 0]);
>> S=allmargin(G)
```

运行结果为：

```
S =
    GainMargin: Inf
   GMFrequency: Inf
   PhaseMargin: 12.7580
   PMFrequency: 44.1649
   DelayMargin: 0.0050
   DMFrequency: 44.1649
        Stable: 1
```

4.2 控制系统的稳态性能分析

稳态过程又称稳态响应，是指系统在典型输入信号作用下，当时间趋向于无穷大时系统输出量的表现方式。它表征系统输出量最终复现输入量的程度，提供系统有关稳态误差的信息。

稳态性能是控制系统控制准确度的一种度量，也称稳态误差。计算稳态误差通常多采用静态误差系数法，其问题的实质就是求极限问题。MATLAB 符号数学工具箱（Symbolic Math Toolbox）中提供了求极限的 limit( )函数。其调用格式如下：

limit(F)	%求极限 $\lim\limits_{x\to 0}F$
limit(F,x,a)	%求极限 $\lim\limits_{x\to a}F$
limit(F,x,a, 'right')	%求单边右极限 $\lim\limits_{x\to a_+}F$
limit(F,x,a, 'left')	%求单边左极限 $\lim\limits_{x\to a_-}F$

说明：若极限不存在，则显示 NaN。

【例 4.2.1】单位负反馈控制系统的传递函数为$G(s)=\dfrac{100}{s(s+10)}$，应用 MATLAB 求其位置误差系数、速度误差系数和加速度误差系数。

解 按照静态误差系数的定义，有以下结果。

（1）位置误差系数 $K_p=\lim\limits_{s\to 0}G(s)H(s)$

```
>> F=sym('100/(s*(s+10))');
>> Kp=limit(F,'s',0)
```

运行结果为：

```
Kp =
```

```
        NaN
```

即 $K_p=\infty$。

（2）速度误差系数 $K_v=s\lim\limits_{s\to 0}G(s)H(s)$

```
>> F=sym('s*100/(s*(s+10))');
>> Kv=limit(F,'s',0)
```

运行结果为：

```
Kv =

    10
```

即 $K_v=10$。

（3）加速度误差系数 $K_a=s^2\lim\limits_{s\to 0}G(s)H(s)$

```
>> F=sym('s^2*100/(s*(s+10))');
>> Ka=limit(F,'s',0)
```

运行结果为：

```
Ka =

    0
```

即 $K_a=0$。

【例 4.2.2】 如图 4.2.1 所示，已知单位反馈系统的开环传递函数为 $G(s)=\dfrac{10}{s(s+4)}$，求当系统输入分别为阶跃、速度、加速度时的稳态误差。

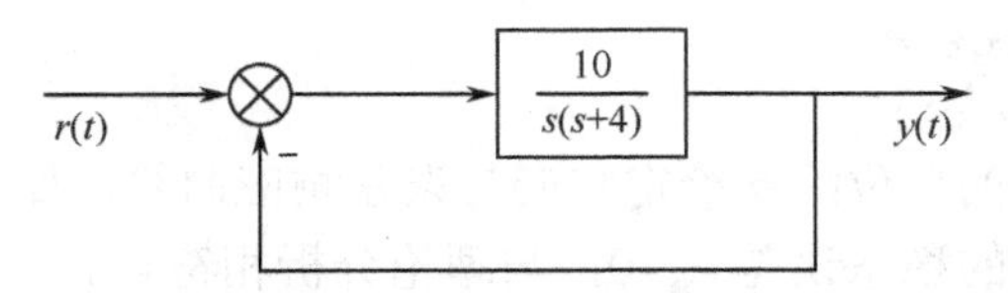

图 4.2.1　例 4.2.2 系统的开环传递函数

解　（1）首先判断闭环系统的稳定性

根据题目已知条件给出的系统：

$$G(s)=\frac{10}{s(s+4)}$$

此为系统的零极点增益模型。根据题意，调用函数 root( )命令的程序如下：

```
>>num=[10];
>> [den]=conv([1 0],[1 4]);
>>s=tf(num,den);
>>sys=feedback(s,1);
>>roots(sys.den{1})
```

语句执行结果如下：

```
ans =
        -2.0000 + 2.4495i
        -2.0000 - 2.4495i
```

即所得系统闭环全部特征根的实部都是负值，说明闭环系统稳定。只有稳定的系统进行稳态误差的计算确实是有意义的。

（2）当输入为阶跃响应时

① 理论分析

$r(t)=K$，$R(s)=\dfrac{K}{s}$

$$E(s)=\frac{1}{1+G(s)}R(s)=\frac{1}{1+\dfrac{10}{s(s+4)}}R(s)=\frac{s(s+4)}{s^2+4s+10}R(s)$$

$E(s)=\dfrac{s(s+4)}{s^2+4s+10}\cdot\dfrac{K}{s}=\dfrac{K(s+4)}{s^2+4s+10}$，则 $s_{1,2}=-2\pm \mathrm{j}\sqrt{6}$，满足终值定理。

$$e_{ss}(\infty)=\lim_{s\to 0} sE(s)=\lim_{s\to 0}\frac{Ks(s+4)}{s^2+4s+10}=0$$

② MATLAB 仿真：求单位阶跃响应与稳态误差

根据题意，调用函数 step( )命令的程序如下：

```
>>num=[10];
>>[den]=conv([1 0],[1 4]);
>>s=tf(num,den);
>>sys=feedback(s,1);
>>step(sys);
>>t=[0:0.001:10];
>>y=step(sys,t);
>>subplot(121),plot(t,y),grid
>>subplot(122),ess=1-y;
>>plot(t,ess),grid
>>ess(length(ess))
```

程序运行后可得系统的单位阶跃给定响应与误差响应曲线，如图 4.2.2 所示。由图中可以看出，其单位阶跃响应的稳态误差 e_{ss}=0，与理论分析相符合。

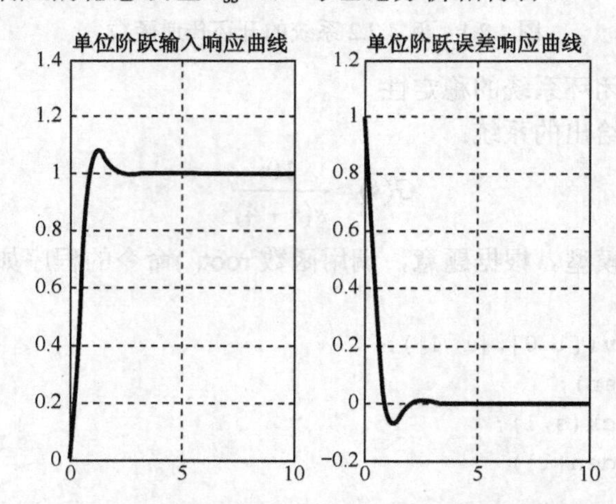

图 4.2.2　例 4.2.2 的单位阶跃输入响应曲线与误差响应曲线

（3）当输入为单位速度响应时

① 理论分析

$r(t)=Kt$，$R(s)=\dfrac{K}{s^2}$

$E(s)=\dfrac{K(s+4)}{s(s^2+4s+10)}$，则 $sE(s)=\dfrac{K(s+4)}{s^2+4s+10}$，满足终值定理条件。

$e_{ss}(\infty)=\lim\limits_{s\to 0} sE(s)=\lim\limits_{s\to 0}\dfrac{K(s+4)}{s^2+4s+10}=\dfrac{4K}{10}=\dfrac{2K}{5}$，当 $K=1$ 时，$e_{ss}=0.4$。

② MATLAB 仿真：求单位斜坡给定响应与稳态误差

根据题意，调用函数 step( )命令的程序如下：

```
>>num=[10];
>>[den]=conv([1 0],[1 4]);
>>s=tf(num,den);
>>sys1=feedback(s,1);
>>step(sys1);
>>t=[0:0.001:10]';
>>num=sys1.num{1};
>>den=[sys1.den{1},0];
>>sys=tf(num,den);
>>y=step(sys,t);
>>subplot(121),plot(t,[t y]),grid
>>subplot(122),ess=t-y;
>>plot(t,ess),grid
>>ess(length(ess))
```

执行程序后，可得系统的单位斜坡响应曲线，如图 4.2.3 所示。由图中可以看出，其单位斜坡响应的稳态误差 $e_{ss}=0.4$，与理论分析相符合。

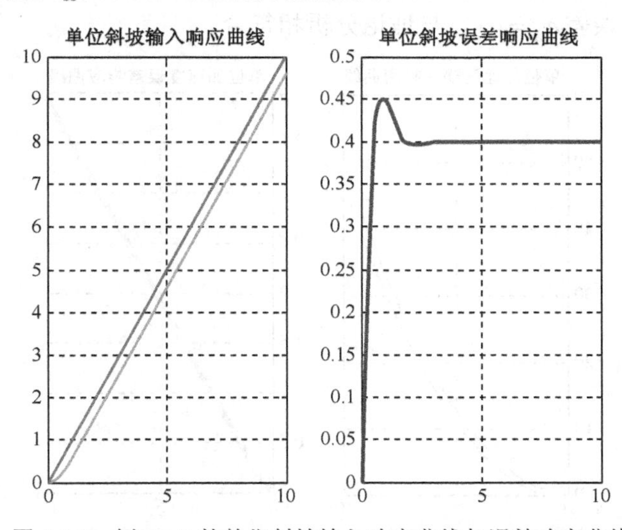

图 4.2.3　例 4.2.2 的单位斜坡输入响应曲线与误差响应曲线

（4）当输入为加速度响应时

① 理论分析

$r(t)=\dfrac{1}{2}Kt^2$，$R(s)=\dfrac{K}{s^3}$

$E(s)=\dfrac{K(s+4)}{s^2(s^2+4s+10)}$，则 $sE(s)=\dfrac{K(s+4)}{s(s^2+4s+10)}$

$e_{ss}(\infty)=\lim_{s\to 0} sE(s)=\infty$

② MATLAB 仿真：求单位加速度给定响应与稳态误差

```
>>num=[10];
>>[den]=conv([1 0],[1 4]);
>>s=tf(num,den);
>>sys=feedback(s,1);
>>roots(sys.den{1})
>>step(sys);
>>t=[0:0.001:10]';
>>num1=sys.num{1};
>>den1=[sys.den{1},0,0];
>>sys1=tf(num1,den1);
>>y1=step(sys1,t);
>>num2=1;
>>den2=[1 0 0 0];
>>sys2=tf(num2,den2);
>>y2=impulse(sys2,t);
>>subplot(121),plot(t,[y2 y1]),grid
>>subplot(122),ess=y2-y1;
>>plot(t,ess),grid
>>ess(length(ess))
```

执行程序后，可得系统的单位斜坡响应曲线，如图 4.2.4 所示。由图中可以看出，其单位加速度响应的稳态误差 $e_{ss}=\infty$，与理论分析相符合。

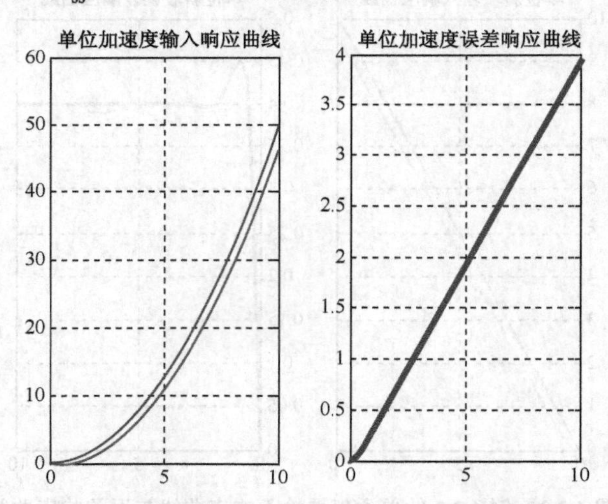

图 4.2.4　例 4.2.2 的单位加速度输入响应曲线与误差响应曲线

注意：不像流程工业过程控制系统，对于某些运动体控制系统（例如火炮击落目标物体的控制系统），整个控制系统在很短的时间内就工作结束了，这个时候讨论时间趋向无穷时的稳态误差是没有实际意义的。

4.3　控制系统的动态性能分析

动态过程又称过渡过程或瞬态过程，是指系统在典型输入信号作用下，其输出量从初始状态到最终状态的响应过程。系统在动态过程中所提供的系统响应速度和阻尼情况用动态性能指标描述。

动态性能指标是指，在单位阶跃函数作用下，稳定系统的动态过程随时间变化的指标。主要有上升时间（Rise Time）、峰值时间（Peak Time）、超调量（Overshoot）、调节时间（Settling Time）。

在 MATLAB 中，可以通过单位阶跃响应曲线来获取动态性能指标。在阶跃响应曲线图中任意处，使用鼠标右键，选择菜单项 Characteristics，弹出的菜单内容包括：

- 峰值响应（Peak Response）：最大值（Peak amplitude）、超调量（Overshoot）、峰值时间（At time）
- 调节时间（Settling time）
- 上升时间（Rise time）
- 稳态值（Steady State）

选择 Properties…，弹出阶跃响应属性编辑对话框，可以重新定义调节时间和上升时间。

【例 4.3.1】 已知系统的传递函数为 $G(s)=\dfrac{1}{s^2+s+1}$，试绘制其阶跃响应曲线，并求出其动态性能指标。

解　在 MATLAB 命令窗口中输入：

```
>> G=tf(1,[1 1 1]);
>> step(G)
```

运行结果如图 4.3.1 所示。

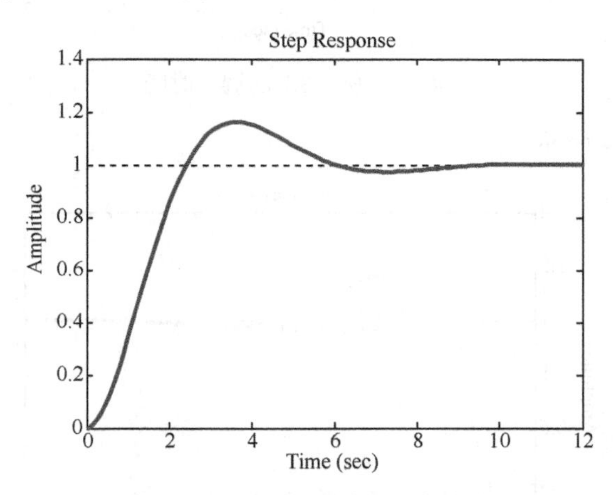

图 4.3.1　例 4.3.1 的阶跃响应曲线

得到的峰值响应数据如图 4.3.2 所示。

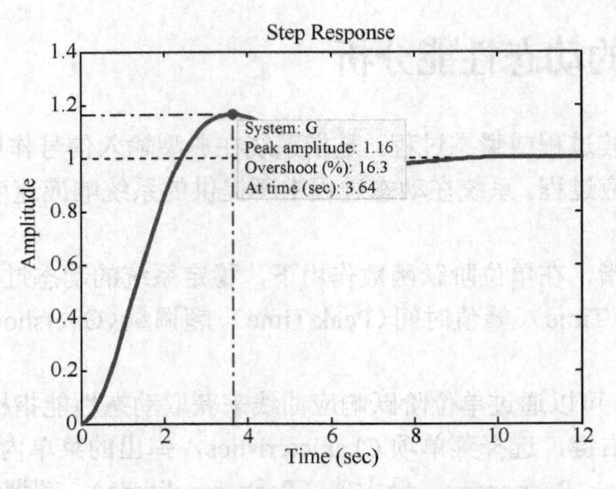

图 4.3.2　例 4.3.1 的峰值响应数据

得到调节时间如图 4.3.3 所示。

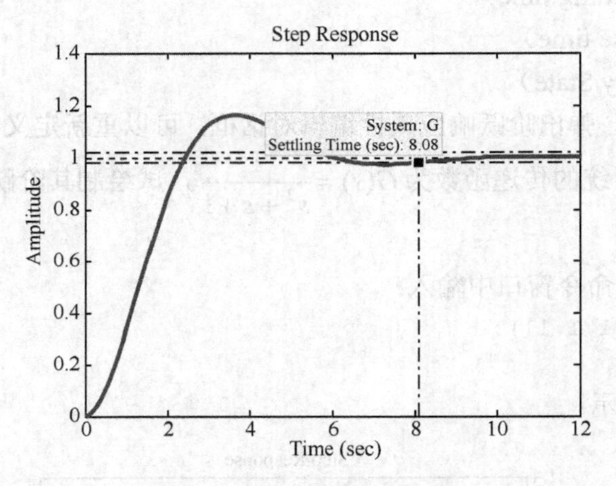

图 4.3.3　例 4.3.1 的调节时间

得到上升时间如图 4.3.4 所示。

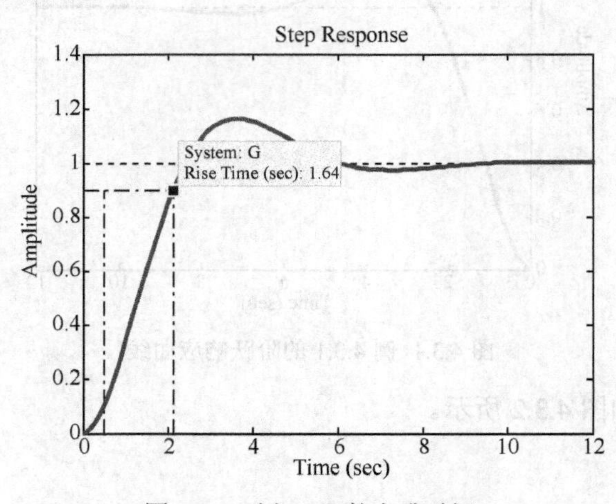

图 4.3.4　例 4.3.1 的上升时间

得到稳态值如图 4.3.5 所示。

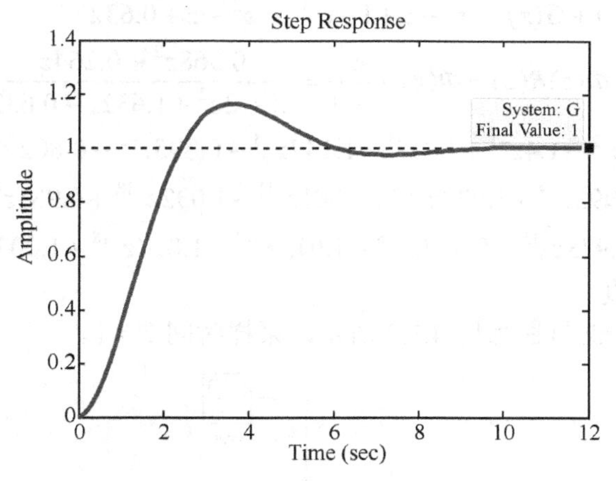

图 4.3.5　例 4.3.1 的稳态值

修改上升时间和调节时间定义如图 4.3.6 所示。

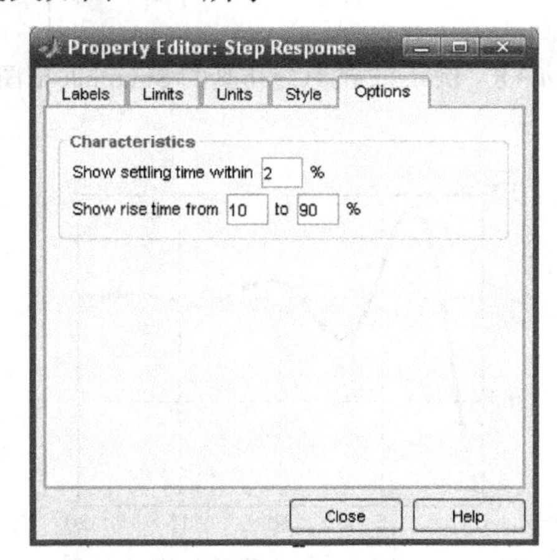

图 4.3.6　属性修改对话框

【例 4.3.2】 已知系统如图 4.3.7 所示，采样周期 $T=1$，试绘制其阶跃响应曲线，并求出其动态性能指标。

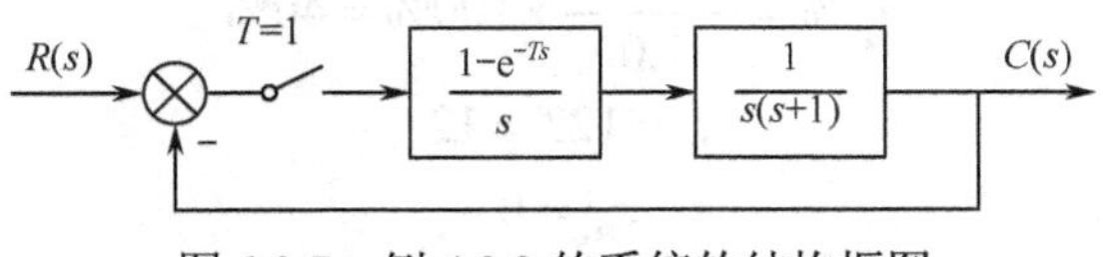

图 4.3.7　例 4.3.2 的系统的结构框图

解　（1）理论分析

开环传递函数：$G(s)=\dfrac{1-\mathrm{e}^{-Ts}}{s^2(s+1)}$

经离散化后得：$G(z)=\dfrac{\mathrm{e}^{-1}z+1-2\mathrm{e}^{-1}}{z^2-(1+\mathrm{e}^{-1})z+\mathrm{e}^{-1}}$

闭环传递函数：$\Phi(z)=\dfrac{G(z)}{1+G(z)}=\dfrac{e^{-1}z+1-2e^{-1}}{z^2-z+1-e^{-1}}=\dfrac{0.368z+0.264}{z^2-z+0.632}$

单位阶跃响应：$C(z)=\Phi(z)R(z)=\Phi(z)\cdot\dfrac{z}{z-1}=\dfrac{0.368z^2+0.264z}{z^3-2z^2+1.632z-0.632}$

$$\begin{aligned}C(z)=&0.368z^{-1}+z^{-2}+1.4z^{-3}+1.4z^{-4}+1.147z^{-5}+0.895z^{-6}+0.802z^{-7}+\\&0.868z^{-8}+0.993z^{-9}+1.077z^{-10}+1.081z^{-11}+1.032z^{-12}+0.981z^{-13}+\\&0.961z^{-14}+0.973z^{-15}+0.997z^{-16}+1.015z^{-17}+1.017z^{-18}+1.0072z^{-19}+\cdots\end{aligned}$$

（2）MATLAB 仿真

该系统仿真 Simulink 框图如图 4.3.8 所示，采样时间 $T=1$。

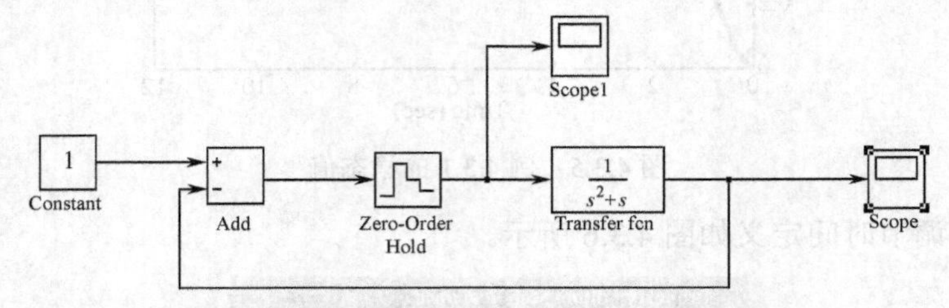

图 4.3.8　例 4.3.2 的系统仿真的 Simulink 框图

运行结果如图 4.3.9 所示。

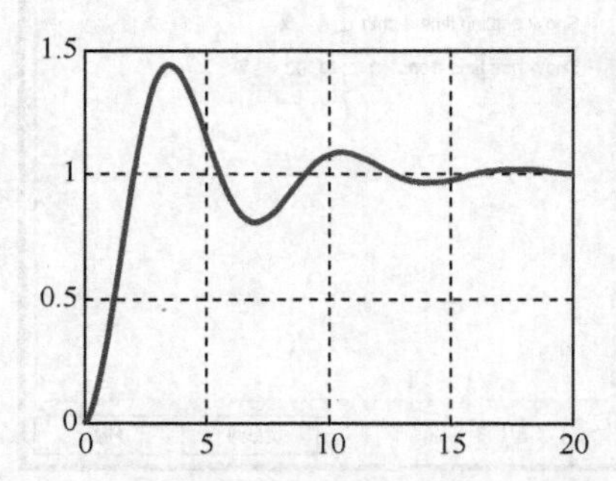

图 4.3.9　例 4.3.2 的系统的运行结果

从图中可以得到：

$$t_p=3T=3$$

$$\sigma_p\%=\frac{1.4-1.0}{1.0}\times100\%=40\%$$

$$t_s=12T=12$$

$$e_{ss}=0$$

不同采样周期时的阶跃响应曲线如图 4.3.10 所示。

从图 4.3.10 中可以得出结论：采样周期越大，超调量越大，系统越趋向不稳定。

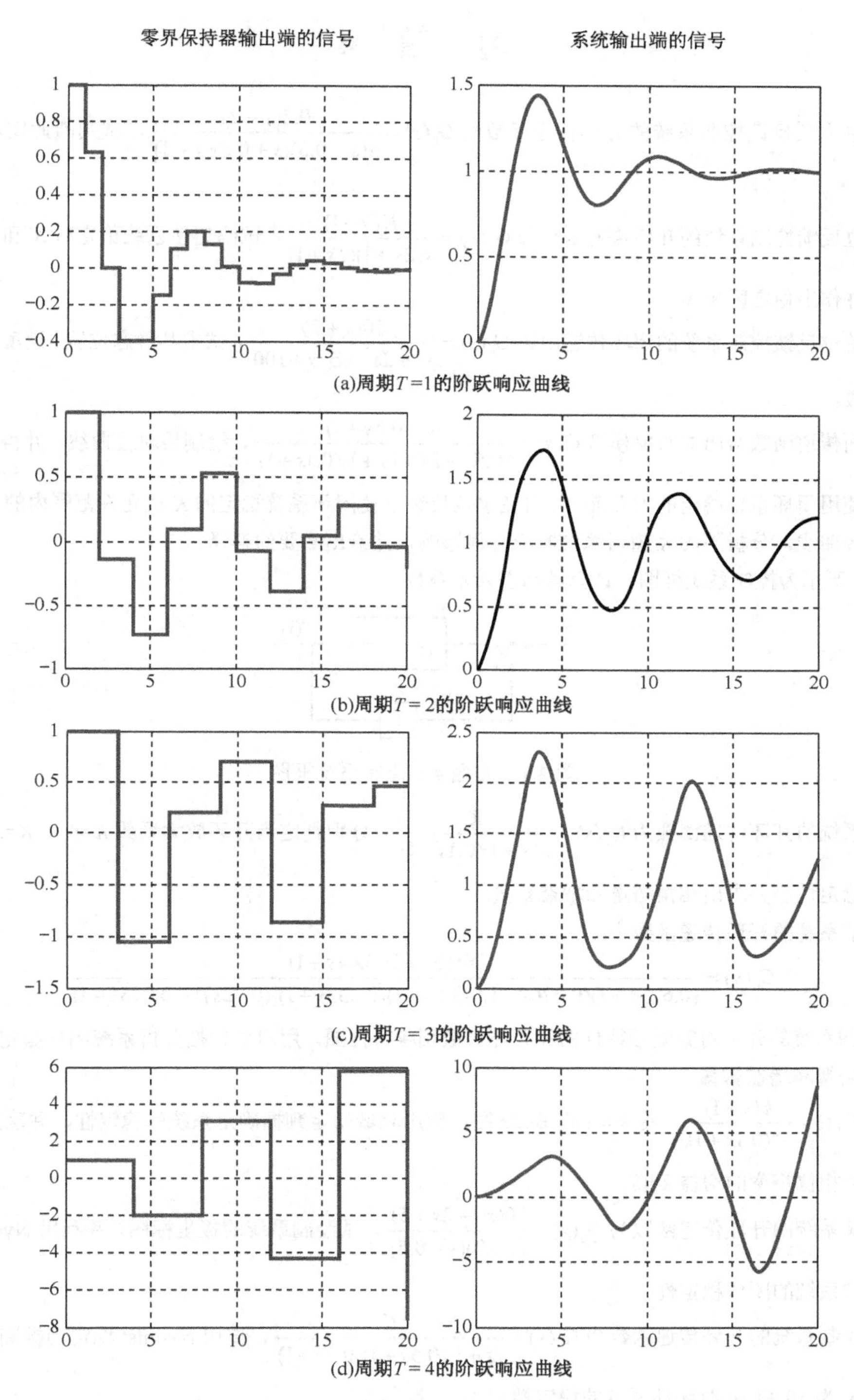

图 4.3.10 不同采样周期时的阶跃响应曲线

习　题　4

4.1　已知单位负反馈控制系统的开环传递函数为 $G_0(s)=\dfrac{0.2(s+2)}{s(s+0.5)(s+0.8)(s+3)}$，试判断此闭环系统的稳定性。

4.2　某单位反馈控制系统的开环传递函数为 $G_0(s)=\dfrac{K(s+1)}{s(2s+1)(Ts+1)}$，试确定使系统稳定时 K 和 T 参数的范围，并作出稳定区域图。

4.3　已知单位反馈控制系统的闭环传递函数 $G_c(s)=\dfrac{50(s+2)}{s^3+2s^2+51s+100}$，试求其静态位置、速度和加速度误差系数。

4.4　对下面传递函数给出的对象模型 $G(s)=\dfrac{K(-0.5s+1)}{(0.5s+1)(0.2s+1)(0.1s+1)}$，绘制根轨迹曲线，并得出在单位反馈下使用闭环系统稳定的 K 值范围。对在单位反馈下使闭环系统稳定的 K 值允许范围内的 K 值绘制阶跃响应曲线，分析不同 K 值对系统响应有何影响，并给出必要的解释。

4.5　图4.1所示为控制系统框图，计算其动态误差系数。

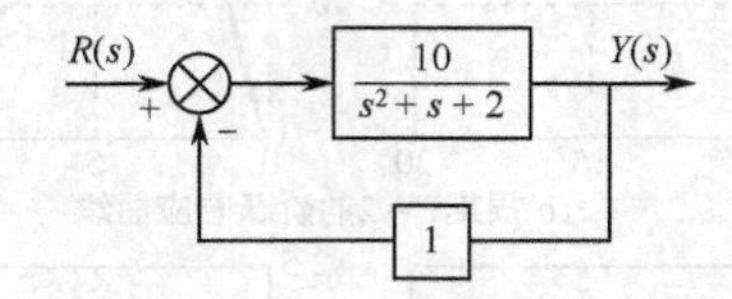

图4.1　习题4.5控制系统框图

4.6　已知系统的开环传递函数为 $G_0(s)=\dfrac{K}{s(s+1)(0.1s+1)}$，分别判定当开环放大系数 K=5 和 K=20 时闭环系统的稳定性，并求出相角裕量和增益裕量。

4.7　已知某系统的开环传递函数为

$$G_0(s)=\frac{16(19s+1)(0.44s+1)}{(0.625s+1)(0.676s-1)(43.5s-1)(0.033s+1)[(0.02s)^2+0.015s+1]}$$

试绘制系统的开环对数幅频特性图和开环对数相频特性图，用对数判据分析系统闭环稳定性，并求出相角裕量和增益裕量。

4.8　已知 $G(s)=\dfrac{k(s+1)}{s^2(0.1s+1)}$，令 $k=1$ 作Bode图，应用频域稳定判据确定系统的稳定性，并确定使系统获得最大相位裕度的增益 k 值。

4.9　已知某系统的开环传递函数为 $G_0(s)=\dfrac{10(s^2-2s+5)}{(s+2)(s-0.5)}$，试绘制系统的极坐标图，并利用Nyquist稳定判据判定系统的闭环稳定性。

4.10　已知控制系统的开环传递函数为 $G_0(s)=\dfrac{K}{(s+1)(0.5s+1)(0.2s+1)}$，试用Nyquist稳定判据判定开环放大系数 K 为10和50时闭环系统的稳定性。

4.11　已知控制系统的开环传递函数为 $G_0(s)=\dfrac{100(\tau s+1)}{s^2}$，试确定使相角裕量等于45° 时的 τ 值，并绘制系统的极坐标图，并判断闭环系统的稳定性。

4.12　以下为某闭环系统开环传递函数，试确定闭环系统的稳定性。

$$G_0(s)=\frac{s^3+15s^2+16s+200}{s^5+10s^4+30.6s^3+155s^2+153.7s+5.65}$$

4.13 设控制系统的开环传递函数为 $G_0(s)=\dfrac{K(s+5)^2}{(s+1)(s^2-s+9)}$，分别判定当开环放大倍数 $K=-5$，$K=1$ 和 $K=5$ 时闭环系统的稳定性。

4.14 系统 A：$G_a(s)=\dfrac{2}{s^2+2s+2}$，系统 B：$G_b(s)=\dfrac{1}{2s^3+3s^2+3s+1}$。

（1）用控制系统工具箱中的函数求给定系统的阶跃响应，并求出相应的性能指标：上升时间、峰值时间、调节时间及超调量，编写 MATLAB 程序并给出结果。

（2）求解给定系统的频率响应，编写 MATLAB 程序并给出结果。

（3）绘制系统的根轨迹，并对系统的性能进行分析。

4.15 设单位负反馈控制系统的开环传递函数为 $G(s)=\dfrac{K}{s(s^2+7s+17)}$。

（1）试绘制 $K=10$ 和 100 时闭环系统的阶跃响应曲线，并计算稳态误差、上升时间、超调量和过渡过程时间。

（2）绘制 $K=1000$ 时闭环系统的阶跃响应曲线，与 $K=10$ 和 100 所得结果相比较，分析增益系数与系统稳定性的关系。

（3）利用 roots 命令，确定使系统稳定时 K 的取值范围。

第 5 章　基于 MATLAB/Simulink 的控制系统建模与仿真

Simulink 是 MATLAB 中的一种可视化仿真工具，是一种基于 MATLAB 的框图设计环境，是实现动态系统建模、仿真和分析的一个软件包，被广泛应用于线性系统、非线性系统、数字控制及数字信号处理的建模和仿真中。

Simulink 是 MATLAB 最重要的组件之一，它提供一个动态系统建模、仿真和综合分析的集成环境。在该环境中，无须大量书写程序，通过简单直观的鼠标操作，就可构造出复杂的系统。Simulink 具有适应面广，结构和流程清晰，仿真精细、贴近实际、效率高、灵活等优点，已被广泛应用于控制理论和数字信号处理的复杂仿真和设计中。同时有大量的第三方软件和硬件可应用于 Simulink。

Simulink 可以用连续采样时间、离散采样时间或两种混合的采样时间进行建模，它也支持多速率系统，也就是系统中的不同部分具有不同的采样速率。为了创建动态系统模型，Simulink 提供了一个建立模型方块图的图形用户接口（GUI），这个创建过程只需单击和拖动鼠标就能完成，它提供了一种更快捷、直接明了的方式，而且用户可以立即看到系统的仿真结果。

本节基于 MATLAB 7.1 的 Simulink 6.3 来详细介绍 Simulink 在控制系统中的建模与仿真方法。

5.1 Simulink 模块库

运行 Simulink 有以下两种方法。在启动 MATLAB 后：

（1）可以在 MATLAB 命令窗口中输入 Simulink 命令，然后按回车键；

（2）鼠标单击工具栏中 Simulink 图标。

运行 Simulink 后，可以看到如图 5.1.1 所示的 Simulink 界面图，它显示了 Simulink 模块库（包括模块组）和所有已经安装了的 MATLAB 工具箱对应的模块库。

可以看到，Simulink 为用户提供了丰富的模块库，按照用途可以将它们分为以下四类：

（1）系统基本构成模块库：常用模块组（Commonly Used Blocks）、连续模块组（Continuous）、非连续模块组（Discontinuities）和离散模块组（Discrete）。

（2）连接运算模块库：逻辑和位运算模块组（Logic and Bit Operations）、查表模块组（Lookup Tables）、数学运算模块组（Math Operations）、端口与子系统模块组（Port & Subsystems）、信号属性模块组（Signal Attributes）、信号通路模块组（Signal Routing）、用户自定义函数模块组（User-Defined Functions）和附加函数与离散模块组（Additional Math & Discrete）。

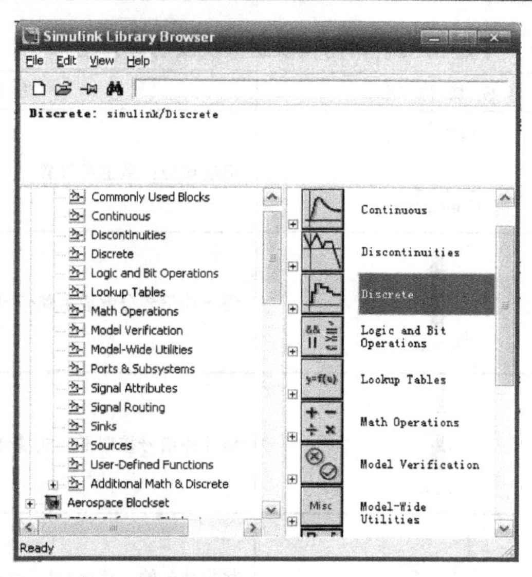

图 5.1.1　Simulink 启动界面

（3）专业模块库：模型校核模块组（Model Verification）和模型扩充模块组（Model-Wide Utilities）。

（4）输入、输出模块库：信源模块组（Sources）和信宿模块组（Sinks）。

1．常用模块组

常用模块组（Commonly Used Blocks）包含了 Simulink 建模与仿真所需的各类最基本和最常用的模块，如图 5.1.2 所示。

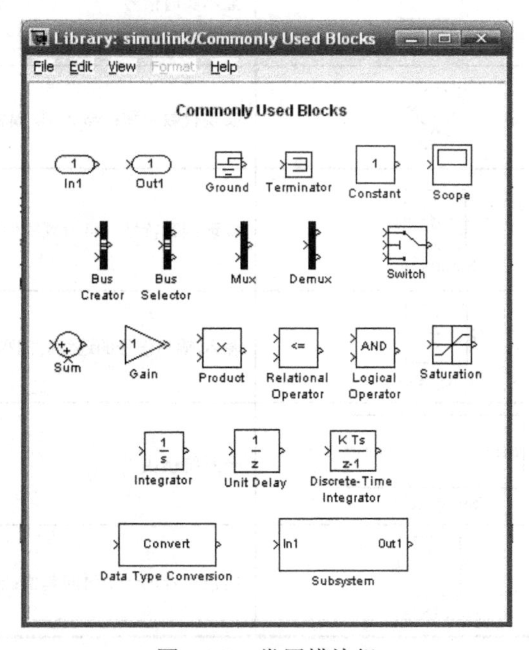

图 5.1.2　常用模块组

这些模块来自其他模块组，主要是方便用户能够快速找到常用模块。其包含的模块功能见表 5.1.1。

表 5.1.1 常用模块组模块及功能介绍

模块名称	模块形状	功能说明
常数模块 Constant	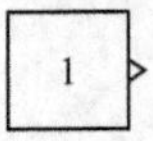 1 Constant	恒值输出；数值可设置
分路器模块 Demux	 Demux	将一路信号分解成多路信号
混路器模块 Mux	 Mux	将几路信号按向量形式混合成一路信号
增益模块 Gain	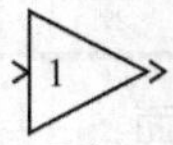 1 Gain	将模块的输入信号乘以设定的增益值
输入端口模块 In1	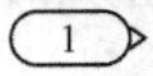 1 In1	标准输入端口；生成子系统或作为外部输入的输入端
输出端口模块 Out1	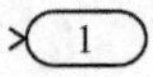 1 Out1	标准输出端口；生成子系统或作为模型的输出端口
示波器模块 Scope	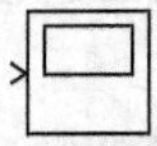 Scope	显示实时信号
求和模块 Sum	 ++ Sum	实现代数求和；与 ADD 模块功能相同
饱和模块 Saturation	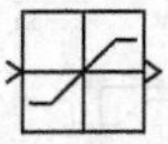 Saturation	实现饱和特性；可设置线性段宽度
积分模块 Integrator	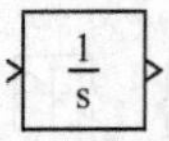 $\frac{1}{s}$ Integrator	输入/输出信号的连续时间积分；可设置输入信号的初始值
子系统模块 Subsystem	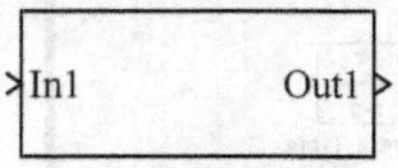 In1 Out1 Subsystem	子系统模块
单位延迟模块 Unit Delay	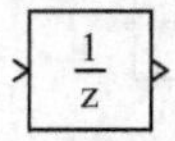 $\frac{1}{z}$ Unit Delay	将信号延迟一个时间单位；可设置初始条件

2. 连续模块组

连续模块组（Continuous）（如图 5.1.3 所示）包含了进行线性定常连续时间系统建模和仿真的各类模块。

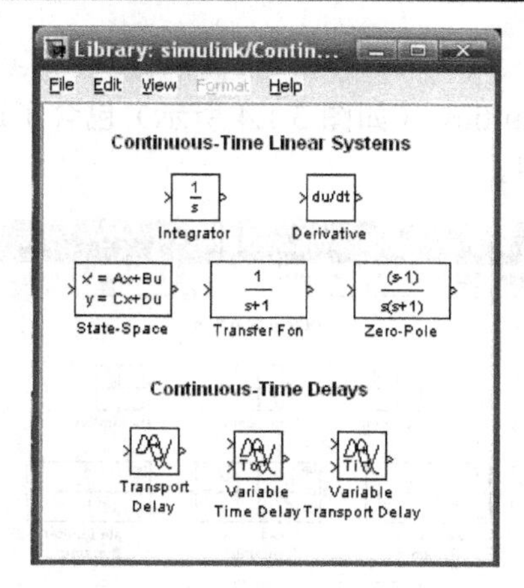

图 5.1.3　连续模块组

其功能介绍如表 5.1.2 所示。

表 5.1.2　连续模块组的模块及功能介绍

名　称	形　状	功 能 说 明
积分模块 Integrator	$\frac{1}{s}$ Integrator	计算积分
微分模块 Derivative	du/dt Derivative	计算微分
状态空间模块 State-Space	x'=Ax+Bu y=Cx+Du State-Space	创建状态空间模型
传递函数模块 Transfer Fcn	$\frac{1}{s+1}$ Transfer Fcn	创建传递函数模型
零极点增益模块 Zero-Pole	$\frac{(s-1)}{s(s+1)}$ Zero-Pole	创建零极点增益模型
时间延迟模块 Transport Delay	Transport Delay	创建延迟环节模型；输入、输出信号在给定时间的延迟
可变时间延迟模块 Variable Time Delay	To Variable Time Delay	输入、输出信号的可变时间延迟
变量延迟模块 Variable Transport Delay	Ti Variable Transport Delay	与可变时间延迟模块相似

3．非连续模块组

非连续模块组（Discontinuities）（如图5.1.4所示）包含了进行非线性时间系统建模和仿真所需的各类非线性环节模型。

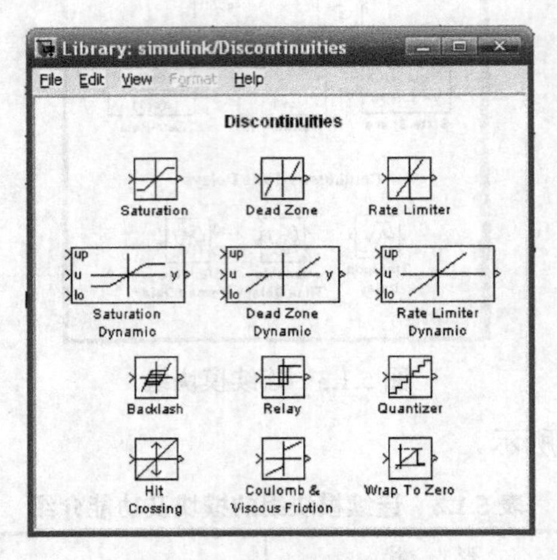

图5.1.4　非连续模块组

其主要模块的功能及说明见表5.1.3。

表5.1.3　非连续模块组的模块及功能介绍

名　称	形　状	功能说明
饱和模块 Saturation	Saturation	实现饱和特征
死区模块 Dead Zone	Dead Zone	实现死区非线性特征
动态死区模块 Dead Zone Dynamic	up u Io y Dead Zone Dynamic	实现动态死区
磁滞回环模块 Backlash	Backlash	实现磁滞回环
滞环继电模块 Relay	Relay	实现有滞环的继电特性
量化模块 Quantizer	Quantizer	对输入信号进行数字化处理
库仑与黏性摩擦模块 Coulomb & Viscous Friction	Coulomb & Viscous Friction	实现库仑摩擦加黏性摩擦

4. 离散模块组

离散模块组（Discrete）（如图 5.1.5 所示）包含了进行线性定常离散时间系统建模与仿真所需的各类模块。

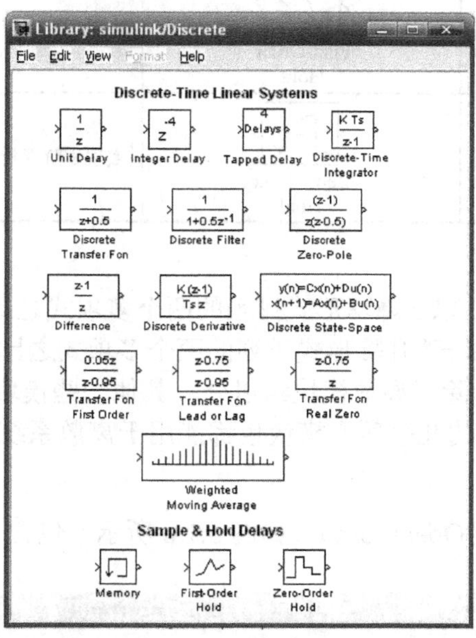

图 5.1.5　离散模块组

其功能介绍如表 5.1.4 所示。

表 5.1.4　离散模块组的模块及功能介绍

名　称	形　状	功 能 介 绍
单位延迟模块 Unit Delay	$\frac{1}{z}$ Unit Delay	实现 z 域单位延迟，等同于离散时间算子 z^{-1}
离散时间积分模块 Discrete-Time Integrator	$\frac{KTs}{Z-1}$ Discrete-Time Integrator	实现离散时间变量积分
离散传递函数模块 Discrete Transfer Fcn	$\frac{1}{z+0.5}$ Discrete Transfer Fcn	实现脉冲传递函数模型
离散滤波器模块 Discrete Filter	$\frac{1}{1+0.5z^{-1}}$ Discrete Filter	实现数字滤波器的数学模型
离散零极点增益模块 Discrete Zero-Pole	$\frac{(z-1)}{z(z-0.5)}$ Discrete Zero-Pole	实现零极点增益形式脉冲传递函数模型
离散状态空间模块 Discrete State-Space	y(n)=Cx(n)+Du(n) x(n+1)=Ax(n)+Bu(n) Discrete State-Space	实现离散状态空间模型

（续表）

名　称	形　状	功 能 介 绍
一阶保持器模块 First-Order Hold	First-Order Hold	实现一阶保持器
零阶保持器模块 Zero-Older Hold	Zero-Order Hold	实现零阶保持器

说明：

① 离散传递函数模块：以 z 降幂形式排列的两个多项式之比。

② 离散滤波器模块：以 z^{-1} 升幂形式排列的两个多项式之比。

在 Simulink 模块库中，除了离散模块组以外，其他一些模块组，比如数学运算模块组、信宿模块组、信源模块组中的几乎所有模块也都能用于离散系统的建模。

5．数学运算模块组

数学运算模块组（Math Operations）（如图 5.1.6 所示）包含了进行控制系统建模和仿真所需的各类数学运算模块。

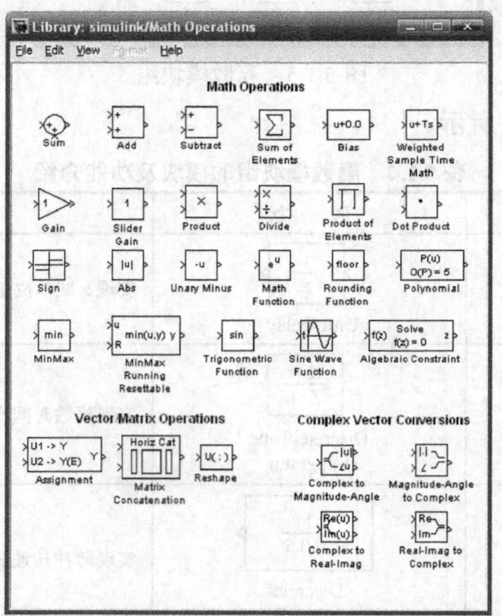

图 5.1.6　数学运算模块组

其模块功能介绍见表 5.1.5 所示。

表 5.1.5　数学运算模块组的模块及功能介绍

名　称	形　状	功 能 介 绍
求和模块 Sum	Sum	实现代数求和；和 ADD 模块功能相同
相减模块 Subtract	Subtract	对输入信号进行减运算

（续表）

名　称	形　状	功 能 介 绍
增益模块 Gain	1 Gain	将输入信号值乘以该增益值输出
叉乘模块 Product	X Product	实现乘法运算
点乘模块 Dot Product	• Dot Product	对两个输入向量进行点积运算
符号函数模块 Sign	Sign	实现符号函数运算
数学函数模块 Math Function	e^u Math Function	实现数学函数运算
正弦波模块 Sine Wave Function	t Sine Wave Function	正弦波输出
实部和虚部转换为复数模块 Real-Imag to Complex	Re Im Real-Imag to Complex	将实部和虚部的输入转换为复数
幅相转换成复数模块 Magnitude-Angle to Complex	|·| ∠ Magnitude-Angle to Complex	将幅值和相角输入转换为复数

6. 信源模块组

信源模块组（Sources）（如图 5.1.7 所示）为系统提供输入信号，其包含多种常用的输入信号和数据发生器。

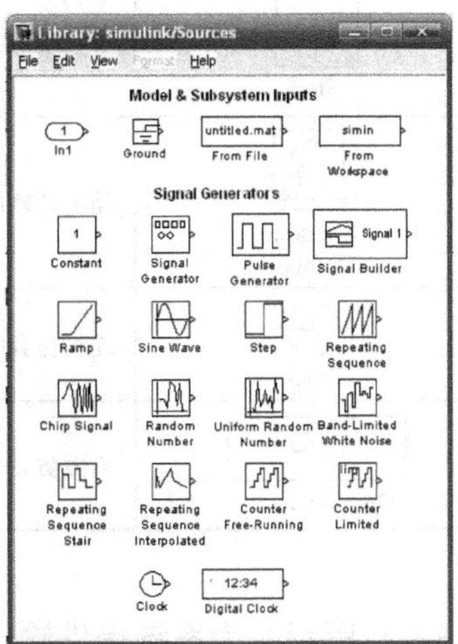

图 5.1.7　信源模块组

信源模块介绍及功能说明详见表5.1.6。

表5.1.6 信源模块组的模块及功能介绍

名 称	形 状	功 能 介 绍
输入端口模块 In1	1 In1	标准输入端口
接地模块 Ground	Ground	将未连接的输入端接地，输出为零
从文件中输入数据模块 From File	untitled.mat From File	从MATLAB文件中获取数据
从工作空间输入数据模块 From Workspace	simin From Workspace	从MATLAB工作空间中获取数据
常数模块 Constant	1 Constant	恒值输出
信号发生器模块 Signal Generator	Signal Generator	周期信号输出
脉冲信号发生器 Pulse Generator	Pulse Generator	脉冲信号输出
斜坡信号模块 Ramp	Ramp	斜坡信号输出
正弦波信号模块 Sine Wave	Sine Wave	正弦波信号输出
阶跃信号模块 Step	Step	阶跃信号输出
随机信号模块 Random Number	Random Number	随机数输出
时钟模块 Clock	Clock	连续仿真时钟；在每一仿真步输出当前仿真时间
数字时钟模块 Digital Clock	12:34 Digital Clock	离散仿真时钟；在指定的采样间隔内输出仿真时间

7．信宿模块组

信宿模块组（Sinks）（如图5.1.8所示）为系统提供输出（显示）装置，其包含多种输出观测和显示装置。

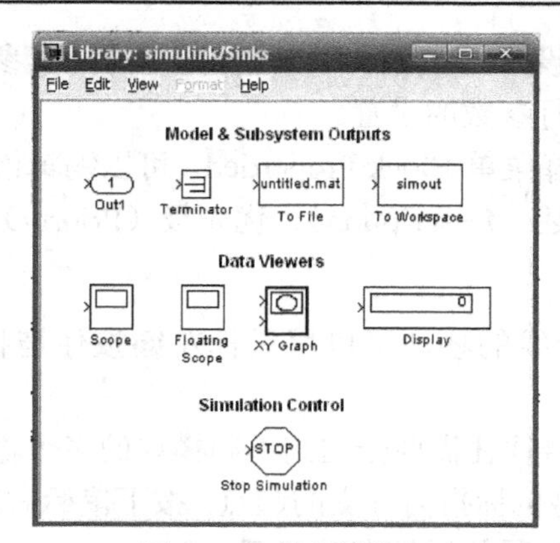

图 5.1.8　信宿模块组

信宿模块组模块的介绍见表 5.1.7。

表 5.1.7　信宿模块组的模块及功能介绍

名　称	形　状	功能介绍
输出端口模块 Out1	1 Out1	标准输出端口
示波器模块 Scope	Scope	示波器
X-Y 示波器模块 XY Graph	XY Graph	显示 X-Y 图形
显示数据模块 Display	0 Display	数值显示
终止仿真模块 Stop Simulation	STOP Stop Simulation	终止仿真

5.2　Simulink 基本操作

利用 Simulink 进行建模和仿真，首先应该熟悉 Simulink 的一些基本操作，包括对 Simulink 模块的操作、对模块间信号线的操作以及最后模块的仿真操作等。

Simulink 的建模和仿真是在其模型窗口内操作的。用户可以选择菜单 File→New→Model 打开模型窗口。

1．模块操作

对模块的操作首先是选定模块，用户可以使用鼠标左键单击模块来选定单个模块；可以按住 Shift 键或用鼠标右键拖拉区域选定多个模块。

如果不想使用该模块，可以按下 Delete 键删除该模块；也可以单击工具栏图标，或用组合键 Ctrl+X 来剪切该模块。

默认状态下，模块总是输入端在左，输出端在右。如需要改变方向，可以使用鼠标右键选择菜单 Format→Flip Block 将模块旋转 180°，也可以选择菜单 Format→Rotate Block 将模块旋转 90°。

最重要的是模块参数的设置。用鼠标双击模块即可打开其参数设置对话框，然后可以通过改变对话框提供的对象进行参数的设置。

此外，使用鼠标右键选择菜单 Block Propertied，可以编辑模块的属性。属性对话框一般都包含三部分：模块功能描述（Description）、优先级（Priorty）和标签（Tag）。

2．信号线操作

与模块操作类似，信号线的移动可以用鼠标左键按住拖拉，信号线的删除可以按下 Delete 键。

在实际模型中，一个信号往往需要分送到不同模块的多个输入端，此时就需要绘制信号的分支线。其操作步骤为：将鼠标指向分支的起点，按下鼠标右键，待鼠标指针变成十字后，拖动鼠标至分支点终端，然后释放鼠标右键即可。

如果模块只有一个输入端和一个输出端，那么该模块可以直接插入一条信号线中。只要选中待插入模块，按下鼠标左键拖动至信号线上即可。

信号线也可以添加标识，只要使用鼠标左键双击待添加标识的信号线，在弹出的空白文字填写框中输入文本，就是该信号线的标识。输入完毕后，在模型窗口内其他任意位置单击鼠标左键就可退出编辑。

3．仿真操作

Simulink 模型建立完成后，就可以对其进行仿真运行。用鼠标单击 Simulink 模型窗口工具栏内的“仿真启动或继续”图标 ▶，即可启动仿真；当仿真开始时图标 ▶ 就变成“暂停仿真”图标 ⏸。仿真过程结束后，图标 ⏸ 又变回 ▶。

在仿真过程中可以单击“终止仿真”图标 ■，来终止此次仿真。仿真结果可以在信宿模块中输出或显示。

5.3　Simulink 建模与仿真

Simulink 提供了友好的图形用户界面，模型由模块组成的框图表示，用户通过单击和拖动鼠标的动作即可完成系统的建模，如同使用笔来画图一样简单。而且 Simulink 支持线性和非线性系统、连续和离散时间系统以及混合系统的建模与仿真。

1．线性连续时间系统的建模与仿真

不管控制系统是由系统框图描述，还是由微分方程、状态空间描述，都可以很方便地用 Simulink 建立其模型。

【例 5.3.1】 控制系统结构图如图 5.3.1 所示，试建立 Simulink 模型并显示在单位阶跃信号输入下的仿真结果。

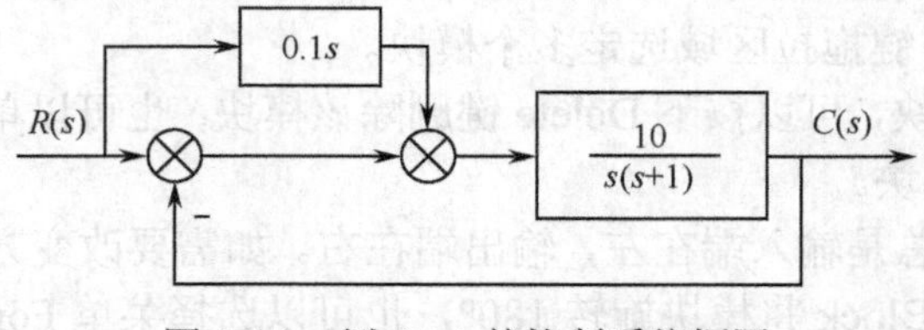

图 5.3.1　例 5.3.1 的控制系统框图

解　本例直接给出系统的控制框图，所以只要在 Simulink 模型窗口中按图搭建模型即可。

（1）建立 Simulink 模型（如图 5.3.2 所示）

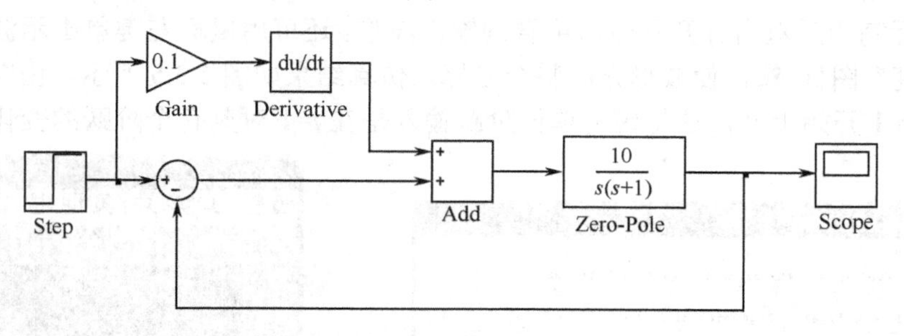

图 5.3.2　例 5.3.1 的 Simulink 模型

（2）参数设置

求和模块的设置（如图 5.3.3 所示）：改变对话框 List of signs 中的“+”符号，可以将一端的“+”设置为“–”。

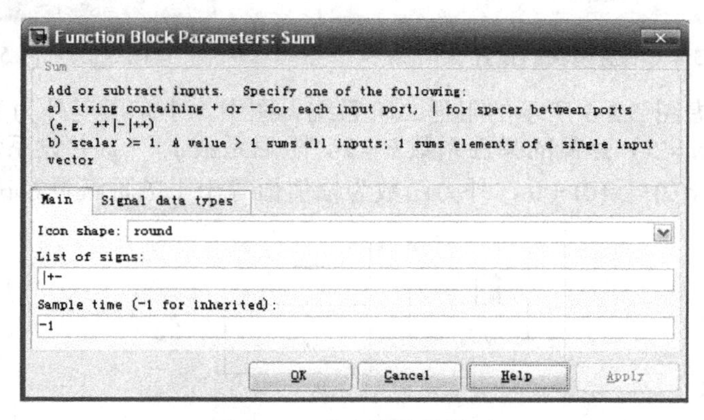

图 5.3.3　求和模块的设置

零极点增益模块的设置（如图 5.3.4 所示）：设置零点（Zeros）、极点（Poles）和增益（Gain）值。

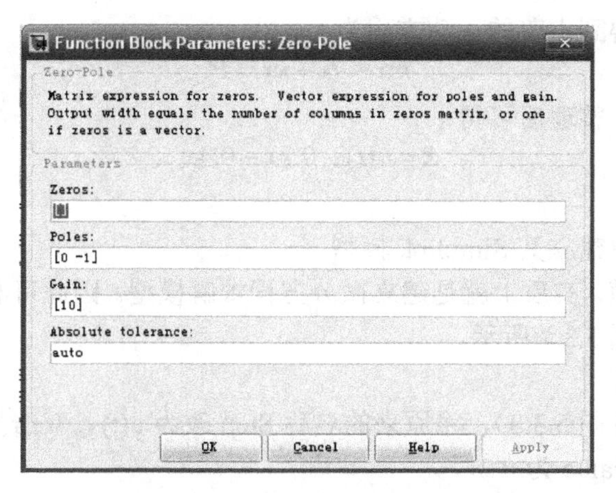

图 5.3.4　零极点增益模块的设置

阶跃信号输入模块的默认输入值是单位阶跃信号，所以不必修改。

增益模块的设置：改变 Gain 中的参数值即可改变增益值，如图 5.3.4 所示。

（3）仿真结果

仿真运行完毕后双击打开示波器可看到输出波形。还可用鼠标左键单击示波器显示屏上的“自动刻度”图标，使波形充满整个坐标。仿真结果如图 5.3.5 所示。由图可见，输出响应曲线从 t=1 开始上升，这是因为单位阶跃输入是在 t=1 时刻有个阶跃的变化。

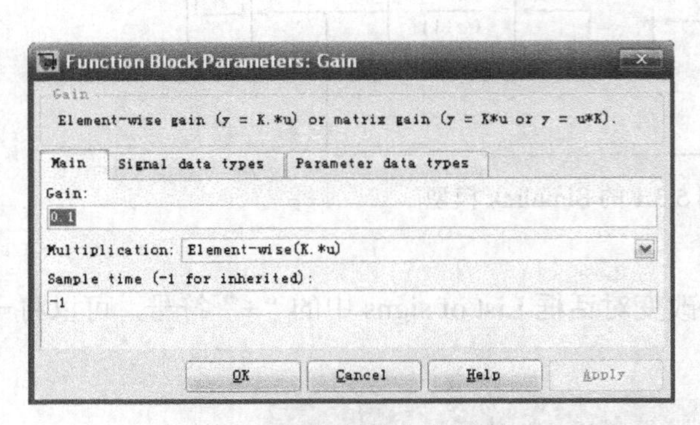

图 5.3.4　增益模块的设置

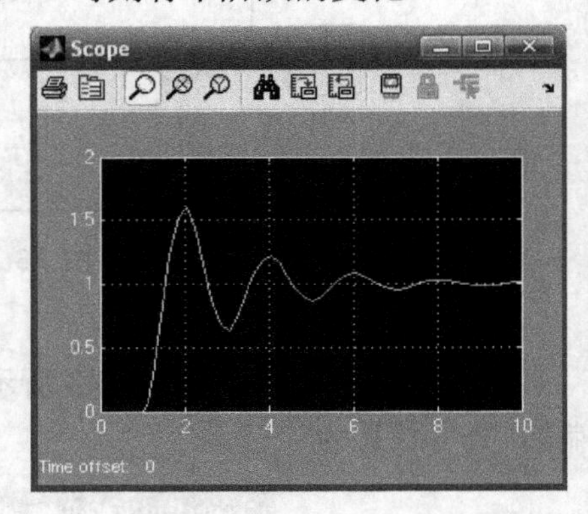

图 5.3.5　例 5.3.1 的仿真结果

【例 5.3.2】 考虑图 5.3.6 所示的阻尼二阶系统。图中，小车所受外力为 F，小车的位移为 x。设小车质量 $m=5$，弹簧的弹性系数 $k=2$，阻尼系数 $f=1$。并设系统的初始状态为静止在平衡点处，即 $\dot{x}(0)=x(0)=0$，外力函数为幅值恒等于 1 的阶跃量。试仿真其运动。

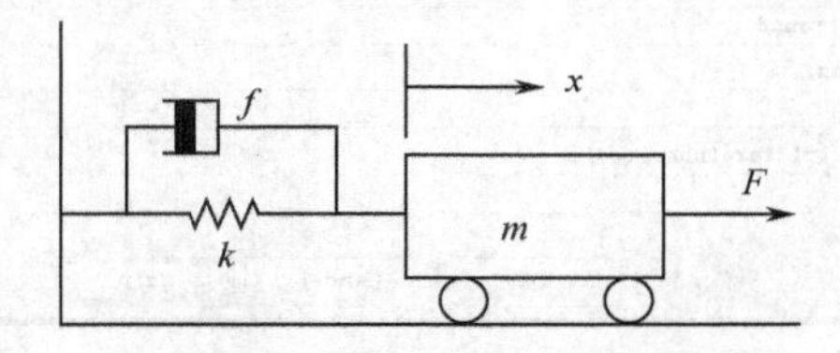

图 5.3.6　阻尼二阶系统

解　利用 Simulink 的积分模块可以通过微分方程直接建立其模型。

（1）建立系统的数学模型

通过受力分析，得到小车的运动方程为

$$m\ddot{x}+f\dot{x}+kx=F \tag{5.3.1}$$

将各值代入运动方程，整理后可得

$$\ddot{x}=u(t)-0.2\dot{x}-0.4x \tag{5.3.2}$$

式中，$u(t)=0.2F$。

（2）利用积分模块建立其 Simulink 模型

对微分方程的建模，实质上就是建立微分方程求解模型。因此可利用积分模块采用逐次降阶积分法完成，如图 5.3.7 所示。

（3）模块参数设置

阶跃输入模块（见图 5.3.8），将原来的名称 Step 改为 u(t)。双击打开对话框，改变 Step time 为 0，改变 Final value 为 0.2。

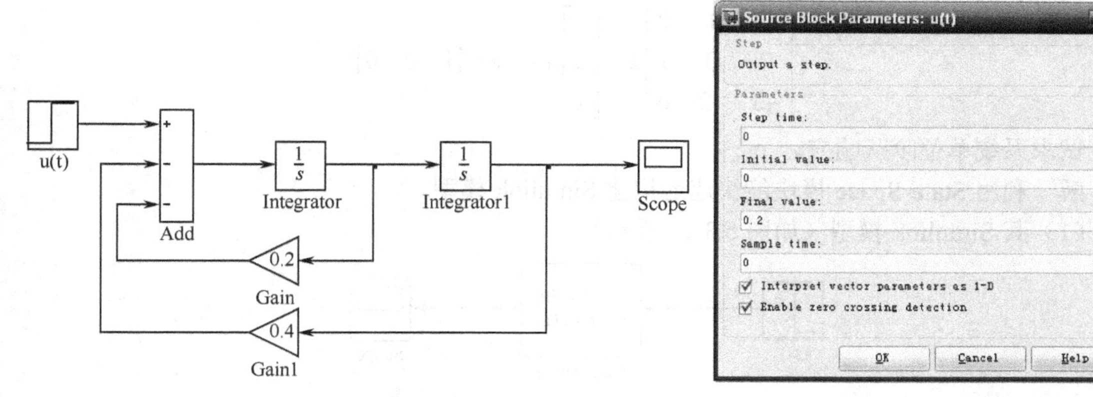

图 5.3.7　例 5.3.2 的 Simulink 模型　　图 5.3.8　阶跃输入模块的设置

求和模块（见图 5.3.9），在 List of signs 一栏中按次序重新添加“+”或“−”。

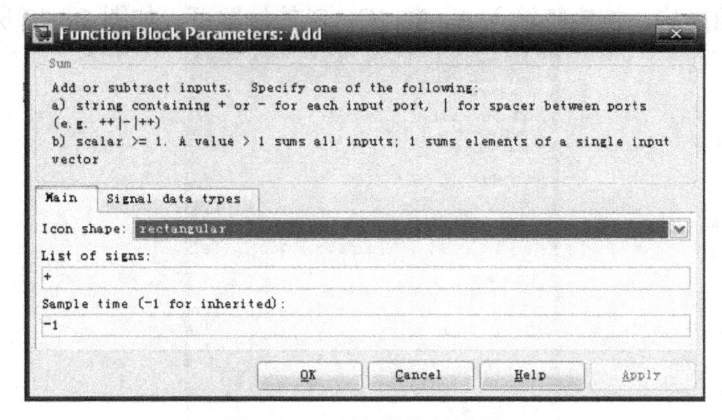

图 5.3.9　求和模块的设置

（4）仿真运行结果。

在模型窗口工作栏右侧“仿真结束时间”的图标框 50.0 内，将默认的“10.0”修改为“50.0”。运行仿真，其结果如图 5.3.10 所示。

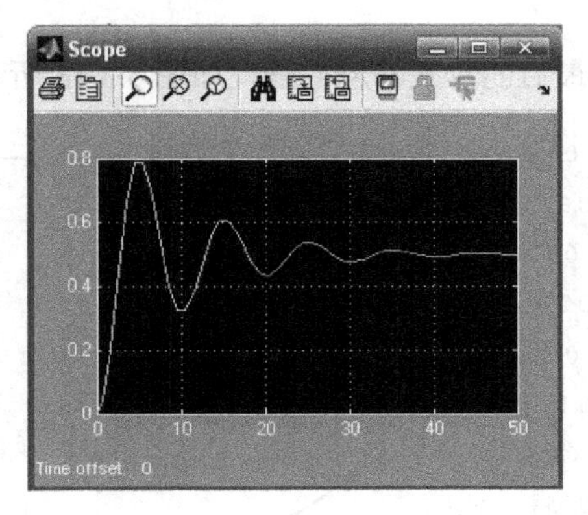

图 5.3.10　例 5.3.2 的仿真结果

【例 5.3.3】已知控制系统的状态空间方程为

$$\dot{x}=\begin{bmatrix}0 & 1 & 0\\ 0 & 0 & 1\\ -3 & -2 & 0\end{bmatrix}x+\begin{bmatrix}0\\ 0\\ 1\end{bmatrix}u\text{，}\quad y=\begin{bmatrix}1 & 0 & 0\end{bmatrix}x$$

试求系统单位阶跃响应。

解 利用 State-Space 模块能快速地构建 Simulink 模型。

（1）其 Simulink 模型（如图 5.3.11 所示）

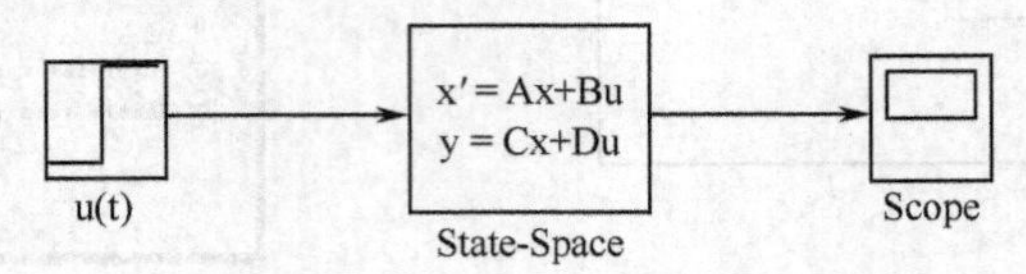

图 5.3.11 例 5.3.3 的 Simulink 模型

（2）参数设置

双击状态空间模块，按矩阵输入 A、B、C、D 的值即可，如图 5.3.12 所示。

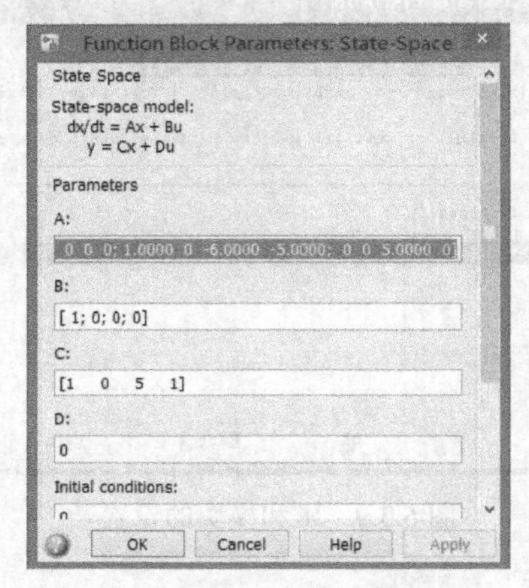

图 5.3.12 状态空间模块的设置

最后设置仿真结束时间为 50。

（3）仿真结果

仿真运行结束后，得到最后的阶跃响应曲线，如图 5.3.13 所示。

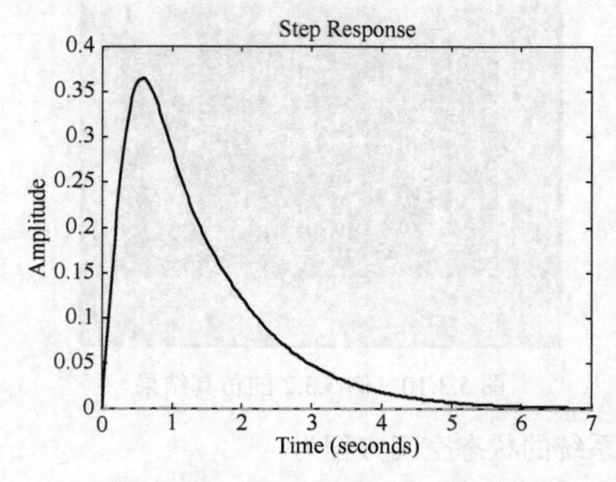

图 5.3.13 例 5.3.3 的响应曲线图

阶跃响应曲线最终趋向于零，是因为系统存在一个 s=0 的零点（微分环节）。

系统的传递函数为：

$$G = \frac{s^3 + 11 s^2 + 30 s}{s^4 + 9 s^3 + 45 s^2 + 87 s + 50}$$

2．非线性连续时间系统的建模与仿真

在工程实际中，严格意义上的线性系统很少存在，大量的系统或器件都是非线性的。非线性系统的 Simulink 建模方法很灵活。应用 Simulink 构建非线性连续时间系统的仿真模型时，根据非线性元件参数的取值，既可以使用典型非线性模块直接实现，也可通过对典型非线性模块进行适当组合实现。

【例 5.3.4】设具有饱和非线性特性的控制系统如图 5.3.14 所示，通过仿真研究系统的运动。

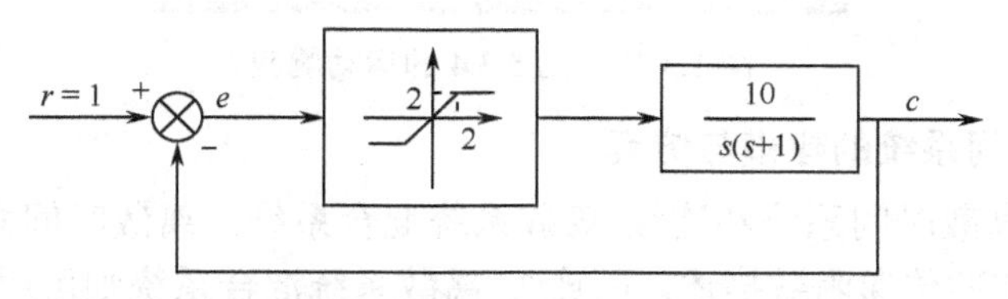

图 5.3.14　例 5.3.4 的控制系统

解　（1）构建 Simulink 模型

由系统的框图构建 Simulink 的仿真模型如图 5.3.15 所示。

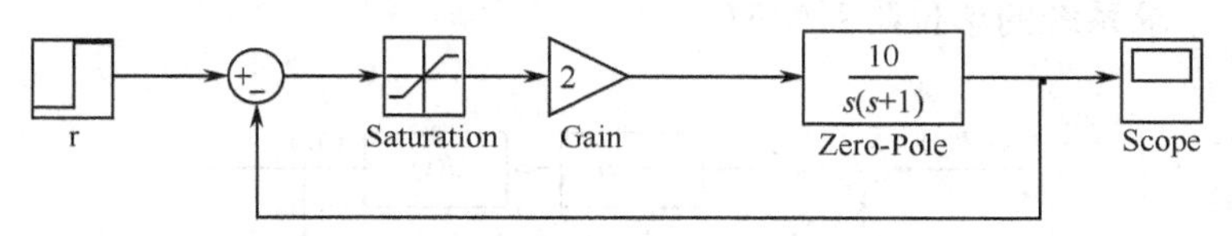

图 5.3.15　例 5.3.4 的 Simulink 模型

（2）模型参数设置

输入信号采用单位阶跃信号，设置 Step time=0，Final time=1。

求和模块 List of signs 填写“+−”。

在饱和非线性模块（见图 5.3.16）中，设置 Upper limit=1，Lower time = −1。

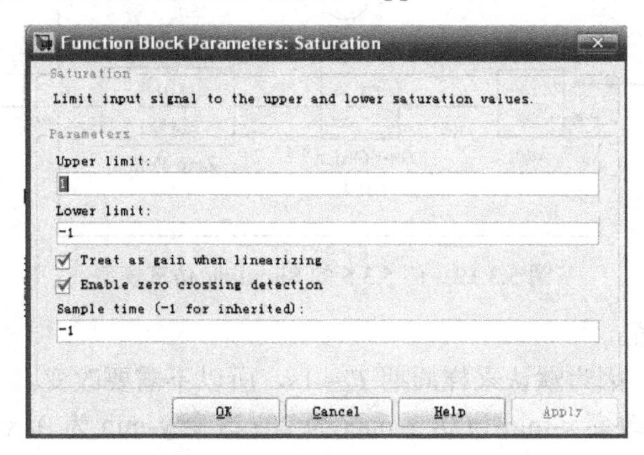

图 5.3.16　饱和非线性模块的设置

修改零极点增益模块为所需的函数。

（3）仿真运行结果（如图 5.3.17 所示）

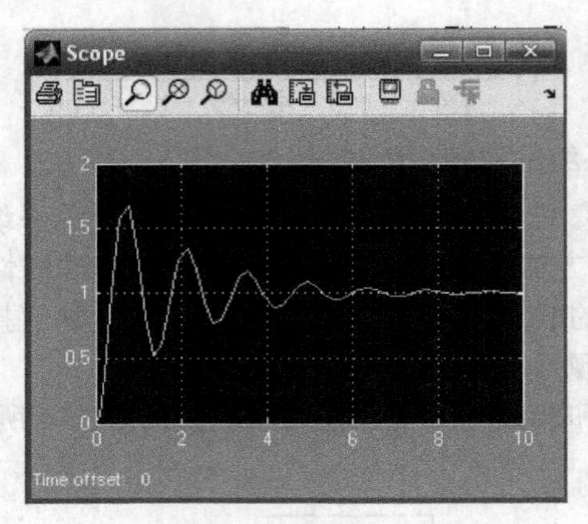

图 5.3.17　例 5.3.4 的运动响应

3．线性离散时间系统的建模与仿真

离散系统包括离散时间系统和连续-离散系统混合系统。离散时间系统既可以用差分方程描述，也可以用脉冲传递函数描述。而连续-离散系统混合系统则可用微分-差分方程或传递函数-脉冲传递函数描述。

【例 5.3.5】 如图 5.3.18 所示的离散系统，采样周期 $T_s = 1\text{s}$，$G_h(s)$为零阶保持器，而 $G(s)=\dfrac{10}{s(s+5)}$，求系统的单位阶跃响应。

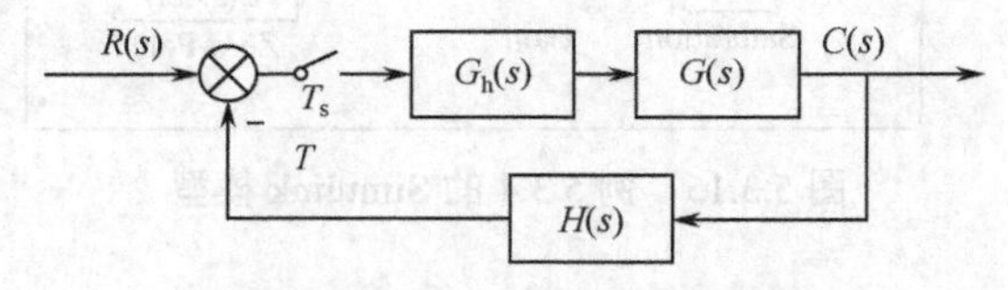

图 5.3.18　例 5.3.5 的离散系统

解　（1）Simulink 仿真模型（如图 5.3.19 所示）

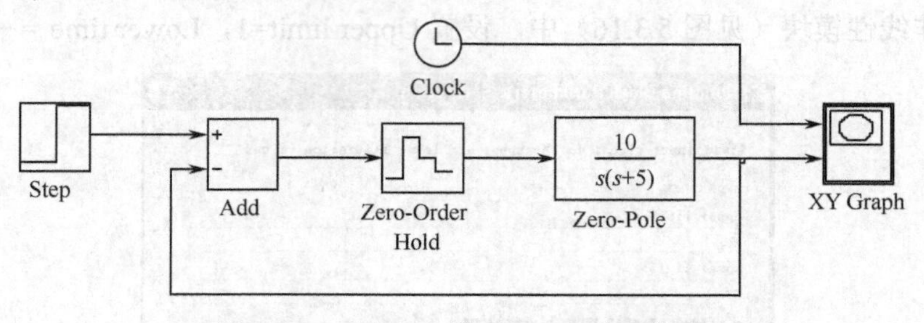

图 5.3.19　例 5.3.5 的 Simulink 仿真模型

（2）模型参数设置

零阶保持器模块，因为默认采样周期 $T_s = 1\text{s}$，所以不需要改变。

XY 示波器模块，改变 x-min 为 0，x-max 为 20；改变 y-min 为 0，y-max 为 2，如图 5.3.20 所示。

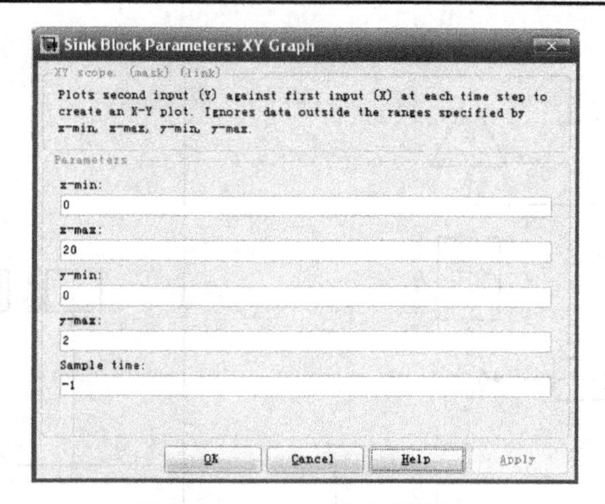

图 5.3.20　XY 示波器模块

（3）仿真运行结果（如图 5.3.21 所示）

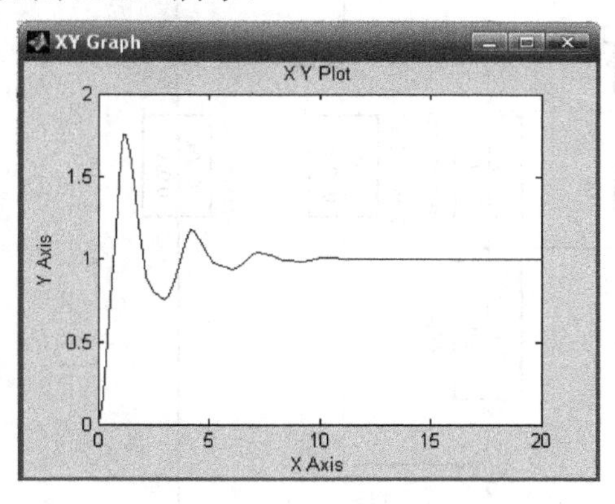

图 5.3.21　例 5.3.5 的单位阶跃响应曲线

注意：采样周期是所有离散模块最重要的参数。在所有离散模块的参数设置对话框中，Simple time（采样时间）一栏中既可以填写采样时间 T_s，也可以填写二元向量[T_s，offset]。offset 指时间偏移量，可正可负，但绝对值总小于 T_s，实际采样时间 $t = T_s + \text{offset}$。

【例 5.3.6】电机调速控制系统。

电机调速控制系统，采用电流-速度双闭环反馈控制系统。两个反馈回路均采用 PI 控制器。电机的调速和转速的大小，是通过改变系统的参考输入 Un 和 Un1 来确定的。开始，电机在前 1s 内，转速以最快的速度（电流以饱和值 200）从 0 增长到 1500（Un=10），并保持 1500 运行。电流的饱和值大小为 200，是受到电流反馈回路的参考输入 Ui 决定的，并受到 Ui 之前饱和环节（饱和值 10）的限制。

电机运行 1s 后，改变系统的参考输入（Un1=5），电机转速以最快的速度（电流以饱和值−200）使得电机的速度从 1500 降低到 750，并保持 750 运行。在电机运行 6s 后，加入恒定的扰动（负载），经过短暂的调节后，转速又回到正常的 750 运行。

电机调速控制系统的 Simulink 模型如图 5.3.22 所示，电机调速控制系统的速度-电流响应曲线如图 5.3.23 所示，电机调速控制系统的电流响应曲线如图 5.3.24 所示，电机调速控制系统的内环（电流环）输入曲线如图 5.3.25 所示，电机调速控制系统的内环（电流环）控制器输出曲线如图 5.3.26 所示。

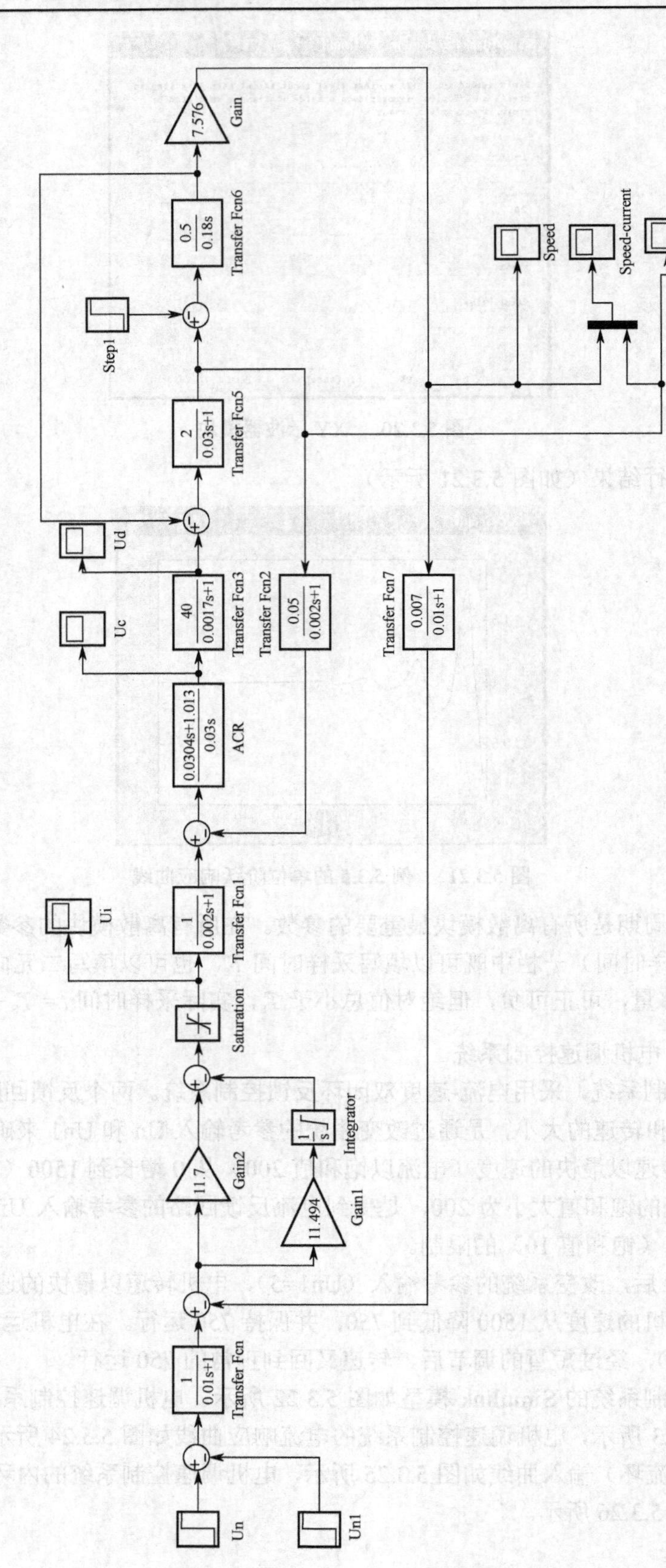

图 5.3.22 电机调速控制系统的 Simulink 模型

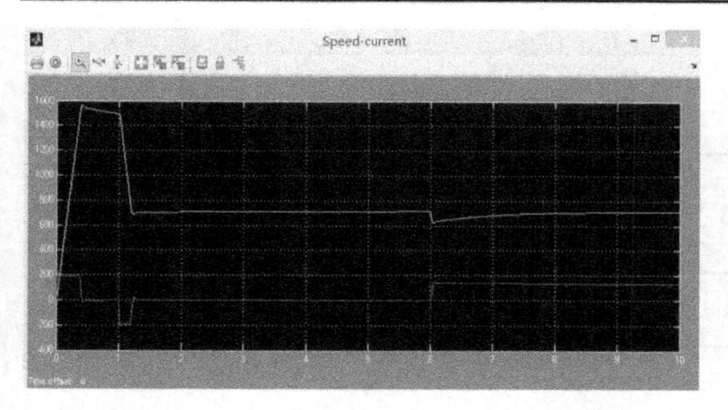

图 5.3.23　电机调速控制系统的速度-电流响应曲线

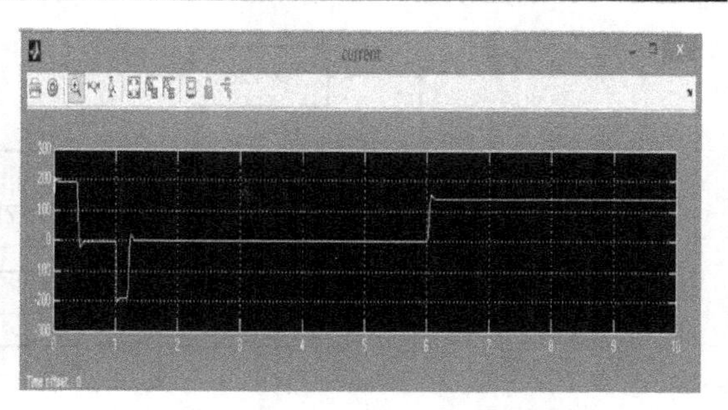

图 5.3.24　电机调速控制系统的电流响应曲线

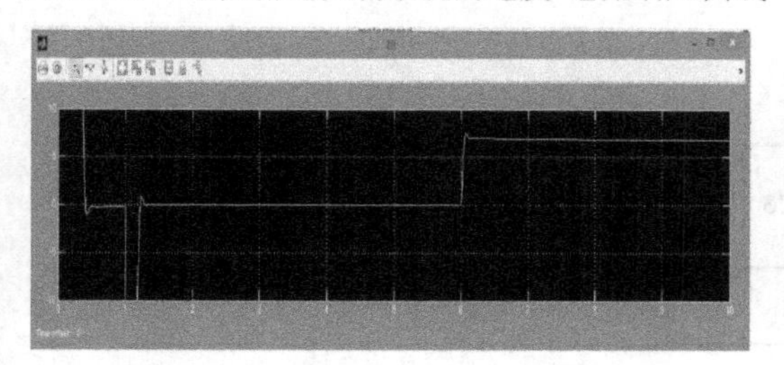

图 5.3.25　电机调速控制系统的内环（电流环）输入曲线

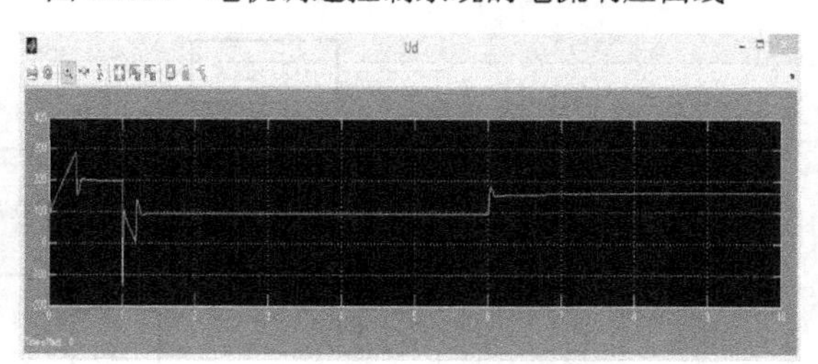

图 5.3.26　电机调速控制系统的内环（电流环）控制器输出曲线

【例 5.3.7】小车-倒立摆控制系统。

某个小车-倒立摆控制系统及其框图如图所示。小车-倒立摆控制系统是开环不稳定的系统，如图 5.3.27（a）和（b）所示。加上角位移的 PD 反馈校正后，小车-倒立摆控制系统是一个稳定的非最小相位系统，如图 5.3.27（c）所示。再加上输出速度和位移的状态反馈后，整个闭环系统为状态反馈控制系统，如图 5.3.27（d）所示，具有良好的扰动抑制和跟踪性能。

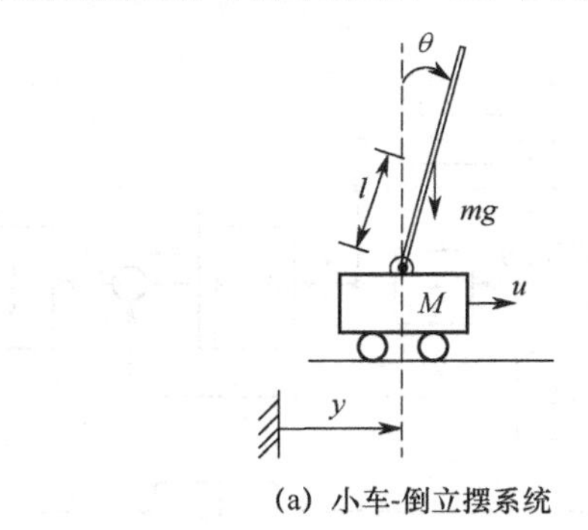

(a) 小车-倒立摆系统

u → $\frac{-2.671}{s^2-31.54}$ → θ → 0.713 → − ⊕ + → $\ddot{y}$ → $\frac{1}{s}$ → $\dot{y}$ → $\frac{1}{s}$ → y；u → 0.89 → +

(b) 小车-倒立摆开环不稳定系统

图 5.3.27　某个小车-倒立摆控制系统及其框图

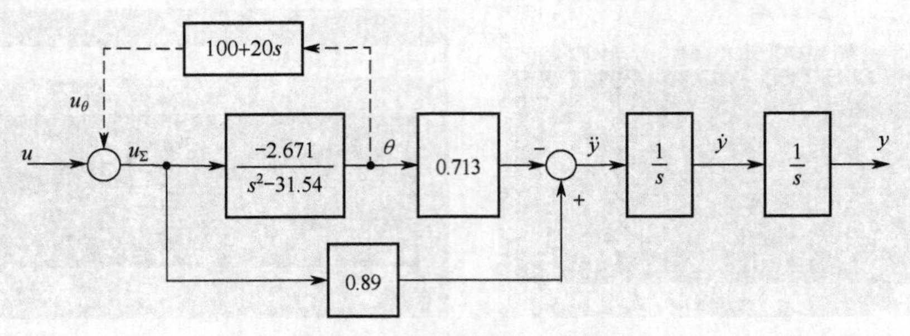

（c）小车-倒立摆非最小相位系统

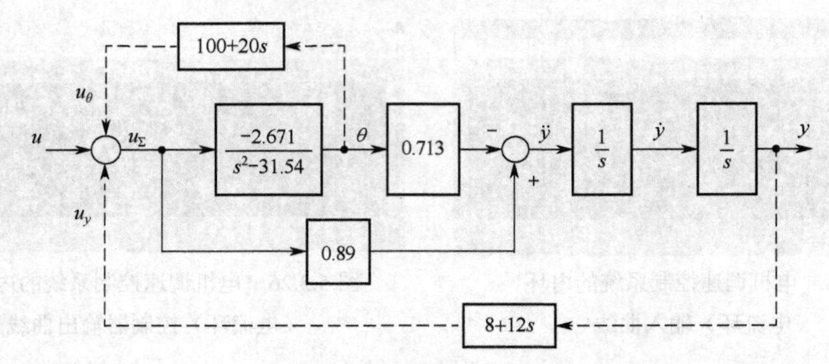

（d）小车-倒立摆闭环控制系统

图 5.3.27　某个小车-倒立摆控制系统及其框图（续）

小车-倒立摆状态反馈控制系统如图 5.3.28 所示，小车-倒立摆闭环反馈控制系统 Simulink 模型如图 5.3.29 所示。

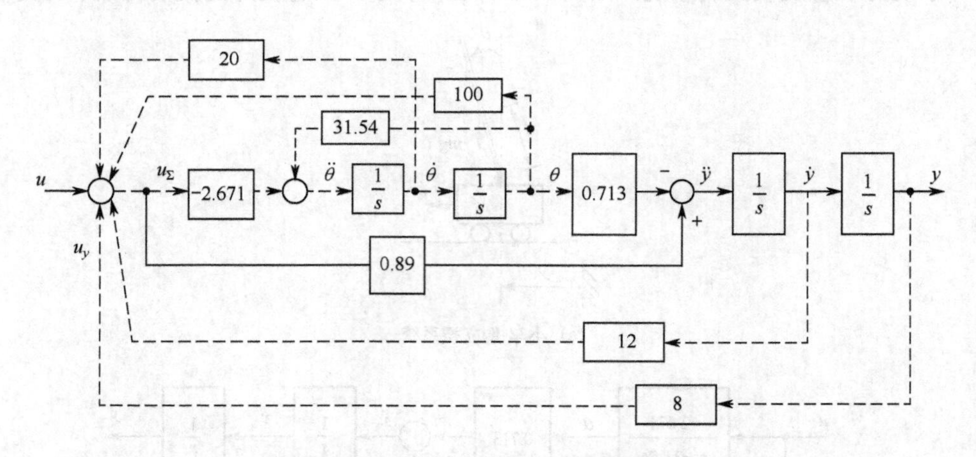

图 5.3.28　小车-倒立摆状态反馈控制系统

小车-倒立摆控制系统的输出位移如图 5.3.30 所示，小车-倒立摆控制系统的输出速度如图 5.3.31 所示，小车-倒立摆控制系统的输出加速度如图 5.3.32 所示，小车-倒立摆控制系统的输出角位移如图 5.3.33 所示，小车-倒立摆闭环系统角位移 PD 反馈控制输入如图 5.3.34 所示，小车-倒立摆闭环系统线位移 PD 反馈控制输入如图 5.3.35 所示，小车-倒立摆双闭环系统控制输入如图 5.3.36 所示。

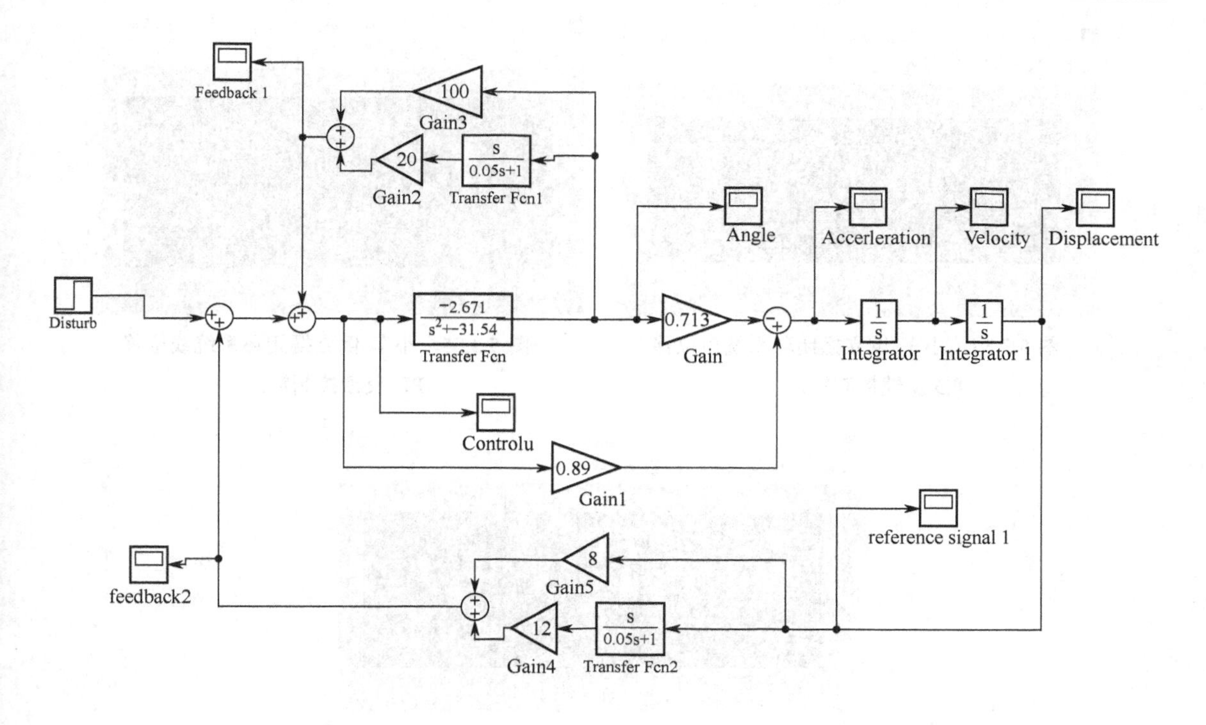

图 5.3.29　小车-倒立摆闭环反馈控制系统 Simulink 模型

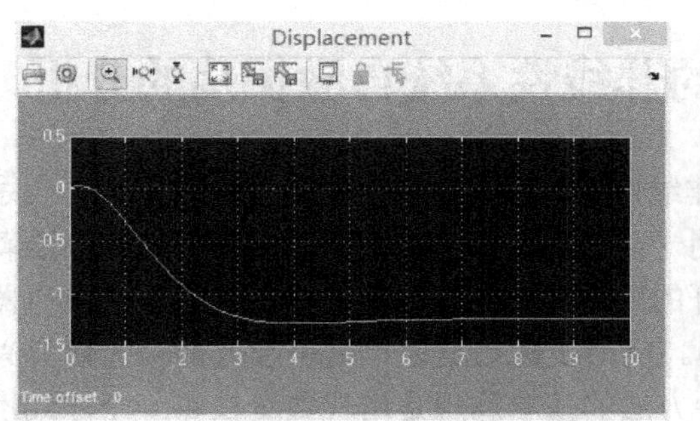

图 5.3.30　小车-倒立摆控制系统的输出位移

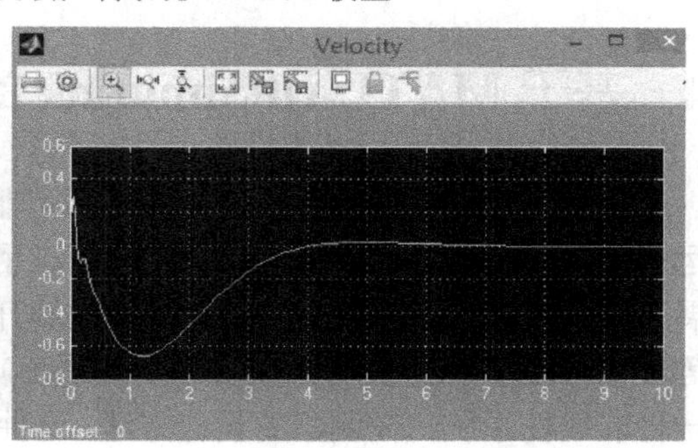

图 5.3.31　小车-倒立摆控制系统的输出速度

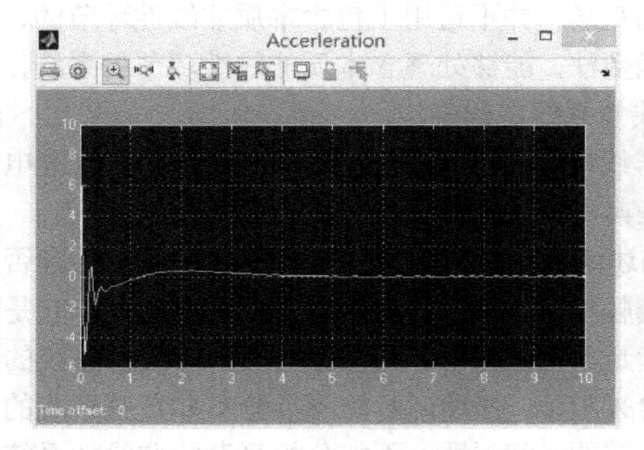

图 5.3.32　小车-倒立摆控制系统的输出加速度

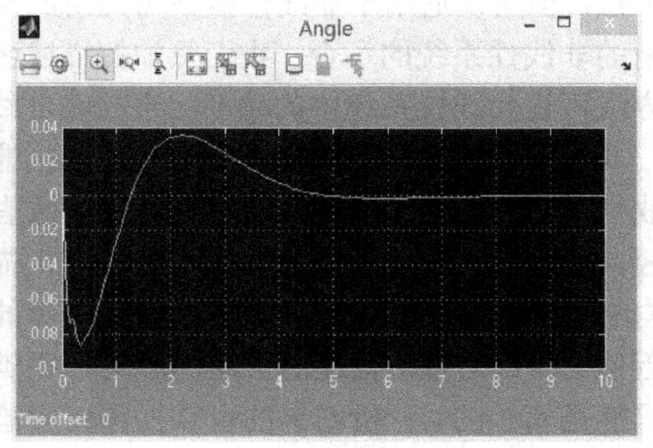

图 5.3.33　小车-倒立摆控制系统的输出角位移

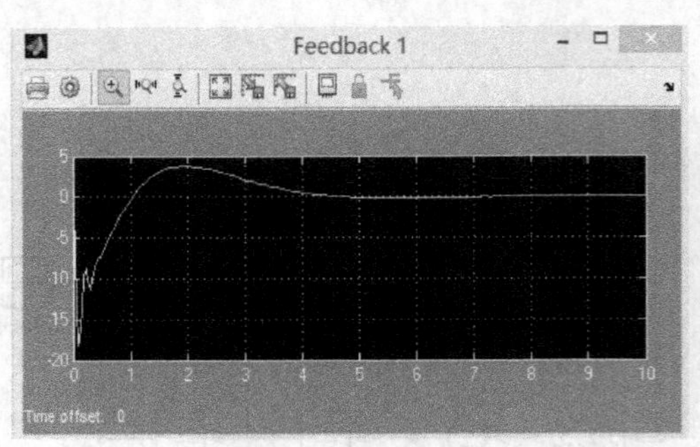

图 5.3.34　小车-倒立摆闭环系统角位移 PD 反馈控制输入

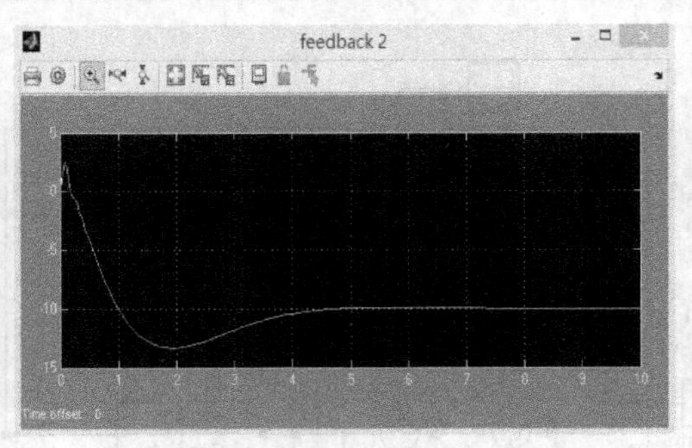

图 5.3.35　小车-倒立摆闭环系统线位移 PD 反馈控制输入

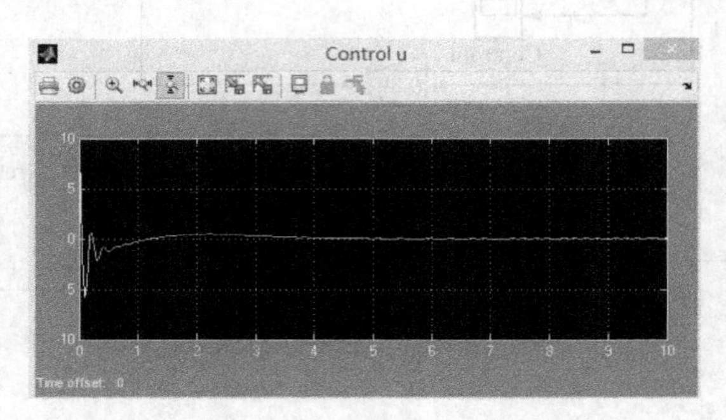

图 5.3.36　小车-倒立摆双闭环系统控制输入

5.4　基于 MATLAB/Simulink 的非线性系统自激振荡的分析

严格地说，控制理论所处理的对象都是非线性的，只是非线性的严重程度不同。当系统的运行处于一个很小的范围内时，往往可以用一个线性的模型来近似，如我们熟知的泰勒级数展开法。但它只能适用于能够进行级数展开的所谓弱非线性系统，并不适用于含继电器特性等环节的强非线性系统（本质非线性系统）。反馈线性化是近年来引起人们极大研究兴趣的一种非线性系统的控制器的设计方法。这种方法的基本思想是用代数变换将一个非线性系统的动态特性（部分或全部）变换成线性的动态特性，从而可以应用我们熟知的线性系统控制方法。但它仅适用于非线性函数为光滑的向量场，并不适用于包含本质非线性环节的、非光滑的非线性系统的场合。我们熟知的描述函数法，能够处理含本质非线性环节的系统，这种方法可视为线性系统中的频率特性法在非线性系统中的推广。

典型非线性环节，如饱和非线性、死区非线性、间隙（磁滞回环）非线性，以及继电器非线性等，在工程实际中广泛存在。包含这些典型非线性环节系统的自激振荡的分析，一直是经典的自动控制理论课程的重点和难点。描述函数法能够方便地分析非线性系统中是否存在自激振荡，自激振荡的稳定性及自激振荡的幅值与频率。但描述函数法的不足是，它是一种近似的分析方法，描述函数法的应用必须满足一定的条件，因而针对某一非线性系统的分析只能是初步的，分析结果的可靠性需要实验来验证；描述函数法不能分析非正弦形式的自激振荡；不能得到系统达到稳定的自激振荡之前的过渡过程；不能分析复杂的非线性系统的自激振荡的情况；不能分析离散非线性系统的自激振荡情况。

MATLAB/Simulink 是一种为控制系统的建模、分析与设计提供可视化工作平台、环境的著名应用软件。MATLAB 所含的控制工具箱为控制理论的教学、科研带来了极大的方便，国内外都已经出版了基于 MATLAB 的控制系统的分析与设计的著作。但这些著作，主要针对线性系统，对于非线性系统，特别是对于非线性系统的自激振荡现象都没有做进一步的讨论。本节提出基于 MATLAB/Simulink 的非线性系统自激振荡分析方法，阐述该方法的主要步骤，总结该方法的主要特点。与描述函数法相结合，该方法在实际教学中取得了良好的效果。

1. 非线性系统模型的建立

MATLAB/Simulink 中提供的非线性模块组为非线性系统模型的建立提供了方便。但是该模块组提供的仅是最基本的非线性环节及最典型的参数值。利用这些最基本的非线性环节，综合应用其他模块组的功能（如函数与表格模块组、数学模块组、连续模块组等），可以组合成较为复杂的满足结构以及参数要求的非线性环节。考虑非线性系统中存在的、带有滞环和死区的继电器特性，如图 5.4.1 所示。该非线性环节具有多值属性。把该非线性环节分解为两个单值函数，分别针对输入信号上升还是下降两种情况，如图 5.4.2 和图 5.4.3 所示。

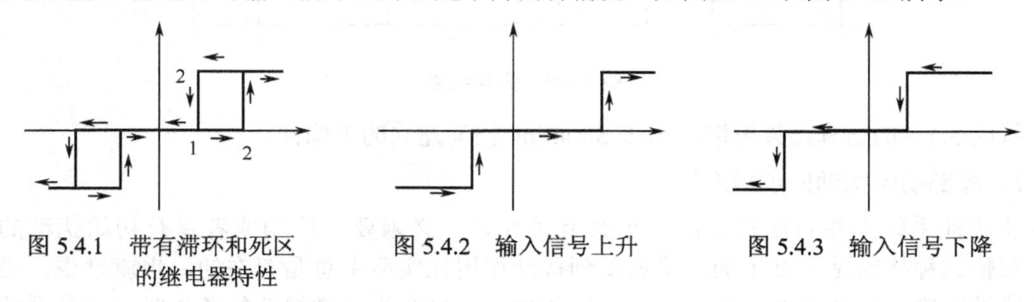

图 5.4.1 带有滞环和死区的继电器特性　　图 5.4.2 输入信号上升　　图 5.4.3 输入信号下降

利用函数与表格模块组中的一维查表（Look-upTable）模块可以建立起任意无记忆的分段线性环节；利用连续模块组中的记忆（Memory）模块，该模块记忆前一个计算步长上的信号值；利用数学模块组中的比较运算（Relational Operator）模块；利用非线性模块组中的开关（Switch）模块，建立对应图 5.4.4 所示的非线性环节的 Simulink 模型，如图 5.4.5 所示。

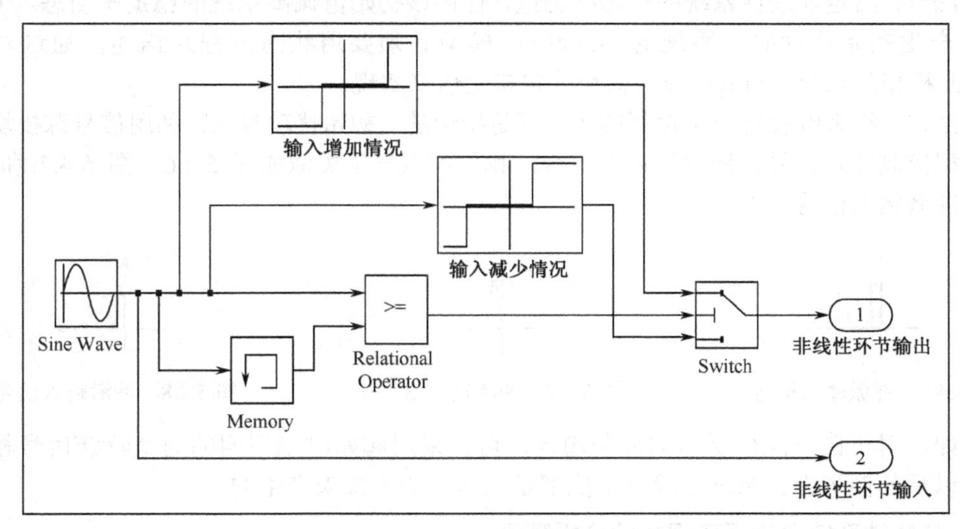

图 5.4.4 非线性环节的 Simulink 模型

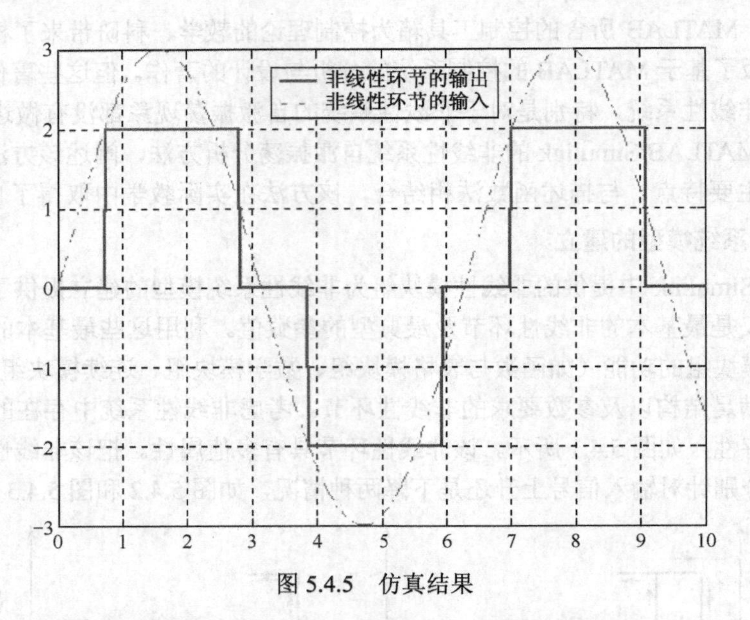

图 5.4.5　仿真结果

从图 5.4.5 的仿真结果可以看出该 Simulink 模型建立的正确性。

2．外部初始扰动的模拟产生

非线性系统产生自激振荡的一个必要条件是：必须要有扰动或者要有初始扰动的存在，哪怕这种扰动是很微小的。系统受到扰动作用在实际中总是存在的，也就是说，当一个非线性的实际物理系统，其内部的结构和参数满足产生自激振荡的条件时，这个系统必定会产生自激振荡。但是，在计算机仿真阶段，必须要人为地产生一个扰动，使得非线性系统在这个扰动的作用下有可能产生自激振荡。在仿真阶段，可以采用如下的两种方法来产生初始的扰动。

方法一：给定非线性系统的初始状态值，使得该初始值偏离系统的稳定平衡态。采用这种方法产生初始扰动时，系统的 Simulink 模型必须要用状态方程来描述，通过对系统 Simulink 模型的积分（Intrgrator）模块设定初始值来实现。

方法二：给系统设定一个短暂的（而不是持续的）初始扰动输入。利用信号源模块组提供的典型控制输入信号，通过简单的综合，我们可以产生类似如图 5.4.6、图 5.4.7 和 5.4.8 所示的冲激输入信号。

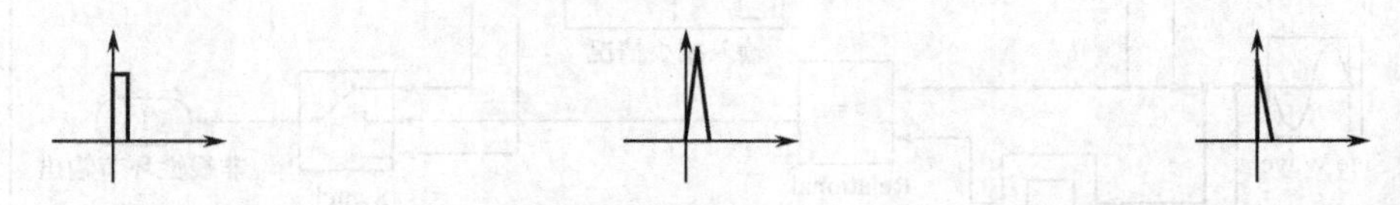

图 5.4.6　冲激输入信号 1　　　图 5.4.7　冲激输入信号 2　　　图 5.4.8　冲激输入信号 3

例如，对于图 5.4.6 所示的控制输入，可以采用起始时刻不同的两个阶跃信号相减而得到。以后的例子中，系统的瞬态干扰都是以这样的方式来产生的。

3．非线性系统自激振荡现象的分析算例

（1）分析算例 1

考虑图 5.4.9 所示的非线性系统。非线性环节为带有滞环和死区的继电器特性，其参数值如图 5.4.1 所示。系统的 Simulink 模型如图 5.4.10 所示。

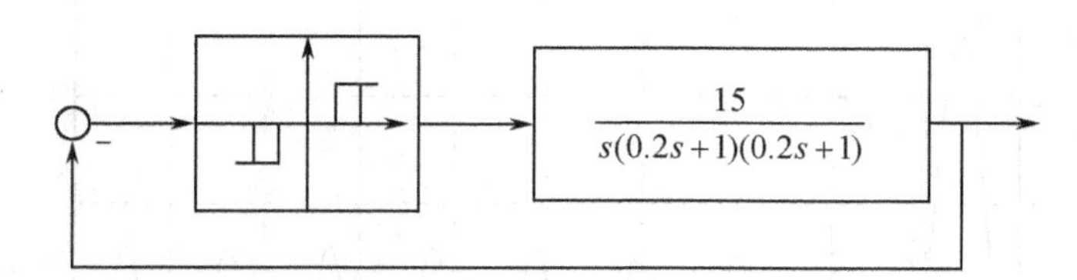

图 5.4.9 含继电器特性的非线性系统

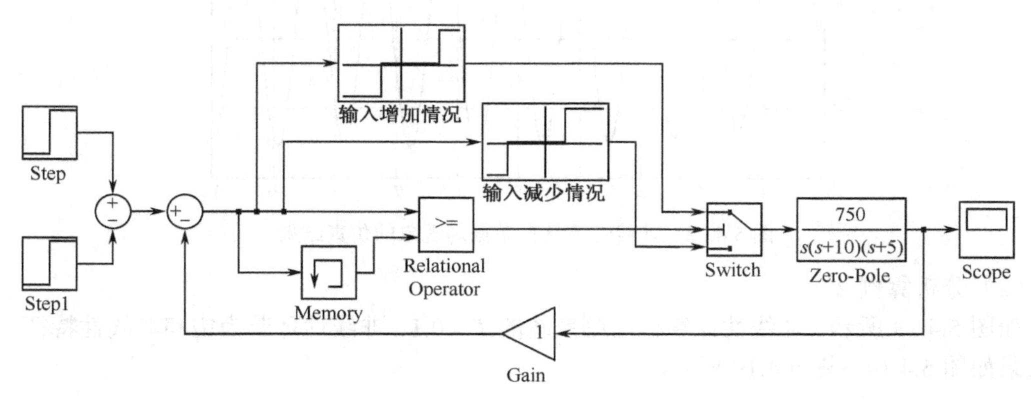

图 5.4.10　含继电器特性的非线性系统的 Simulink 模型

系统的初始扰动输入采用图 5.4.6 所示的形式。系统非线性环节的负倒特性如图 5.4.11 中的实线所示，线性环节的 Nyquist 图如图 5.4.11 中的虚线所示。根据描述函数法，从图 5.4.12 可以看出系统可能产生自激振荡，且该自激振荡是稳定的。从仿真的结果可以得到系统的自激振荡的频率为 5.8rad/s，自激振荡的幅值为 3.3，与描述函数得到的结果基本一致。

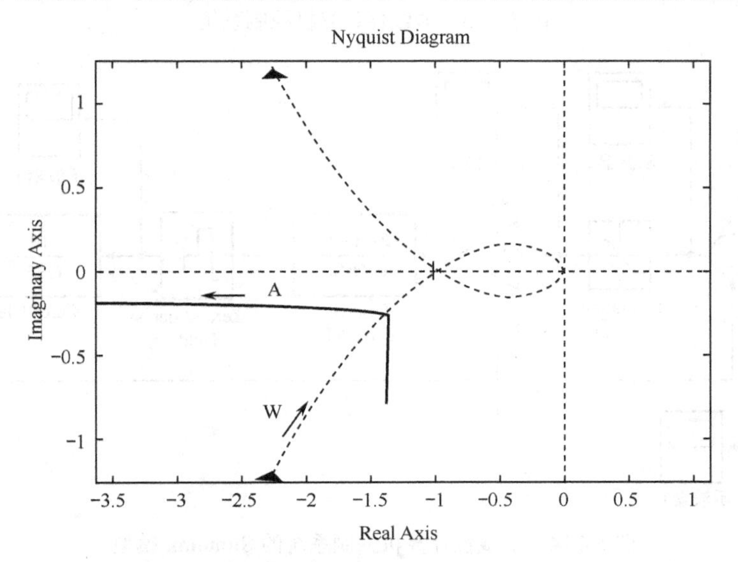

图 5.4.11　非线性系统自激振荡的描述函数法分析

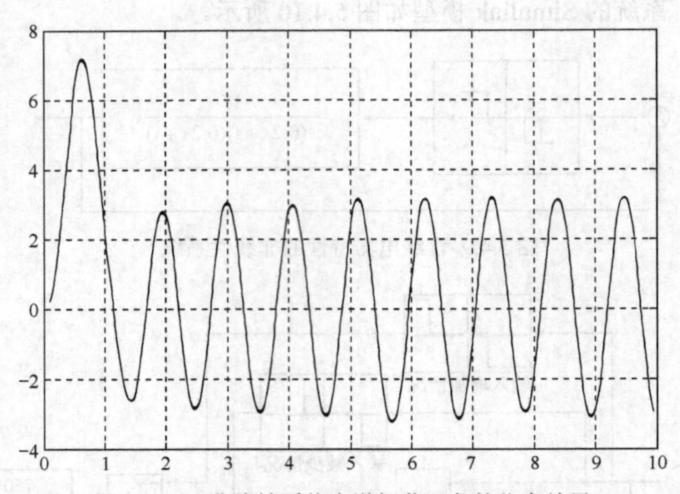

图 5.4.12　非线性系统自激振荡现象的仿真结果

（2）分析算例 2

如图 5.4.13 所示，非线性计算机控制系统的 $T=0.1$。非线性环节为饱和非线性特征。所得结果如图 5.4.14～图 5.4.19 所示。

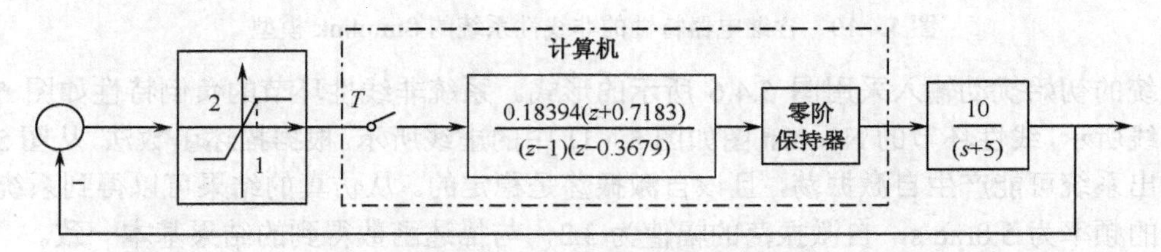

图 5.4.13　非线性计算机控制系统

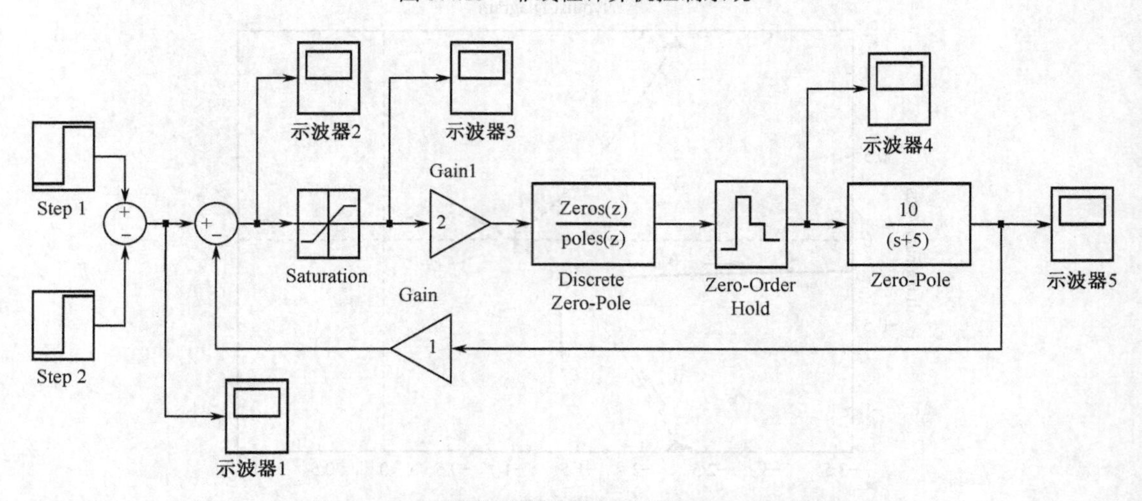

图 5.4.14　非线性计算机控制系统的 Simulink 模型

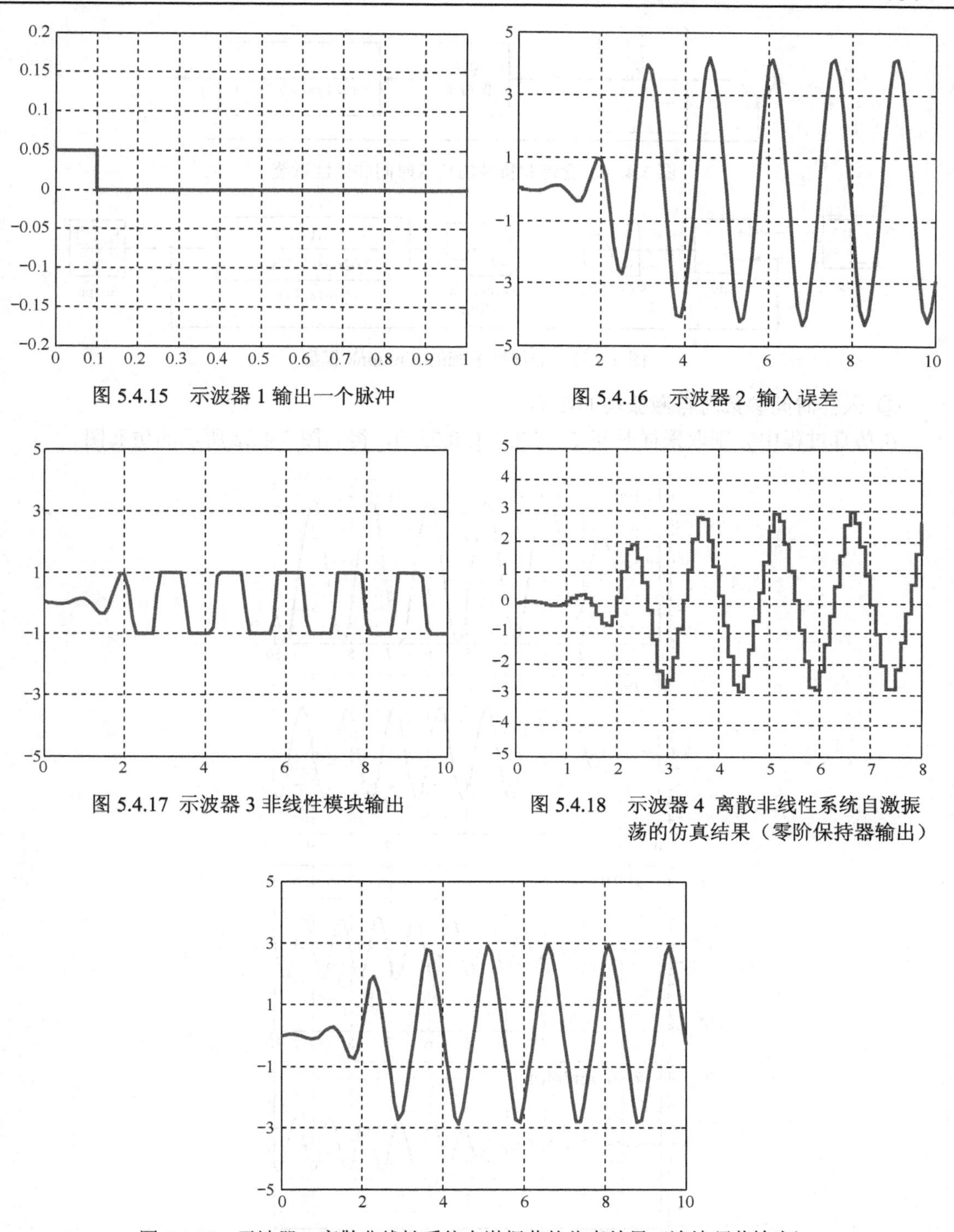

图 5.4.15　示波器 1 输出一个脉冲

图 5.4.16　示波器 2 输入误差

图 5.4.17 示波器 3 非线性模块输出

图 5.4.18　示波器 4 离散非线性系统自激振荡的仿真结果（零阶保持器输出）

图 5.4.19　示波器 5 离散非线性系统自激振荡的仿真结果（连续环节输出）

（3）分析算例 3

系统的结构与参数对自激振荡特性的影响。非线性系统和 Sinulink 模型如图 5.4.20 和图 5.4.21 所示。

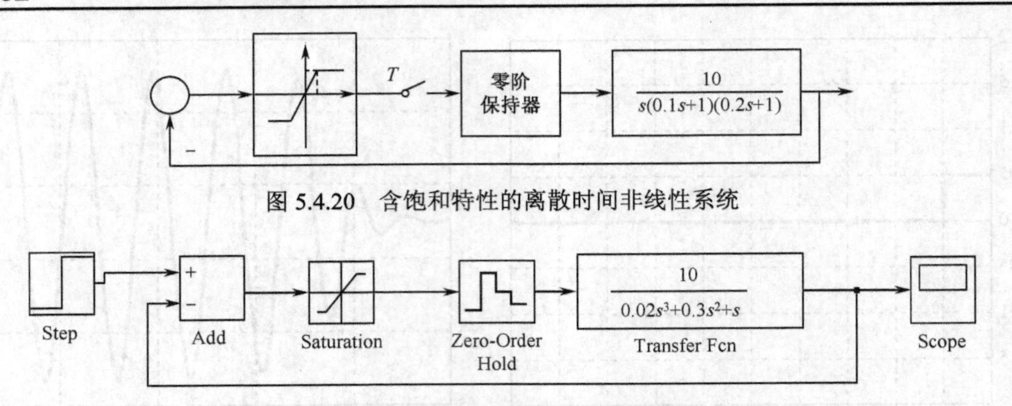

图 5.4.20　含饱和特性的离散时间非线性系统

图 5.4.21　非线性系统的 Simulink 模型

① 采样时间参数对自激振荡的影响

在仿真过程中分别取采样时间 $T = 0.2, 0.1, 0.05, 0$，得到图 5.4.22 所示的仿真图。

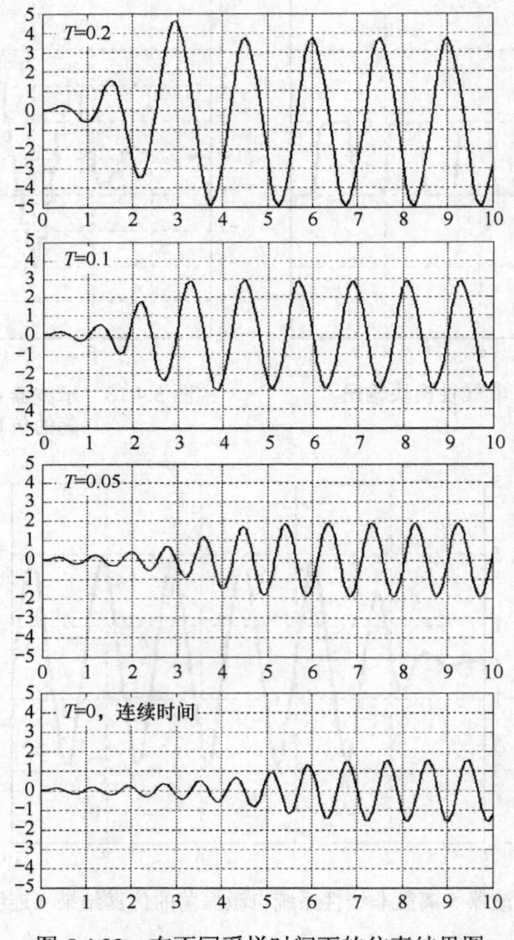

图 5.4.22　在不同采样时间下的仿真结果图

由图 5.4.22 可得：采样周期减小，自激振荡的频率增大，振幅减小。

② 系统的结构对自激振荡特性的影响

得到仿真图如图 5.4.23 所示。

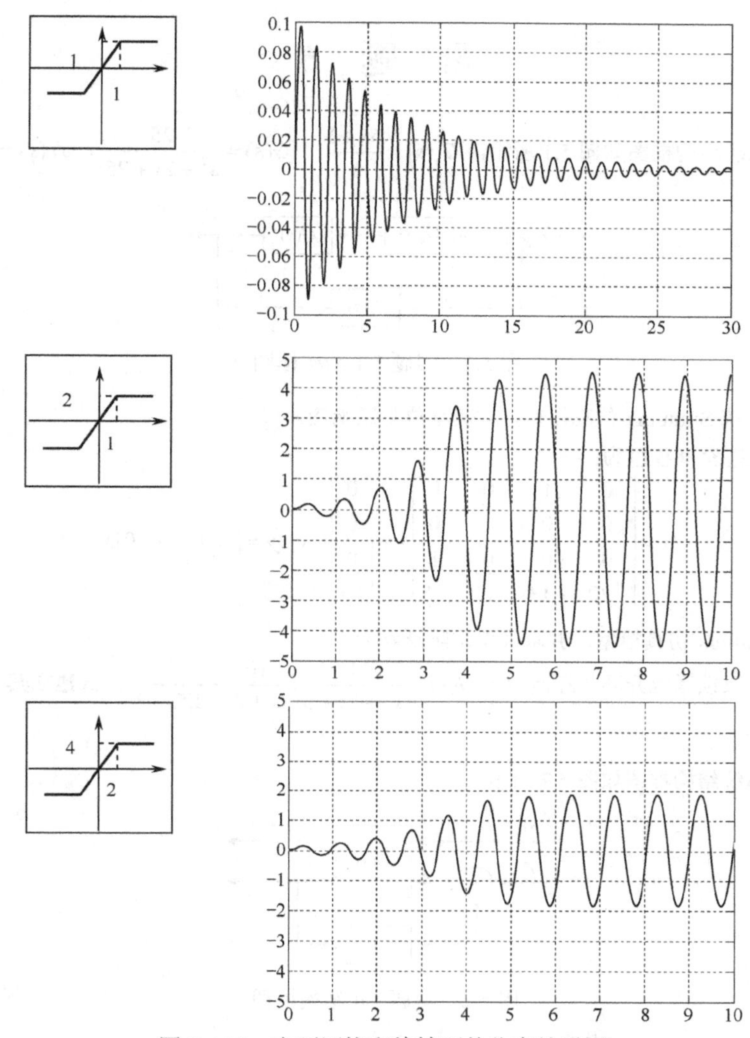

图 5.4.23 在不同饱和特性下的仿真结果图

由图 5.4.23 可得出不同的饱和特性对非线性系统自激振荡特性的影响。

4. 基于 Simulink 的非线性系统自激振荡研究方法的主要优点

与描述函数法相比较，基于 Simulink 非线性系统自激振荡仿真研究方法有以下主要优点：

（1）能够方便地观察到在系统的各个环节信号的变化情况，如分析算例 2 所示。

（2）当系统中的非线性特性难以简化为一个非线性环节时，难以用描述函数法来研究系统的自激振荡情况，但很方便地用本文的方法建立起模型，并进行仿真研究。

（3）当系统的自激振荡形式并不是正弦形式时，如著名的范登堡（Van der Pol）方程，存在非正弦形式的自激振荡，难以用描述函数来分析系统的自激振荡情况，但是本节所介绍的方法方便地进行仿真研究。

（4）描述函数法不能用分析离散非线性系统的自激振荡情况，但用本节的方法可很方便地进行仿真研究，如分析算例 2 所示。

（5）能够方便地观察得到系统的振荡过渡过程。

（6）这种分析方法是直观、精确、可信且方便的。

习　题　5

5.1　已知某闭环系统结构框图如图 5.1 所示，$G_c(s)=\dfrac{5s+1}{s}$，$G(s)=\dfrac{25}{s^2+2s+25}$，$H(s)=0.1$

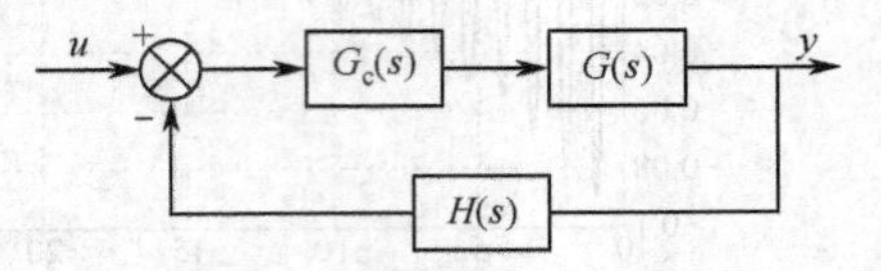

图 5.1　习题 5.1 结构框图

试建立闭环系统 Simulink 仿真模型，求其单位阶跃响应。

5.2　已知某系统状态空间模型为：

$$\dot{x}=\begin{bmatrix}0 & 1 & 0 & 0\\0 & 0 & 1 & 0\\0 & 0 & 0 & 1\\-20 & -13 & -22 & -5\end{bmatrix}x+\begin{bmatrix}0\\0\\0\\10\end{bmatrix}u\text{，}\quad y=\begin{bmatrix}1 & 0 & 0 & 0\end{bmatrix}x$$

试建立其 Simulink 仿真模型，并求其单位阶跃响应。

5.3　已知某单位负反馈系统开环传递函数为 $G(s)=\dfrac{1}{s^2+2s+5}\times\dfrac{10}{s+4}+\dfrac{2}{2.5s+1}$，试建立其 Simulink 仿真模型并进行仿真。

5.4　已知某闭环系统结构框图如图 5.2 所示。

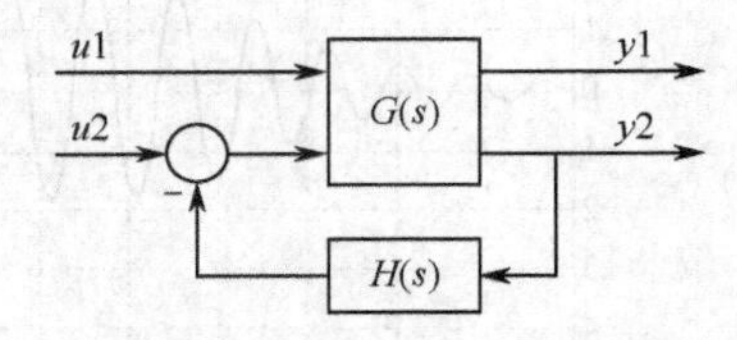

图 5.2　习题 5.4 结构框图

$$\text{图中，}G(s)=\begin{bmatrix}\dfrac{25}{s^2+2s+25} & \dfrac{1}{10s+1}\\ 5 & \dfrac{2s+1}{s(s+2)(s+3)}\end{bmatrix}\text{，}H(s)=\frac{25}{4s+1}$$

试建立闭环系统 Simulink 仿真模型，并求输入信号为 $u1=2$，$u2=4$ 时的输出。

5.5　已知单位负反馈系统，其开环传递函数为 $G_1(s)$ 和 $G_2(s)$ 的串联，其中 $G_1(s)=\dfrac{s+5}{(s+1)(s+3)}$，$G_2(s)=\dfrac{s^2+1}{s^2+4s+4}$，系统输入信号为 $r(t)=\sin(t)$，试用 Simulink 求取系统输出响应，并将输入和输出信号对比显示。

5.6　已知某系统状态空间模型如下：

$$\dot{x}=\begin{bmatrix}1 & -1 & -2\\0 & 2 & -1\\0 & 0 & 3\end{bmatrix}x+\begin{bmatrix}1 & -1\\-1 & 1\\2 & -2\end{bmatrix}u\text{，}\quad y=\begin{bmatrix}1 & -2 & 3\\-2 & 1 & 0\end{bmatrix}x+\begin{bmatrix}1 & -1\\0 & 1\end{bmatrix}u$$

试建立系统 Simulink 仿真模型，求其输入信号为 $u1=1$，$u2=\sin(t)$ 时的输出。

5.7　已知单位负反馈二阶系统的开环传递函数为 $G(s)=\dfrac{2}{s^2+4s}$，试利用 Simulink 建立系统在单位阶跃输入作用下的模型。

5.8　已知单位负反馈系统，其开环传递函数为 $G(s)=\dfrac{s+2}{s^2+10s+1}$，系统输入信号为如图 5.3 所示的锯齿波，试用 Simulink 求取系统输出响应，并将输入、输出信号对比显示。

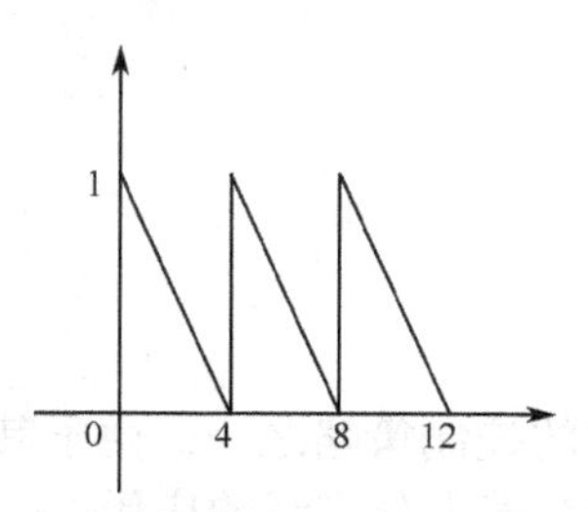

图 5.3　习题 5.8 输入曲线

5.9　已知单位负反馈控制系统，其中开环传递函数为 $G(s)=\dfrac{s+5}{s^2(s+10)}$，试计算当输入为单位阶跃信号、单位斜坡信号和单位加速度信号时系统的稳态误差。

5.10　已知某单位负反馈控制系统的开环传递函数为 $G(s)=\dfrac{K}{s(s^2+4s+200)}$，利用 MATLAB 中的 Simulink 工具，绘制系统的结构图，并在 K 取不同值时，分别绘制系统的阶跃响应曲线、脉冲响应曲线以及斜坡输入响应曲线。

5.11　机床调速系统的控制框图如图 5.4 所示，输出信号为 c(t)r/min，K_C=0.05V/(r/min)。试利用 Simulink 求输入信号 $r(t)=1+2t+3t^2$ 时的稳态误差，并得到输出波形。

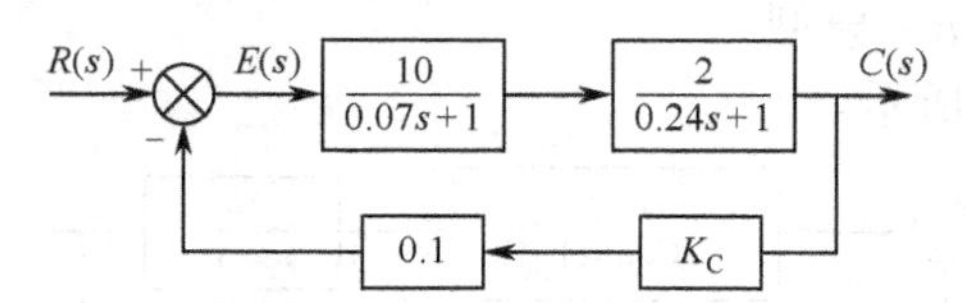

图 5.4　习题 5.11 机床调速系统框图

5.12　已知伺服控制中采样系统的控制框图如图 5.5 所示，试利用 Simulink 得到仿真系统的单位阶跃的输出响应曲线。

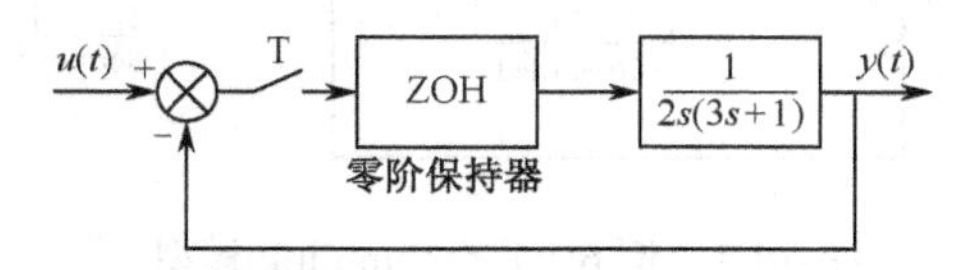

图 5.5　习题 5.12 采样控制框图

5.13　系统的结构如图 5.6 所示，设输入幅值为 10，间隙非线性的宽度为 1，试利用 Simulink 对包含非线性环节前后的系统进行仿真。

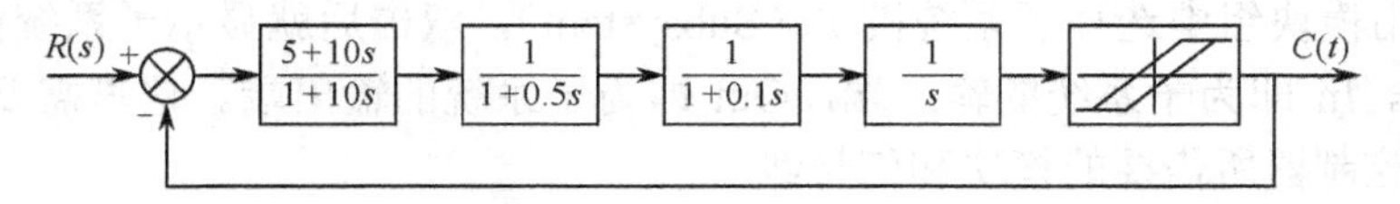

图 5.6　习题 5.13 非线性结构框图

第 6 章 基于 MATLAB 的控制系统校正

6.1 PID 控制器

PID 控制策略是最早发展起来的控制策略之一。由于其控制结构简单，实际应用中又便于整定，所以它在工业过程控制中有着十分广泛的应用。在本小节中只是简单地介绍 PID 控制策略在 MATLAB 中的实现方法。

比较简单的方法就是利用 Simulink 中的 Subsystems 模块构建 PID 子系统。PID 控制器的传递函数可以写成：

$$G(s) = K_{\mathrm{p}} + \frac{T_{\mathrm{i}}}{s} + T_{\mathrm{d}}s$$

其中，K_{p} 为比例系数，T_{i} 为积分时间常数，T_{d} 为微分时间常数。

【例 6.1.1】已知单位负反馈控制系统的传递函数为 $G(s) = \dfrac{10}{s(s+1)}$。要求在单位阶跃信号作用下绘制其响应曲线，并使用 PID 控制器改善其性能。

解 （1）构建其 Simulink 模型

构建的模型如图 6.1.1 所示。

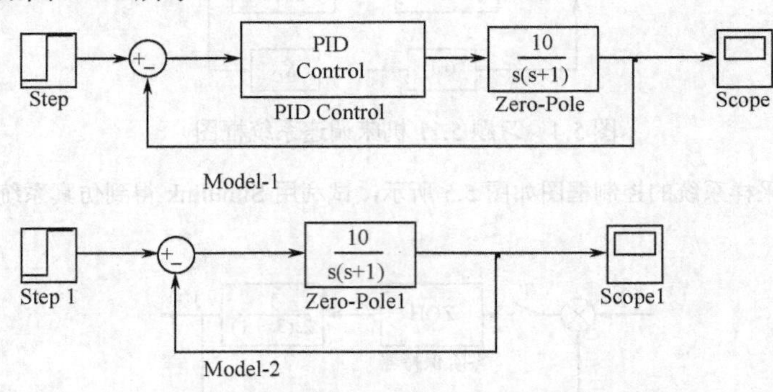

图 6.1.1 例 6.1.1 的 Simulink 模型

模型 1 为添加 PID 控制器后的 Simulink 模型，模型 2 为未添加 PID 控制器的 Simulink 模型。模型 1 中的 PID Control 即为已经构建并封装完成的 PID 子系统。

（2）PID 子系统的构建

可以在常用模块组中选择子系统模块（Subsystem），双击后就显示子系统创建窗口（如图 6.1.2 所示）。In 即为子系统的输入端，Out 即为子系统的输出端。这里需要在 In 和 Out 之间添加 PID 控制器所需要的模块和信号线。

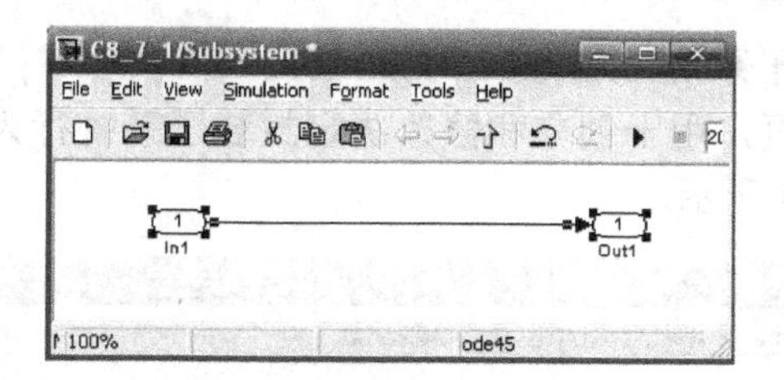

图 6.1.2　子系统创建窗口

① 根据图 6.1.2 构建 PID 控制器，如图 6.1.3 所示。

增益模块 1（Gain）的 Gain 一栏填写 Kp。

在传递函数模块中将 Numerator coefficients 设置为 Ti，将 Denominator coefficient 设置为 [1 0]。

增益模块 2（Gain2）的 Gain 一栏填写 Td。

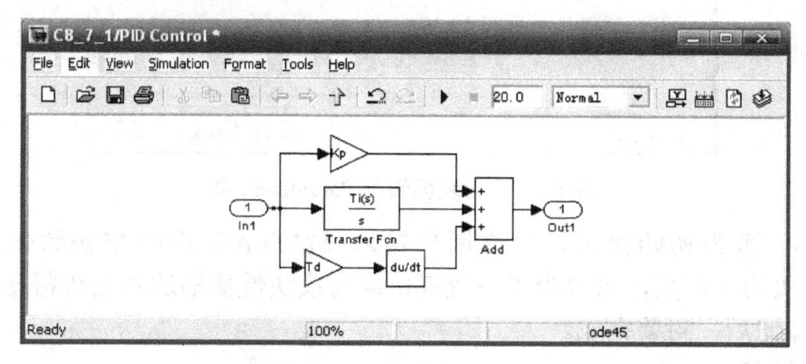

图 6.1.3　PID 控制器子系统

② 封装子系统。

选择菜单 Edit→Mask Subsystem，或选择 Edit→Edit Mask 打开封装编辑器，如图 6.1.4 所示。

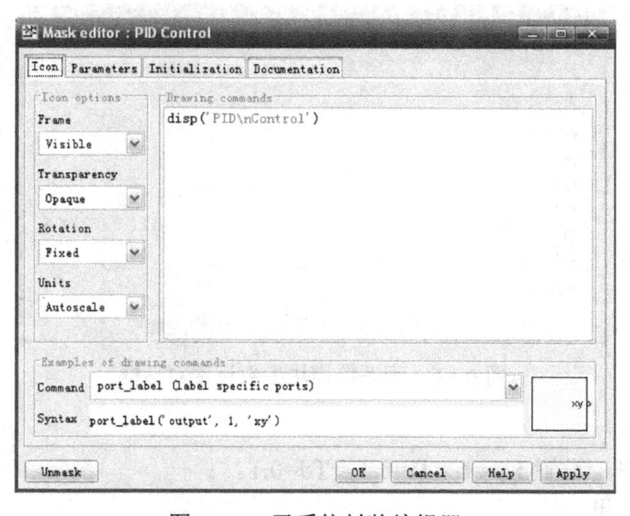

图 6.1.4　子系统封装编辑器

Icon 页为图标页，用于创建包括描述文本、数学模型、图像及图形在内的封装子系统模块图标。如果采用文本描述，只要在描述命令框（Drawing commands）中输入 disp

('PID\nControl')，即可把子系统命名为 PID Control。

Parameters 页为参数页，用于创立和修改决定封装子系统行为的参数，为封装子系统模块设置对话框，如图 6.1.5 所示。

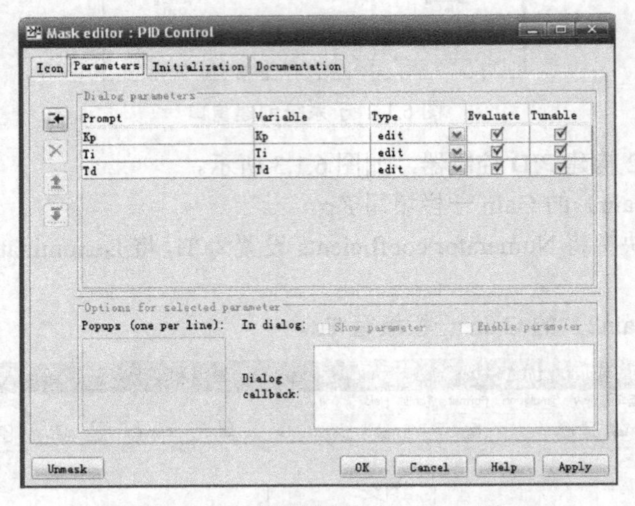

图 6.1.5 封装编辑器 Parameters 页

Initialization 页为初始化页，允许用户输入 MATLAB 命令来初始化封装子系统。Documentation 页为文档页，可以为子系统模块编写模块性质描述和在线帮助。

单击 OK 按钮后，封装完成。

③ 输入参数值。

一旦封装完成后，再次用鼠标双击子系统模块，那么弹出的就不是子系统构建窗口，而是参数设置对话框（如图 6.1.6 所示）。

在参数设置对话框中，可以随意设置 Parameters 页内添加的参数值。

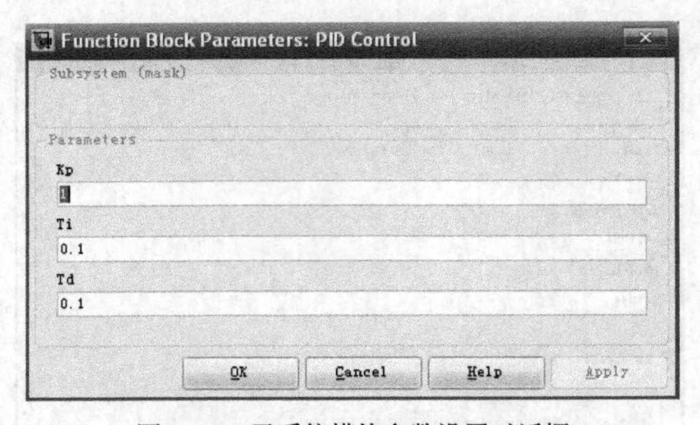

图 6.1.6 子系统模块参数设置对话框

（3）参数设置

在子系统模块中，设置 Kp=1；Ti=0.1；Td=0.1。

（4）仿真运行结果

带有 PID 控制器系统的仿真运行结果，如图 6.1.7 所示。

未带 PID 控制器系统的仿真运行结果，如图 6.1.8 所示。

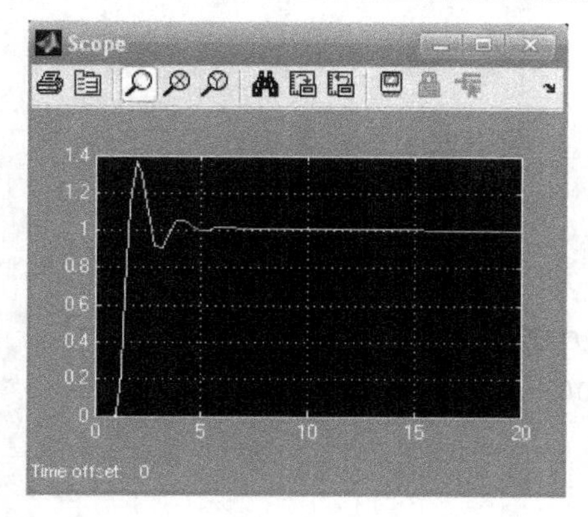

图 6.1.7　采用 PID 控制策略的系统响应曲线

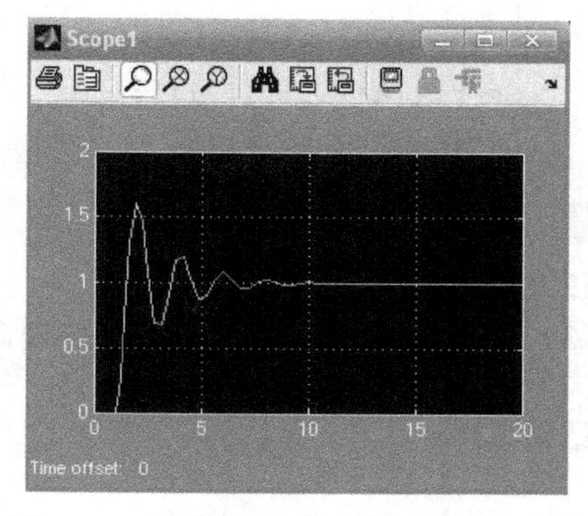

图 6.1.8　未采用 PID 控制的系统响应曲线

由图可见，输出响应曲线从 t=1 开始上升，这是因为单位阶跃输入是在 t=1 时刻有个阶跃的变化。

6.2　超前校正

超前校正（如图 6.2.1 所示）即在前向通道上串联传递函数 $G_c = \frac{1+aT_s}{1+T_s}$，其中 a、T 可调节，且 $a>1$。

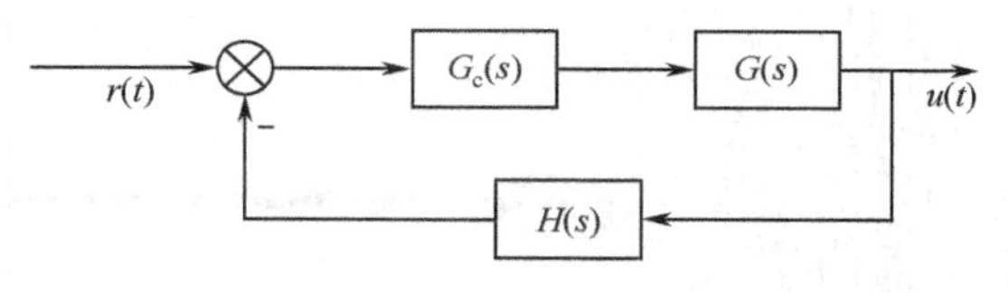

图 6.2.1　超前校正示意图

【例 6.2.1】已知一单位反馈伺服系统的开环传递函数为 $G(s)=\frac{200}{s(0.1s+1)}$，试设计一个无源校正网络，使系统的相位裕度不小于 45°，截止频率不低于 50rad/s。

解　在 M 文本编辑器中编写一个 leadc( )的函数来实现超前校正。该函数只适用于带积分环节的二阶或三阶系统的零极点增益模型。

（1）其程序清单如下：

```
%Design a phase lead compensator
function [a,T,Gc]=leadc(r0,e0,z,p,k)
G=zpk(z,p,k);
[Gm,Pm,Wcg,Wcp]=margin(G);
r=pi*(r0+e0-Pm)/180;                    %change to radians
a=2/(1-sin(r))-1;
if numel(p)==2
    w=sqrt(k*(a^0.5));
else
    w=sqrt(k/abs(p(3))*(a^0.5));
end
```

```
T=1/w/(a^0.5);
Gc=tf([a*T 1],[T 1]);
G0=feedback(G,1);
G1=feedback(G*Gc,1);
step(G0,'-',G1,'--')
```

（2）保存文件名为 leadc.m。

（3）调用 leadc( )函数。在 MATALB 命令窗口中输入：

```
[a,T,Gc]=leadc(45,10,[],[0 -10],2000)
```

运行结果为：

```
a =
    5.1025
T =
    0.0066
Transfer function:
0.03361 s + 1
--------------
0.006586 s + 1
```

所得阶跃响应曲线如图 6.2.2 所示。

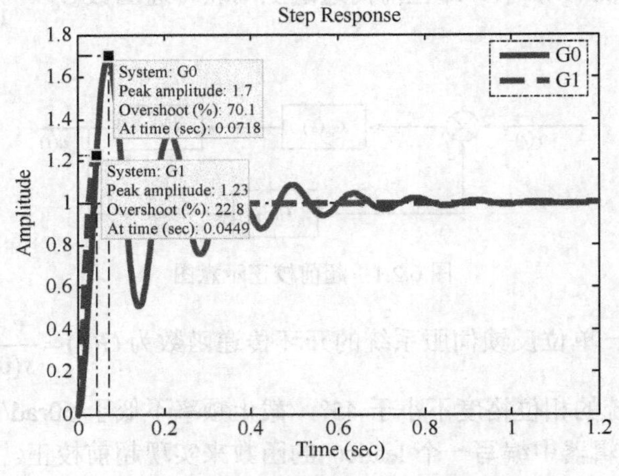

图 6.2.2 例 6.2.1 的单位阶跃响应曲线

（4）校正检验。

超前校正装置的传递函数表达式为 $G_c(s)=\dfrac{0.03361s+1}{0.006586s+1}$，在 MATLAB 命令窗口中输入：

```
>> G=zpk([],[0 -10],2000);
>> Gc=tf([0.03361 1],[0.006586 1]);
>> G1=feedback(Gc*G,1);                    %得到校正后系统的闭环传递函数
>> S=allmargin(G1)
```

运行结果为：

```
S =
      GainMargin: Inf
     GMFrequency: Inf
     PhaseMargin: [-180 97.1370]
```

```
    PMFrequency: [0 82.4904]
    DelayMargin: [Inf 0.0206]
    DMFrequency: [0 82.4904]
         Stable: 1
```

校正后系统符合设计要求。从图 6.2.2 中也可以看到，实线表示的是未校正前闭环系统的单位阶跃响应曲线，虚线表示的是采用超前校正后闭环系统的单位阶跃响应曲线。

可以在单位阶跃响应图中得到系统的动态性能指标：未校正前系统的超调量为 70.1%，校正后为 22.8%；校正后系统的上升时间提前 0.01s，调节时间提前 0.7s。校正后系统的性能明显优于未校正系统的性能。

【例 6.2.2】设控制系统如图 6.2.3 所示。若要求系统在单位斜坡输入信号作用下，位置输出稳态误差 $e_{ss} \leqslant 0.1$，开环系统截止频率 $w_c \geqslant 4.4$。相角裕度 $\gamma \geqslant 45^\circ$，幅值裕度 $h \geqslant 10$ dB。试选择超前校正参数。

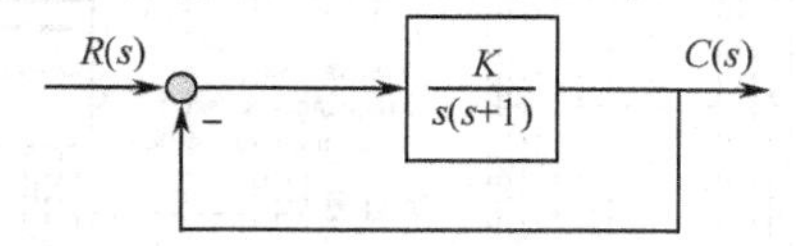

图 6.2.3　例 6.2.2 系统的传递函数

解

（1）根据给定的稳态指标，确定符合要求的开环增益 K。本例要求在单位斜坡输入信号作用下 $e_{ss} \leqslant 0.1$，说明校正后的系统仍应是 1 型系统，因为 $e_{ss} = 1/K \leqslant 0.1$，所以应有 $K \geqslant 10$，取 $K = 10$。

（2）绘制原系统的伯德图如图 6.2.4 所示。

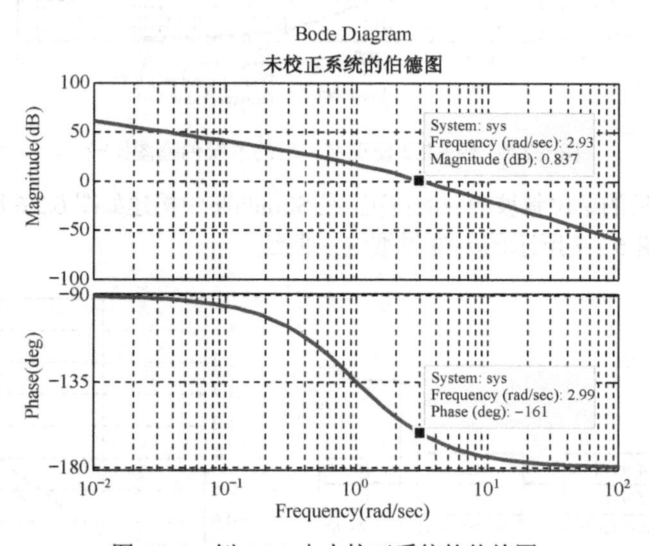

图 6.2.4　例 6.2.2 中未校正系统的伯德图

（3）相角裕度也可以由计算得到：

$$\gamma_0 = 180^\circ - 90^\circ - \arctan 3 = 18^\circ$$

$$\Delta\varphi = \gamma - r_0 + \varepsilon = 45^\circ - 18^\circ + 10^\circ = 37^\circ$$

$\varphi_{\mathrm{m}} = \Delta\varphi = 37^{\circ}$

$a = \dfrac{1+\sin\varphi_{\mathrm{m}}}{1-\sin\varphi_{\mathrm{m}}} = \dfrac{1+\sin\Delta\varphi}{1-\sin\Delta\varphi} = \dfrac{1+\sin 37^{\circ}}{1-\sin 37^{\circ}} = 4$

（4）作 $-10\lg 4\mathrm{dB}$ 直线与未校正系统对数幅频特性曲线相交于 $\omega = 4.5$，取 $\omega_{\mathrm{c}} = \omega_{\mathrm{m}} = 4.5$ 满足 $\omega_{\mathrm{c}} \geqslant 4.4$ 的要求。$T = \dfrac{1}{\sqrt{a}\omega_{\mathrm{m}}} = \dfrac{1}{9}$，$\omega_m = \dfrac{1}{\sqrt{a}T}$。

（5）超前校正的传递函数为 $G_{\mathrm{c}}(s) = \dfrac{1+\frac{4}{9}s}{1+\frac{1}{9}s}$。

（6）仿真图的比较，如图 6.2.5 所示。

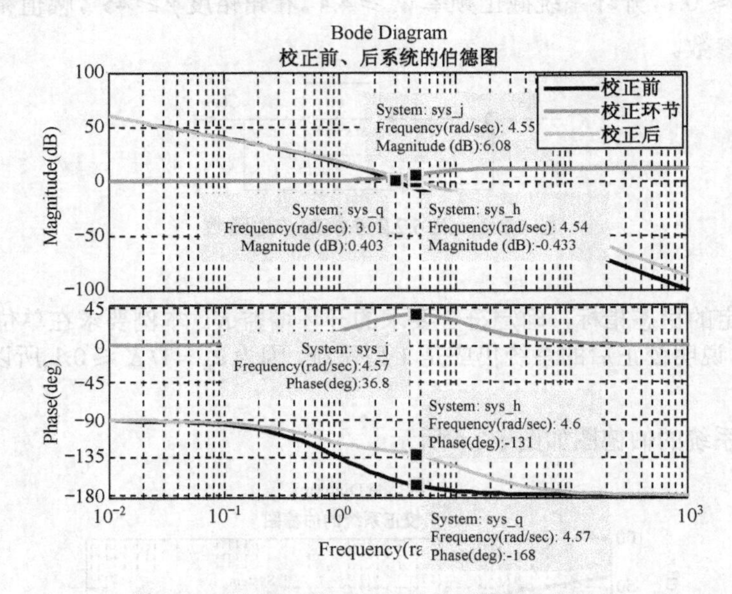

图 6.2.5　例 6.2.2 校正前、后的系统伯德图比较

为比较校正前、后的单位斜坡响应的情况，在 Simulink 中构建如图 6.2.6 所示的 Simulink 图。执行后得到如图 6.2.7 所示的单位斜坡响应曲线。

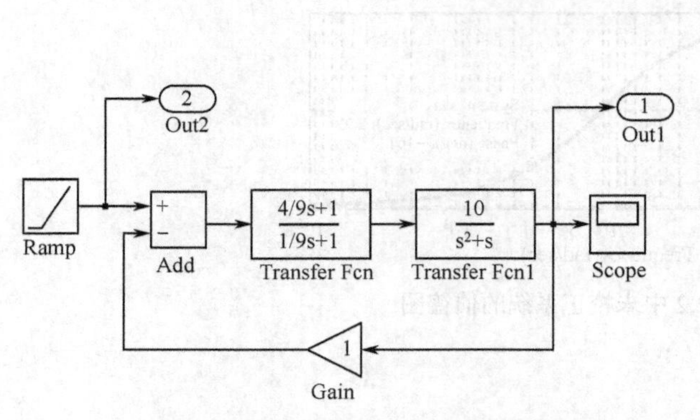

图 6.2.6　例 6.2.2 校正前、后的单位斜坡响应的 Simulink 图

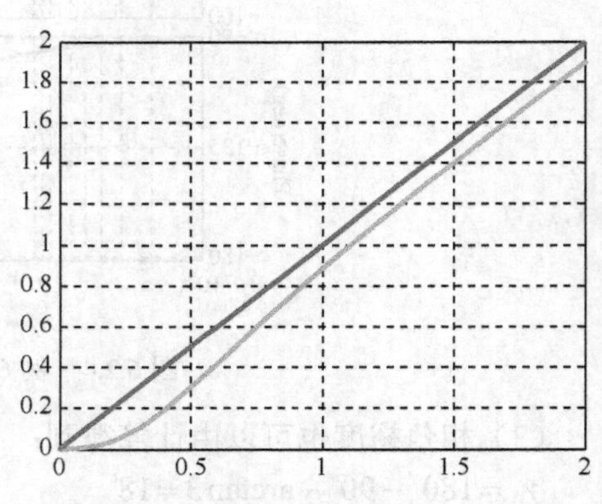

图 6.2.7　例 6.2.2 校正前、后的单位斜坡响应曲线

6.3　滞后校正

滞后校正的系统结构图（见图 6.3.1）与超前校正相同，其校正装置的传递函数表达式形式也和超前校正装置的传递函数相似，不同的是系数 $a<1$。即滞后校正装置的传递函数为 $G_c=\dfrac{1+aTs}{1+Ts}$，其中 a、T 可调节，且 $a<1$。

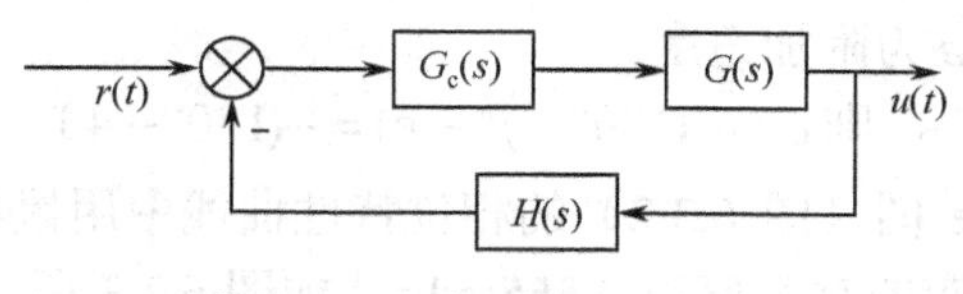

图 6.3.1　滞后校正示意图

【例 6.3.1】设单位负反馈系统的开环传递函数为 $G(s)=\dfrac{10}{s(s+1)(s+2)}$，试设计一个滞后校正系统，使得校正后的系统相位裕度不小于 40°，幅值裕度不低于 10 dB。

解　按照滞后校正系统的设计步骤。

（1）绘制未校正前系统的 Bode 图。在 MATLAB 命令窗口中输入：

```
>> G=zpk([],[0 -1 -2],10);
>> bode(G)
>> grid
```

运行结果如图 6.3.2 所示。

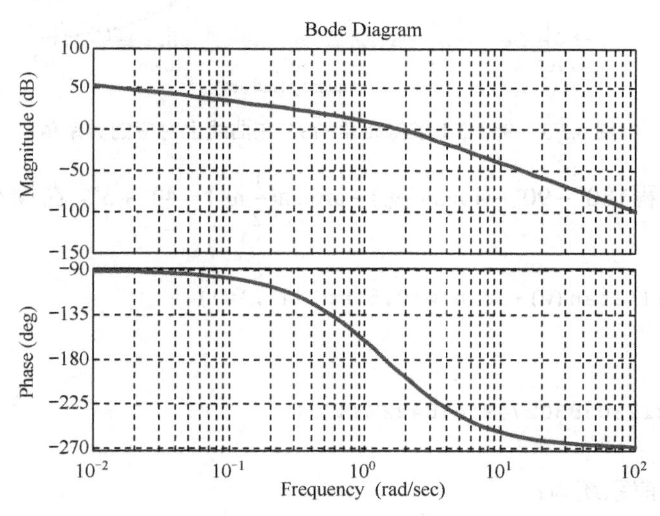

图 6.3.2　例 6.3.1 未校正前系统的 Bode 图

```
>> S=allmargin(G)
```

运行结果为：

```
S =
     GainMargin: 0.6000
    GMFrequency: 1.4142
    PhaseMargin: -12.9919
    PMFrequency: 1.8020
```

```
     DelayMargin: 3.3609
     DMFrequency: 1.8020
          Stable: 0
```

可得未校正前系统不稳定（Stable=0），相位裕度为 13°（PhaseMargin=13），幅值裕度为 −4.44 dB（GainMargin=0.6），均不符合设计要求。

（2）设计要求校正后系统的相位裕度$\gamma \geqslant 40°$，所以校正后的系统相角φ在未校正系统的相频特性曲线对应的频率ω_c'，即为校正后系统的截止频率。其中，$\varphi = -(180° - \gamma' - \varepsilon)$，$\gamma'$为给定的相位裕度指标，$\varepsilon$为附加角度。

不妨取附加角度$\varepsilon = 5°$，则$\varphi = -(180° - \gamma' - \varepsilon) = -(180° - 40° - 5°) = -135°$。要求解$\omega_c'$，可以在未校正前系统 Bode 图（图 6.3.2）的相位特性曲线中用鼠标左键单击−135°在曲线上所对应的点，得到显示对应的频率值为 0.565rad/s，如图 6.3.3 所示。

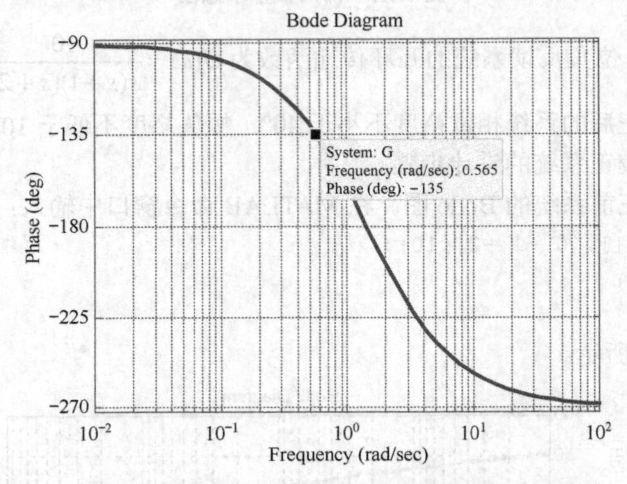

图 6.3.3　例 6.3.1 求得相角−135°在曲线上对应的频率值

也可以求解方程$180° - 90° - \arctan(\omega_c') - \arctan(\frac{1}{2}\omega_c') = 40° + 5°$，在 MATLAB 命令窗口中输入：

```
>> solve('atan(w)+atan(w*0.5)=pi/4','w')
```

运行结果为：

```
ans =
.56155281280883027491070492798704
```

求得$\omega_c' = 0.56$。

（3）因为校正前系统为：

$$L(\omega) = \begin{cases} 20\lg\dfrac{5}{\omega}, & \omega < 1 \\ 20\lg\dfrac{5}{\omega^2}, & 1 < \omega \leqslant 2 \\ 20\lg\dfrac{5}{0.5\omega^3}, & \omega > 2 \end{cases} \tag{6.1}$$

根据式（6.1），令$L(\omega_c') = 20\lg\dfrac{1}{a}$，得$a = 0.112$。

（4）求解方程 $\omega_c' \tan(\varepsilon) = \dfrac{1}{aT}$ 得到 T，在 MATLAB 命令窗口中输入：

```
>> T=solve('0.112*T*0.56*tan(5*pi/180)=1','T')
```

运行结果为：

```
T =
182.23935431698569941343838566905
```

（5）校正检验。

滞后校正装置的传递函数为 $G_c(s) = \dfrac{20.41s+1}{182.24s+1}$，在 MATLAB 命令窗口中输入：

```
>> Gc=tf([20.41 1],[182.24 1]);
>> G0=feedback(G,1);                %得到未校正前闭环系统的传递函数 G0
>> G1=feedback(Gc*G,1);             %得到校正后闭环系统的传递函数 G1
>> S=allmargin(G1)
>> step(G0,'-',G1,'--')
```

运行结果为：

```
S =
     GainMargin: 4.0072
    GMFrequency: 1.3673
    PhaseMargin: [-180 60.3251]
    PMFrequency: [0 0.7343]
    DelayMargin: [Inf 1.4339]
    DMFrequency: [0 0.7343]
         Stable: 1
```

得到单位阶跃响应曲线如图 6.3.4 所示。

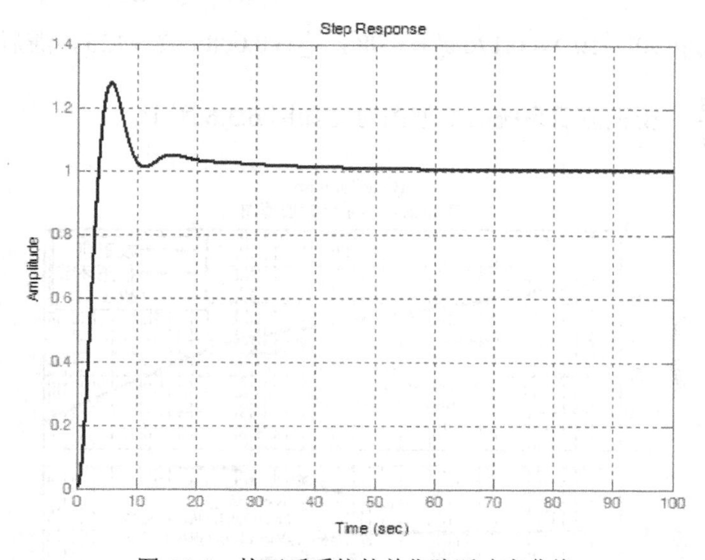

图 6.3.4　校正后系统的单位阶跃响应曲线

校正后系统稳定，相位裕度为 60.325°，幅值裕度为 12.04 dB。

【例 6.3.3】 控制系统不可变部分的传递函数为 $G_0(s) = \dfrac{K}{s(s+1)(0.5s+1)}$，要求：$K_v = 5$，$\gamma \geqslant 40^\circ$，$K_g \geqslant 10\text{dB}$，试确定滞后校正参数 a 和 T。

解

（1）取 K=5 使系统满足稳态性要求。按 K=5 绘制原系统伯德图，如图 6.3.5 所示。

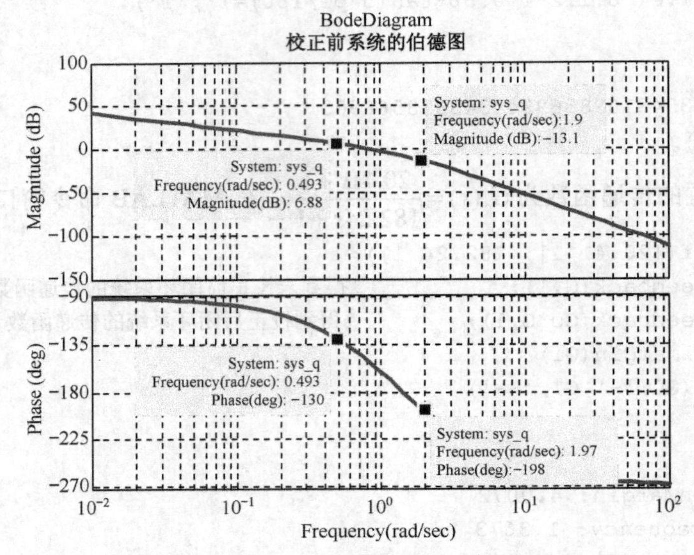

图 6.3.5　例 6.3.3 校正前系统的伯德图

（2）$-180^\circ+\gamma+\varepsilon=-180^\circ+40^\circ+10^\circ=-130^\circ$，作 -130° 线，与原系统相频特性曲线交点的横坐标为 $\omega=0.44$，取 $\omega=0.44$。

（3）在原系统伯德图上量得 $20\lg|G_0(\mathrm{j}\omega_c')|=20\mathrm{dB}$，由 $20\lg\frac{1}{a}=20$，得 $a=0.1$。

（4）$\frac{1}{aT}=\omega_c'\mathrm{ctg}(90^\circ-10^\circ)=0.176\omega_c'=0.08$，$\frac{1}{T}=0.008$，$T=125$，滞后校正的传递函数为 $G_c(s)=\frac{1+12.5s}{1+125s}$。校正前后系统的伯德图对比如图 6.3.6 所示。

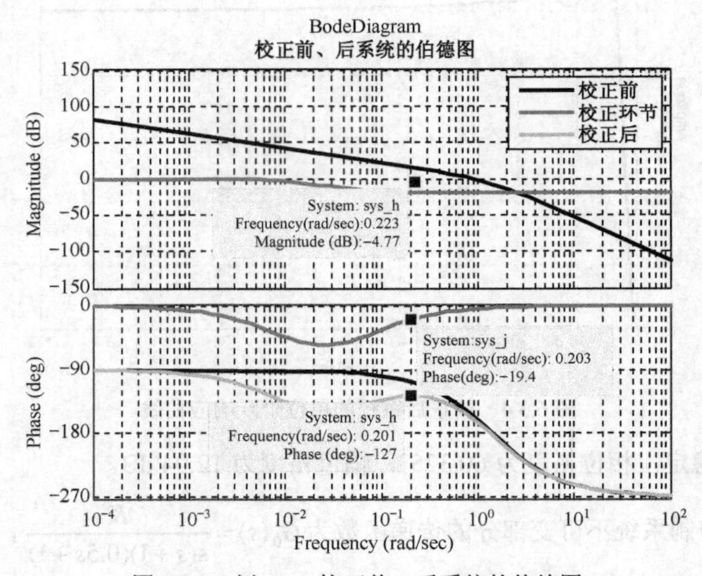

图 6.3.6　例 6.3.4 校正前、后系统的伯德图

（5）验证系统的性能要求。校正后系统的单位斜坡响应曲线如图 6.3.7 所示。

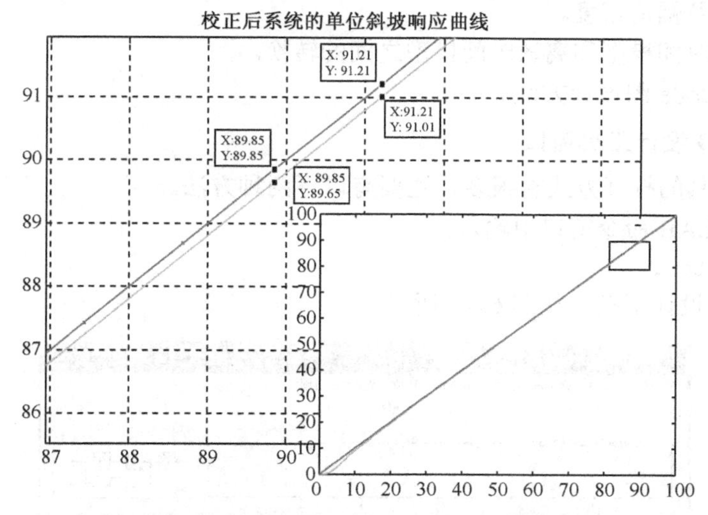

图 6.3.7　例 6.3.5 校正后系统的单位斜坡响应曲线

6.4　SISO 设计工具

SISO 设计工具（SISO Design Tool）是 MATLAB 提供的能够分析及调整单输入/单输出反馈控制系统的图形用户界面。使用 SISO 设计工具可以设计 4 种类型的反馈系统，如图 6.4.1 所示。图 6.4.1 中 $C(s)$为校正装置的数学模型，$G(s)$为被控对象的数学模型，$H(s)$为传感器（反馈环节）的数学模型，$F(s)$为滤波器的数学模型。

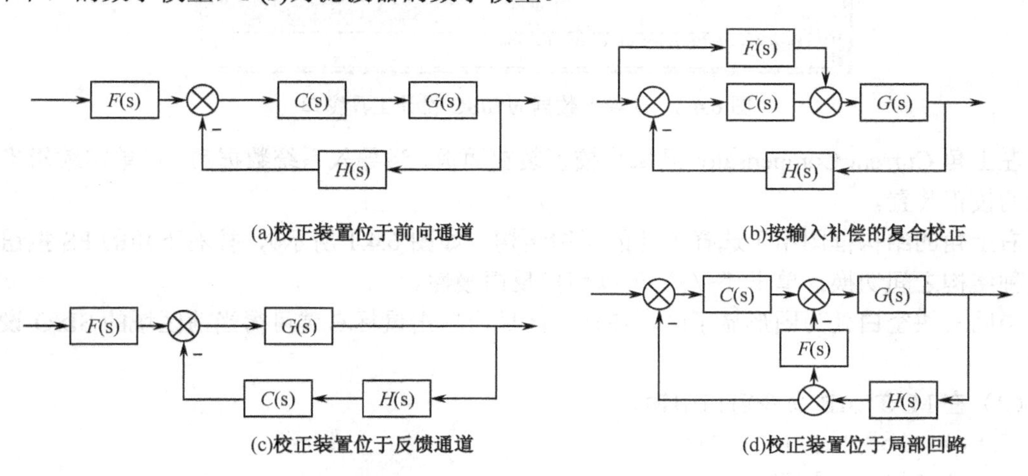

图 6.4.1　SISO 设计工具研究的反馈系统结构

SISO 设计工具的应用包括：

① 应用根轨迹法改善闭环系统的动态特性。

② 改变开环系统 Bode 图的形状。

③ 添加校正装置的零点和极点。

④ 添加及调整超前/滞后网络和滤波器。

⑤ 检验闭环系统响应。

⑥ 调整相位及幅值裕度。

⑦ 实现连续时间模型和离散时间模型之间的转换。

本节仅介绍 Bode 图设计方法。

1. 打开 SISO 设计工具窗口

SISO 设计工具的打开方式有很多，主要有以下两种方法。

（1）在 MATLAB 命令窗口中输入：

```
>> sisotool
```

运行后打开 SISO 设计工具，如图 6.4.2 所示。

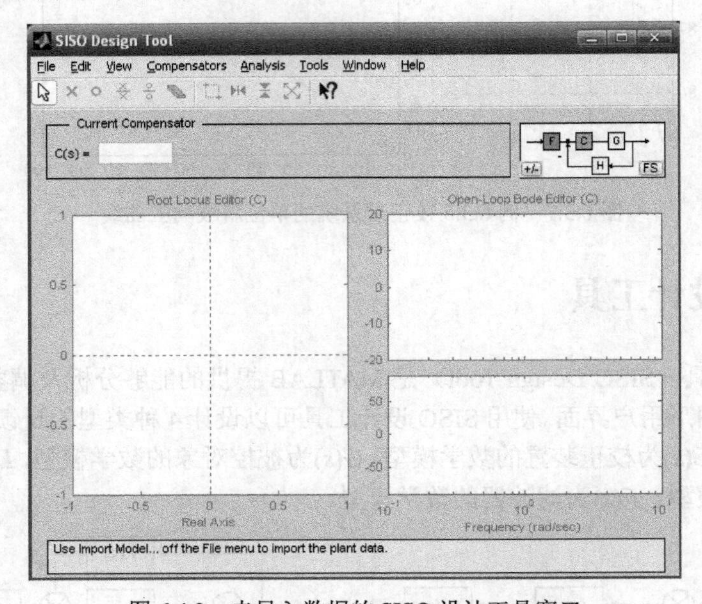

图 6.4.2　未导入数据的 SISO 设计工具窗口

左上角 Current Compensator 区域为校正装置面板，当导入系统数据后，可单击编辑当前使用的校正装置。

右上角的结构框图用于选择设计的反馈结构（如图 6.4.1 所示），按右下角的 FS 按钮可在四种结构之间切换；单击“+/–”可以切换反馈极性。

中间三块空白处为图形显示区，在任一区域内单击鼠标右键可得当前区域的 SISO 设计选项。

（2）在 MATLAB 命令窗口中输入：

```
>> G=tf([1],[1 1 0]);
>> sisotool(G)
```

运行后，即导入函数 $G(s)=\dfrac{1}{s^2+s}$ 的数据，如图 6.4.3 所示。图 6.4.3 中显示的对象属性一般有极点（以“×”表示）、零点（以“○”表示）和 Bode 图左下方的参数值。

在默认情况下，显示图形为根轨迹图和开环 Bode 图，可以通过打开菜单项 View 勾选显示开环 Nichols 曲线和滤波器的 Bode 图，且最多只能同时显示 4 种。

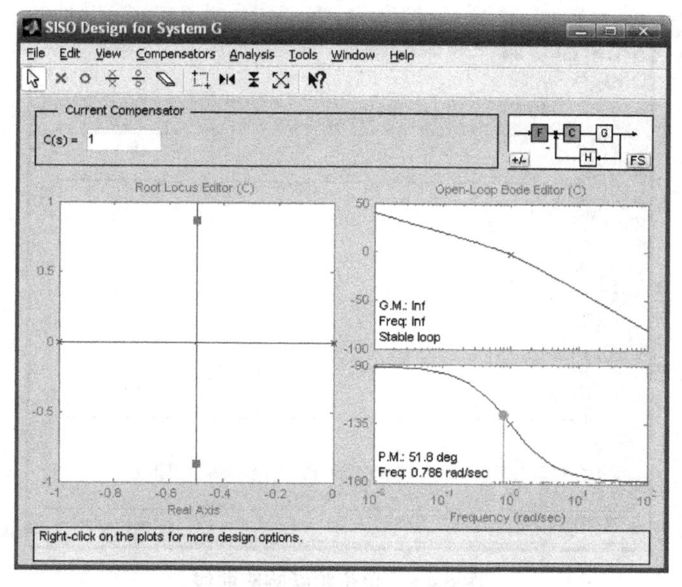

图 6.4.3 导入数据的 SISO 设计工具

2．系统数据的导入

在菜单项中选择 File→Import 打开图 6.4.4 所示的导入系统数据对话框。选中 SISO Models 区域对话框中的 G，再单击左边的导入键“– –>”，便将模型 G 的数据导入到对象数据区中。

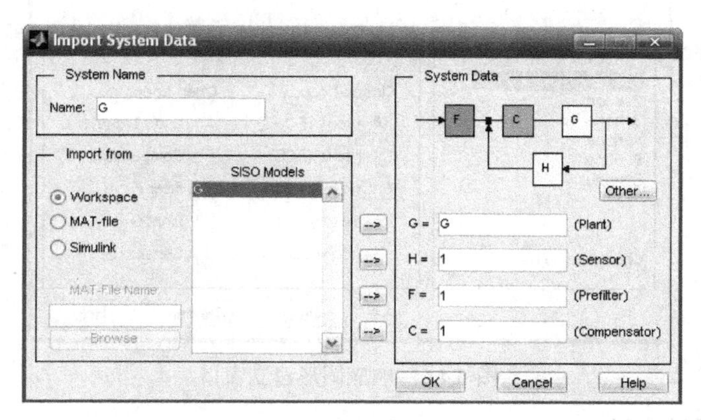

图 6.4.4　导入系统数据对话框

3．响应曲线的设定

进行校正装置参数设计时，使用 SISO 设计工具可以很方便地得到系统的各种响应（如单位阶跃响应、单位脉冲响应等）曲线，以及指定响应曲线的起点和终点。

选择菜单项 Analysis→Response to Step Command 即可得到单位阶跃响应曲线（如图 6.4.5 所示），且默认情况下为参考输入信号 r 至输出信号 y 的闭环单位阶跃响应和 r 到校正装置输出信号 u 的两条曲线。

可通过选择菜单项 Analysis→Other Loop Response 打开如图 6.4.6 所示的响应图形建立窗口来修改响应曲线及其属性。

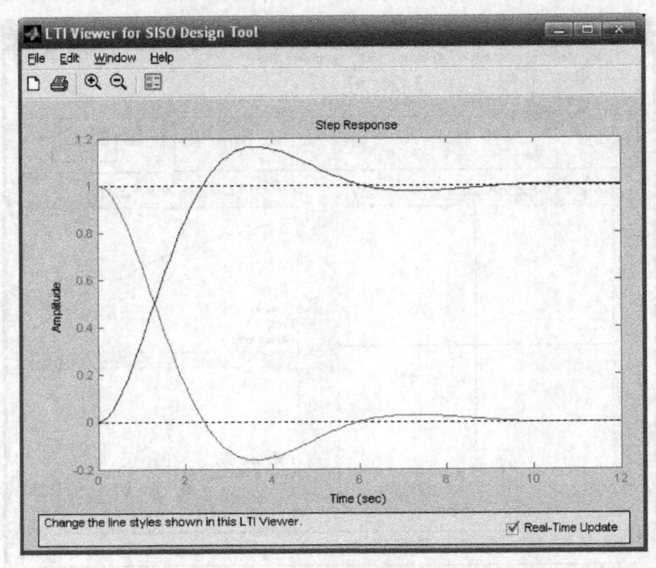

图 6.4.5　单位阶跃响应曲线

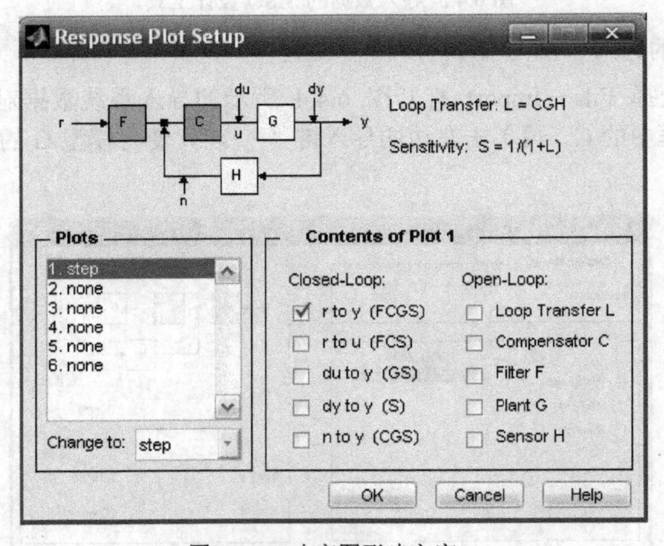

图 6.4.6　响应图形建立窗口

4．Bode 图设计方法

【例 6.4.1】已知单位负反馈系统的传递函数为$G(s)=\dfrac{200}{s(0.1s+1)}$，设计要求校正后系统的相位裕度不小于45°，截止频率不低于50rad/s。

解　（1）首先得到原系统

在MATLAB命令窗口中输入：

```
>> G=zpk([],[0 -10],2000);
>> sisotool(G)
```

运行结果为图6.4.7所示。

可以得到原系统的相位裕度（P.M.）为 12.8°，幅值裕度（G.M.）为无穷大，截止频率（Freq）为44.2rad/s，且系统稳定（Stable loop）。

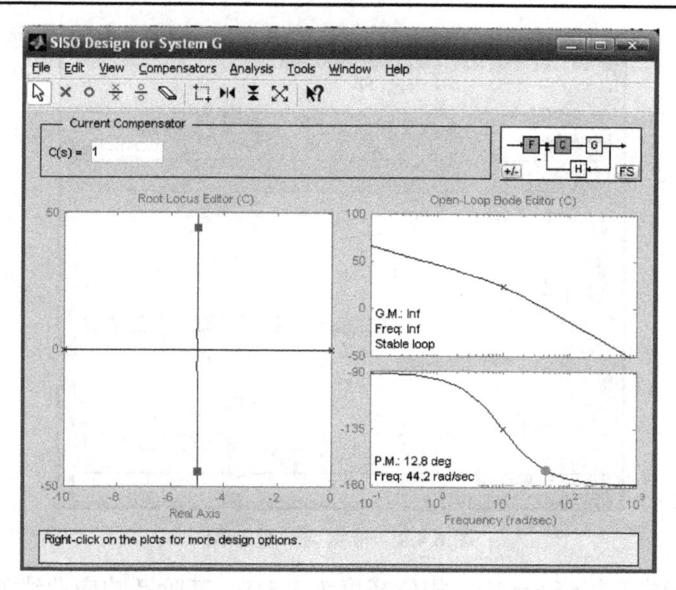

图 6.4.7　例 6.4.2 的 SISO 设计工具窗口

注意：Bode 图中显示的幅值裕度（G.M.）单位是分贝。

系统的单位阶跃响应曲线如图 6.4.8 所示。

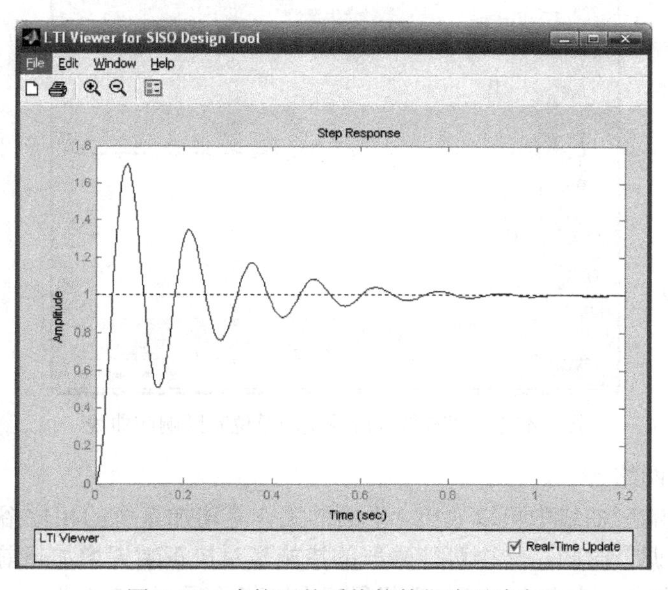

图 6.4.8　未校正前系统的单位阶跃响应

可以得到未校正系统的动态性能指标：上升时间为 0.0215s，超调量为 70.1%，调节时间为 0.782s。

（2）带宽调节

设计要求系统的截止频率不低于 50rad/s，尝试设置被控系统的截止频率等于 67rad/s。

为了便于设计，可暂时隐去根轨迹图，在菜单项 View 中去掉勾选项 Root Locus，选择图 6.4.9 中的菜单 Grid 添加网格线。然后将鼠标移到 Bode 图的对数幅频特性曲线上，按下鼠标左键，当鼠标形状变为手形时，上下移动曲线即可改变截止频率。

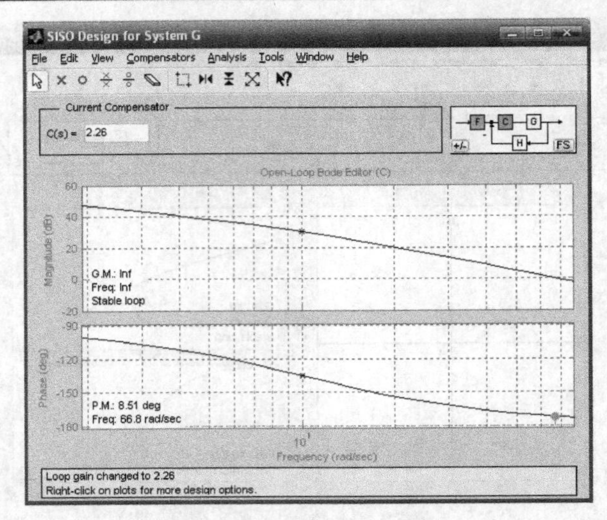

图 6.4.9　带宽调节显示图

调节后的截止频率为 66.8rad/s，相位裕度为 8.51°，其阶跃响应曲线如图 6.4.10 所示。

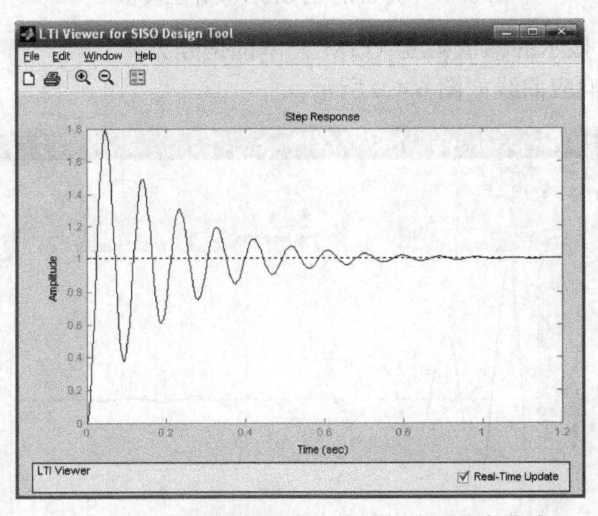

图 6.4.10　调节带宽后系统的单位阶跃响应曲线

（3）添加超前网络

从图 6.4.10 的响应曲线中可以看出，下面的工作是增加系统的相位裕度，减小系统的超调量，提高系统的调节时间。一个可能采取的措施是对校正装置增加超前网络。

为了添加超前网络，在图中任意处选择鼠标右键菜单项 Add Pole | Lead，此时鼠标形状变成带“×”的黑色箭头。放置鼠标至对数幅频特性曲线上最右边极点的右边，然后单击鼠标左键，即添加了超前网络。其传递函数表达式为 Current Compensator 中的 $C(s)=2.23\times\dfrac{1+0.14s}{1+0.09s}$。

可以看到，添加了超前网络以后，系统的相位裕度变为 9.57°，截止频率变为 81.3rad/s。

为了改善系统的性能，可以改变校正装置的极点、零点和增益。这些操作都在根轨迹图中完成。

① 改变校正装置的零点：将鼠标放至根轨迹图中的红圈上，此时鼠标变成手形，且下方提示框中文字变成 Left-click to move this zero of the compensator C(s)。向左移动鼠标减小

校正装置的零点，可以减小系统的截止频率和相位裕度，增大系统的超调量，增加系统的上升时间和调节时间。

② 改变校正装置的极点：将鼠标放至根轨迹图中的红叉上，此时鼠标变成手形，且下方提示框中文字变成 Left-click to move this pole of the compensator C(s)。向左移动鼠标减小校正装置的极点，可以增大系统的截止频率和相位裕度，减小系统的超调量，减少系统的上升时间和调节时间。

③ 改变校正装置的增益：可以直接在 Current Compensator 对话框中的白框内改变增益值。减小增益值即减小系统的截止频率，增大相位裕度，减小系统的超调量，增大系统的上升时间。

改变系统的零点、极点和增益使校正后系统的相位裕度为 48.9°（大于设计要求的 45°），截止频率为 67rad/s（大于设计要求的 50rad/s）。如图 6.4.11 所示，此时校正装置的传递函数表达式为 $C(s)=1.5\times\dfrac{1+0.017s}{1+0.0023s}$。

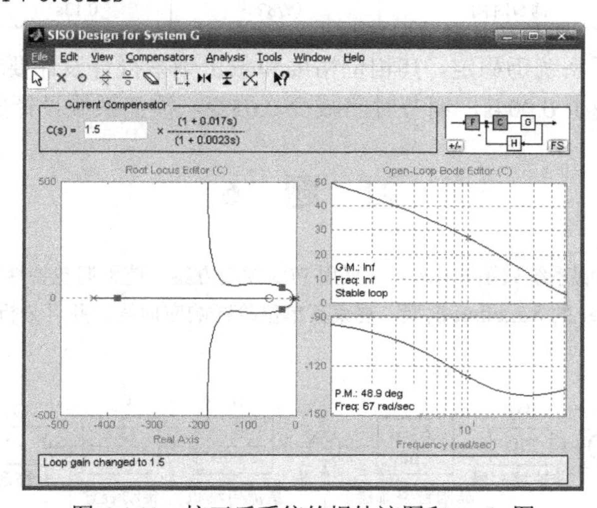

图 6.4.11　校正后系统的根轨迹图和 Bode 图

其单位阶跃响应曲线如图 6.4.12 所示。

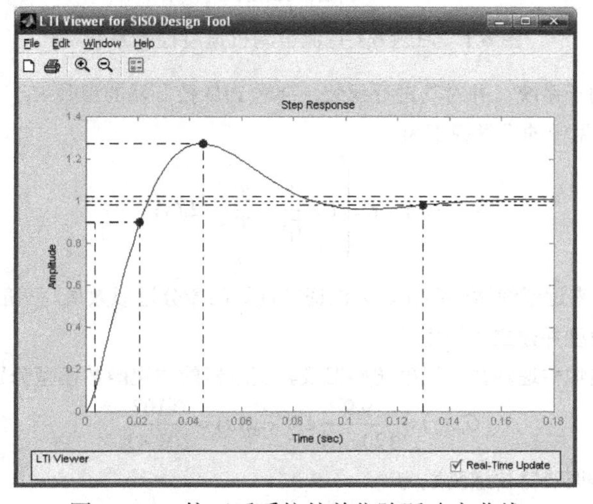

图 6.4.12　校正后系统的单位阶跃响应曲线

（4）校正检验

校正后系统的开环传递函数为：

$$G'(s)=G(s)\times C(s)=\frac{200}{s(0.1s+1)}\times\frac{1.5(1+0.017s)}{1+0.0023s}$$

其性能指标如表 6.4.1 所示。

表 6.4.1　性能指标

	校正前	校正后
稳定性	稳定	稳定
相位裕度	12.8°	48.9°
截止频率	44.2rad/s	67rad/s
超调量	70.1%	26.9%
上升时间	0.0215s	0.0173s
调节时间	0.782s	0.13s

可以看出，校正后系统仍稳定，其相位裕度和截止频率符合设计要求，而且超调量减小为 26.9%，上升时间减少 0.004s，调节时间减少 0.652s，校正系统设计成功。

习　题　6

6.1　某直流电动机速度控制系统如图 6.1 所示。采用 PID 控制方案，使用期望特性法来确定 K_P、K_I、K_D 这三个参数。建立该系统的 Simulink 模型，观察其单位阶跃响应曲线，并且分析这 3 个参数分别对控制性能的影响。

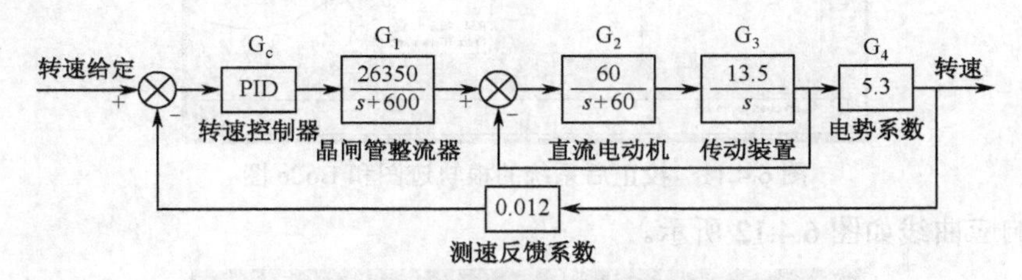

图 6.1　习题 6.1 直流电动机速度控制系统

6.2　试建立 PID 控制器的子系统，并对其进行封装，要求 PID 控制器的参数 K_P、T_I 和 T_D 能够进行设定。

6.3　PID 控制器在工程应用中的数学模型为

$$U(s)=K_P\left(1+\frac{1}{T_I s}+\frac{T_D s}{\frac{T_D s}{N}}\right)E(s)$$

其中采用了一阶环节来近似纯微分动作，为保证有良好的微分近似效果，一般选 $N\geqslant 10$，试建立 PID 控制器的 Simulink 模型并建立子模型。

6.4　已知钢铁厂车间加热炉传递函数与温度传感器及其变送器的传递函数模型分别为

$$G_{01}(s)=\frac{9.9}{120s+1}e^{-80s}G_{02}(s)=\frac{0.107}{10s+1}$$

设定控制所用的 PID 调节器传递函数为

$$G_C(s)=\frac{9286s^2+240s+1.5}{521s^2+145s}$$

试对系统的 PID 控制进行分析、设计和仿真。

6.5　已知燃油调节控制系统的开环传递函数为

$$G_P(s)=\frac{2}{s(1+0.25s)(1+0.1s)}$$

试用根轨迹设计法设计超前校正环节。使其校正后系统静态速度误差系数小于 K_V=10，闭环主导极点满足阻尼比 $\zeta=0.3$ 和自然频率 $\omega_n=10.5\ \mathrm{rad/s}$ 。

6.6　已知燃油调节控制系统的开环传递函数为

$$G_P(s)=\frac{2}{s(1+0.25s)(1+0.1s)}$$

用频率响应设计法设计超前校正环节。设计要求静态速度误差系数为 10，相位裕度为 45°。

6.7　已知工业锅炉控制系统的开环传递函数为

$$G_P(s)=\frac{4}{s(s+3)}$$

用根轨迹设计法设计滞后校正环节。要求阻尼比为 $\zeta=0.707$，系统静态速度误差 $\leqslant 5\%$。

6.8　已知工业锅炉控制系统的开环传递函数为

$$G_P(s)=\frac{4}{s(s+3)}$$

用频率响应设计法设计滞后校正环节。要求阻尼比为 $\zeta=0.4$，自然频率 $\omega_N=1.5\ \mathrm{rad/s}$。

6.9　已知水输送自动控制系统的开环传递函数为

$$G_P(s)=\frac{4}{s(s+0.5)}$$

设计超前滞后校正环节。要求使其校正后系统静态速度误差系数小于 5，闭环主导极点满足阻尼比 $\zeta=0.5$ 和自然频率 $\omega_n=5\ \mathrm{rad/s}$，相位裕度为 50°。

6.10 设控制系统如图 6.2 所示，其中被控对象的传递函数为

$$G(s)=\frac{40000000}{s(s+250)(s^2+40s+90000)}$$

设计校正装置 $C(s)$，使闭环系统的单位阶跃响应满足下列指标：

（1）调节时间不大于 0.05s（误差范围为 ±2%）；

（2）超调量不大于 5%。

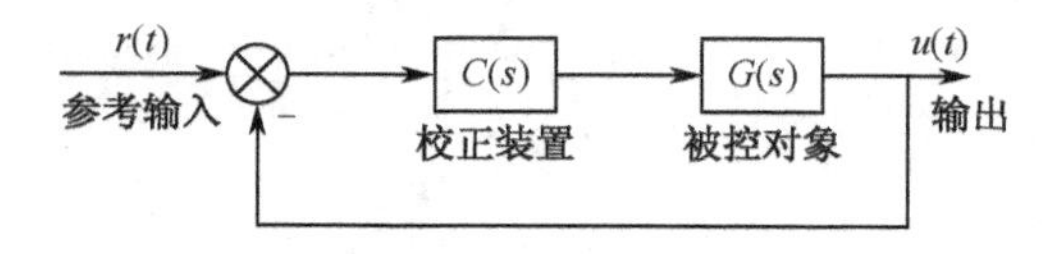

图 6.2　习题 6.10 系统结构框图

6.11 已知系统开环传递函数为 $G_0(s)=\dfrac{2}{s(1+0.1s)(1+0.3s)}$，试设计超前校正环节，使其校正后系统的静态速度误差系数 $K_V\leqslant 6$，相角裕度为 45°，并绘制校正前后系统的单位阶跃响应曲线，开环 Bode 图和闭环 Nyquist 图。

6.12 已知系统开环传递函数为 $G_0(s)=\dfrac{2}{s(s+2.8)(s+0.8)}$，试设计滞后校正环节，使其校正后系统的静态速度误差系数 $K_V\leqslant 6$，系统阻尼比 $\zeta=0.307$，并绘制校正前后系统的单位阶跃响应曲线，开环 Bode 图

和闭环 Nyquist 图。

6.13 设单位负反馈系统被控对象的传递函数为 $G(s)=\dfrac{60s+30}{s^3+9s^2+17s+10}$，应用 SISO Design Tool 设计调节器 $G_C(s)$，使系统的性能指标为 $t_S<1.0\text{s}$，$\delta_P=20\%$。

6.14 设单位负反馈系统被控对象的传递函数为 $G(s)=\dfrac{15(s+0.01)}{s(s^2+0.01s+0.0025)}$，应用 SISO Design Tool 设计调节器 $G_C(s)$，使系统的性能指标为 $\gamma=50°$。

6.15 系统的传递函数为 $G(s)=\dfrac{2}{s(1+0.25s)(1+0.1s)}$，应用 SISO Design Tool 设计调节器 $G_C(s)$，使系统的速度误差系数小于 $10s^{-1}$，$\gamma=45°$。

第 7 章 应用实例 1——汽车防抱死制动系统建模与控制仿真

汽车防抱死制动系统建模是 ABS 理论分析及仿真的基础，模型的准确与否直接关系到仿真计算的精度和可信性，所建立的模型必须在反映系统实际特性的基础上，根据所研究的具体问题进行合理的抽象和简化。

模型是研究系统的一种有效工具，根据研究目的的不同，模型可以分为物理模型、结构模型和数学模型，其中数学模型是一种用数学形式把系统和信息或能量传递规律描述出来的表达式，是反映系统本质的最简洁明了的代表，是最科学的模型表达形式。建模的步骤包括：确定模型的使用目的和性能要求，确定系统及其周围的环境条件，确定系统的组成单元，研究单元之间的相互关系，建立单元模型，根据对象的试验数据对包含在模型中的不确定参数进行辨识，根据所得模型进行仿真研究，检验模型与实际系统的对应关系，最后修正模型。

7.1 汽车防抱死制动系统模型

7.1.1 整车模型

汽车的实际制动过程是非常复杂的，对其制动过程做以下假设，如图 7.1.1 所示。

（1）汽车左右完全对称。

（2）忽略汽车悬架的影响。

（3）汽车在制动过程中忽略俯仰运动，考虑横摆运动。

（4）忽略路面的不平和风阻的影响。

（5）汽车在进行直线制动过程中受到一个侧向干扰力。

（6）忽略轮胎的转动惯量和滚动阻力。

则汽车的运动方程式如下：

$$M\dot{v}_x = -\sum_{i=1}^{4} F_{xi} + M\dot{\varphi}v_y \tag{7.1}$$

$$M\dot{v}_y = F_0 - \sum_{i=1}^{4} F_{yi} + M\dot{\varphi}v_x \tag{7.2}$$

$$I_z\ddot{\varphi} = (F_{x2} + F_{x4} - F_{x1} - F_{x3})\frac{C}{2} + (F_{y3} + F_{y4})b - (F_{y1} + F_{y2})a \tag{7.3}$$

方程（7.1）、（7.2）、（7.3）分别表示关于纵向、横向以及绕 z 轴的转动的方程式。

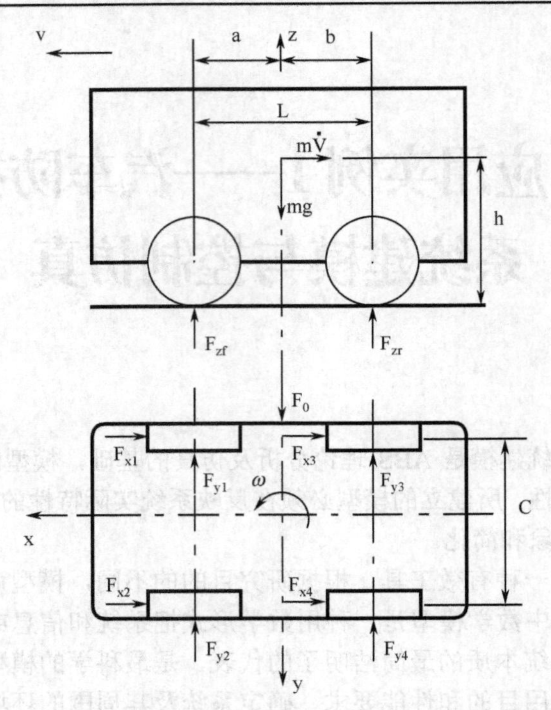

图 7.1.1 整车受力图

7.1.2 轮胎模型

轮胎侧偏角表达式为：

$$\beta = \frac{v_y}{v_x}$$

式中，为整车的侧偏角。

$$\begin{cases} \beta_f = \beta + a\omega_r / v_x \\ \beta_r = \beta - b\omega_r / v_x \end{cases}$$

式中，β_f 为前轮侧偏角，β_r 为后轮侧偏角。

由于汽车在制动过程中受到制动力和侧向力的影响，产生纵向和横向的加速度使得汽车的轮胎载荷产生变化，通过分析得每个轮胎载荷为：

$$\begin{cases} F_{z1} = \dfrac{M\dot{v}_x h - Mgb}{2L} - \dfrac{F_0 h + M\dot{v}_y h}{2C} \\ F_{z2} = \dfrac{M\dot{v}_x h - Mgb}{2L} + \dfrac{F_0 h + M\dot{v}_y h}{2C} \\ F_{z3} = \dfrac{M\dot{v}_x h - Mga}{2L} - \dfrac{F_0 h + M\dot{v}_y h}{2C} \\ F_{z4} = \dfrac{M\dot{v}_x h - Mga}{2L} + \dfrac{F_0 h + M\dot{v}_y h}{2C} \end{cases} \tag{7.4}$$

轮胎模型的种类有很多，比如魔术公式、Fiala 模型、刷子模型等，根据不同的仿真要求，选用不同的轮胎模型，在这里由于考虑侧向力的影响，选用 Gim 模型，其纵向力、侧向力和回转力矩分别如式（7.5）或式（7.8）、式（7.6）或式（7.9）、式（7.7）或式（7.10）所示。

当 $\xi_s = 1-\dfrac{K_s}{3\mu F_z}\dfrac{\lambda}{1-s} \geqslant 0$

$$F_x = -\frac{K_s s}{1-s}\xi_s^2 - 6\mu F_z\cos\theta\left(\frac{1}{6}-\frac{\xi_s^2}{2}+\frac{\xi_s^3}{3}\right) \tag{7.5}$$

$$F_y = -\frac{K_\beta\tan\beta}{1-s}\xi_s^2 - 6\mu F_z\sin\theta\left(\frac{1}{6}-\frac{\xi_s^2}{2}+\frac{\xi_s^3}{3}\right) \tag{7.6}$$

$$\begin{aligned} M = {} & \frac{lK_\beta\tan\beta}{2(1-s)}\xi_s^2\left(1-\frac{4\xi_s}{3}\right)-\frac{3}{2}l\mu F_z\sin\theta\xi_s^2(1-\xi_s)^2 \\ & +\frac{2lK_s s\tan\beta}{3(1-s)^2}\xi_s^3+\frac{3l\mu^2F_z^2\sin\theta\cos\theta}{5K_\beta}(1-10\xi_s^3+15\xi_s^4+6\xi_s^5) \end{aligned} \tag{7.7}$$

当 $\xi_s = 1-\dfrac{K_s}{3\mu F_z}\dfrac{\lambda}{1-s} < 0$

$$F_x = -\mu F_z\cos\theta \tag{7.8}$$

$$F_y = -\mu F_z\sin\theta \tag{7.9}$$

$$M = \frac{3l\mu^2F_z^2\sin\theta\cos\theta}{5K_\beta} \tag{7.10}$$

其中，

$$\lambda = \sqrt{s^2+\left(\frac{K_\beta}{K_s}\right)^2\tan^2\beta}\,,\quad K_s = \frac{bl^2}{2}K_x,\quad K_\beta = \frac{bl^2}{2}K_y$$

$$\cos\theta = \frac{s}{\lambda},\sin\theta = \frac{K_\beta\tan\beta}{K_s\lambda}$$

式中，K_x 为轮胎的纵向刚度，K_y 为轮胎的侧向刚度，b 为轮胎印记的宽度，l 为轮胎印记的长度，s 为滑移率。

7.1.3　滑移率模型

未含 ABS 系统的制动过程：

$$s = \begin{cases} t, & t \leqslant 1 \\ 1, & t > 1 \end{cases}$$

含有 ABS 系统的制动过程：

$$s = \begin{cases} t, & t \leqslant 0.2 \\ 0.2, & t > 0.2 \end{cases}$$

滑移率与附着系数之间的关系：

$$\mu = \begin{cases} s, & 0 < s \leqslant 0.2 \\ \mu_s - 0.17s, & 1 \geqslant s > 0.2 \end{cases}$$

式中，μ_s 为路面的最大附着系数

7.1.4 单轮模型

在进行基于模型控制系统的分析和设计时，主要用到单轮车辆系统模型，单轮车辆系统制动模型如图 7.1.2 所示。

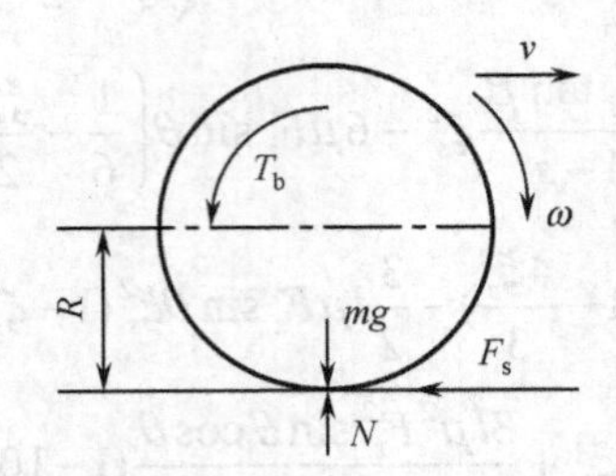

图 7.1.2 单轮车辆系统制动模型

图 7.1.2 中，u 为车轮中心速度即车辆速度；ω 为车轮角速度；r 为车轮半径；W 为车辆重力，$W=mg$，m 其中为车辆质量；T_b 为制动力矩；F_z 为地面制动力。

根据理论力学知识，可得单轮车辆制动模型的微分方程式：

$$m\dot{u}=-F_{\omega}-F_{b}$$

$$\mathrm{j}\dot{\omega}=F_{b}r-T_{b}$$

$$F_{b}=F_{z}\cdot\varphi$$

7.2 基于单轮模型的 Simulink 仿真

本章前几节中建立了车辆各个部分的数学模型，利用这些数学模型之间的相互联系，在给出初始条件的情况下，对其进行数值求解，就可以得到汽车在不同时刻的运动参数。一般的数值求解可以利用专门用于数值计算的软件。作为一种图形化界面的仿真建模软件，基于 MATLAB 语言环境的 Simulink 软件用户界面友好，操作方便，是目前工程界常用的仿真工具。Simulink 可以将数学模型通过图形化的方式直观地表达出来，并通过其内部的数值求解器进行求解，在仿真中使用 Simulink 是十分方便的。Simulink 免去了程序代码编程带来的低效与烦琐，既可用于动力学模拟也适用于控制系统的设计。各种功能模块化，可以直接用鼠标拖放模块，建立信号连接，进行建模。它以模块进行建模，控制系统和控制对象可以分别进行建模，每个子模块的参数可以单独修改，不影响其他模块的运行，从而给系统的扩展带来了方便。由于被控对象的模块化、标准化，采用不同控制模块可以对比不同控制方式的优劣，从中选择最佳的控制算法。目前，Simulink 软件由于其自身的众多优点，已经被汽车行业作为系统建模和控制仿真的首选之一。

根据上述数学模型搭建的 Simulink 模型如图 7.2.1 所示。

模型根据输入的理想滑移率与系统反馈过来的实际滑移率之差，经过符号函数 sign 模块确定此时应该增加还是减少制动力矩，地面制动力矩减去汽车的制动力矩再除以汽车轮胎的转动惯量就得到此时车轮的角速度。再根据不同滑移率下的地面附着系数，根据式（1）得到汽车的加速度，积分后与初始车速相加得到即时车速。系统反馈的滑移率则通过输出的车轮角速度与汽车速度对应的角速度通过一个 MATLAB 函数计算得到。制动过程仿真模型参数如表 7.2.1 所示。

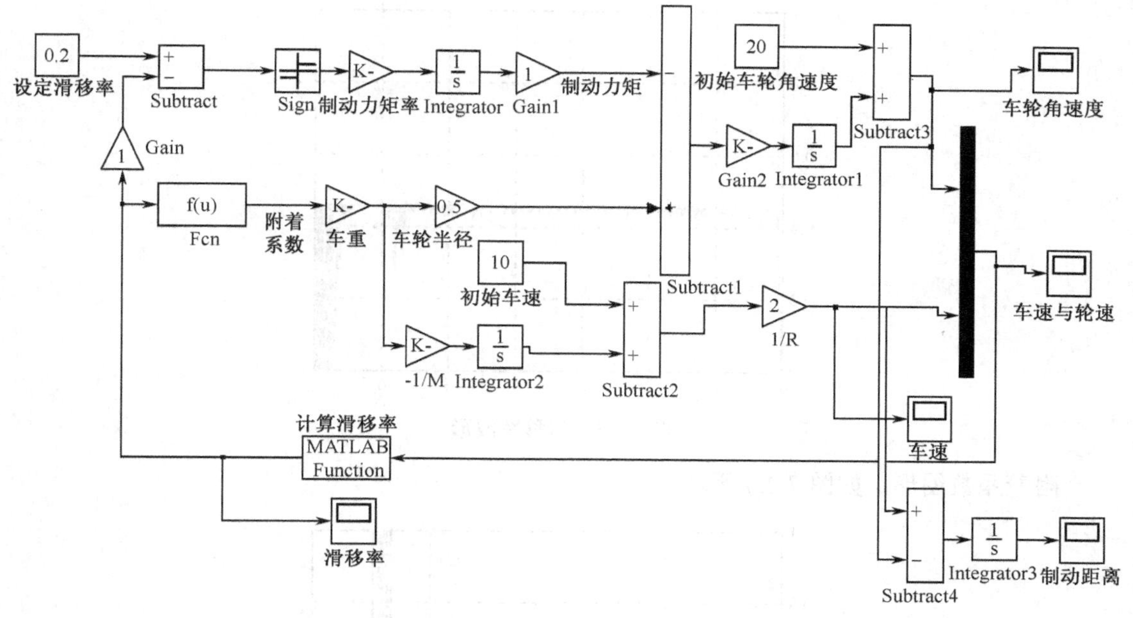

图 7.2.1　ABS 单轮 Simulink 仿真模型

表 7.2.1　制动过程仿真模型参数

参　　数	数　　值
整车重量 *W*/N	3900*4
车轮转动惯量 J/(kg.m^{-2})	1.7
车轮半径 *R*/m	0.3
制动初速度 *V*/(m.s^{-1})	30
制动力增长因数 *a*/(N.m.s^{-1})	8000
理想滑移率 *s*	0.2

仿真后得到如下波形。

车速与轮速的波形，如图 7.2.2 所示。

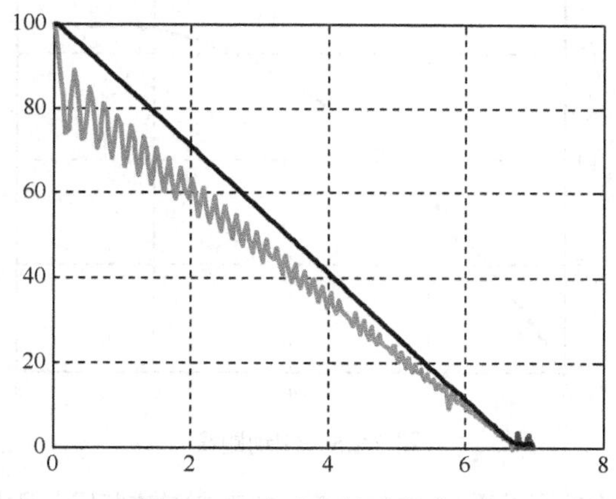

图 7.2.2　车速与轮速的波形

滑移率波形，如图 7.2.3 所示。

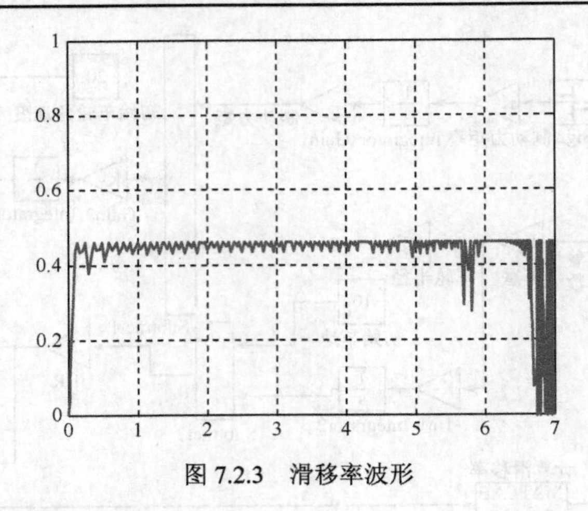

图 7.2.3 滑移率波形

附着系数图形，如图 7.2.4 所示。

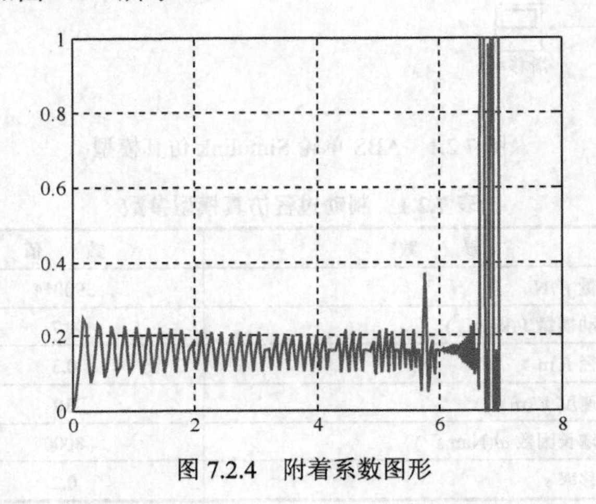

图 7.2.4 附着系数图形

制动距离，如图 7.2.5 所示。

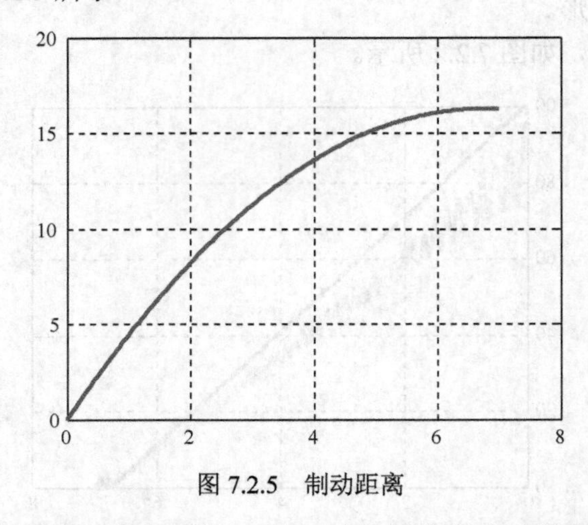

图 7.2.5 制动距离

由车速和轮速的波形图可以看出装有 ABS 的车轮在制动过程中没有抱死，轮速始终在小于车速的附近波动，因为制动器有明显的增压、保压和减压状态，而没有 ABS 装置时车轮迅速抱死（轮速迅速降为 0）。

由滑移率的波形可见，装有 ABS 装置的滑移率基本保持在最佳滑移率附近(0.1～0.3)，符合 ABS 控制理论。而没有 ABS 装置的滑移率由 0 迅速升至 1，没有办法维持最佳的滑移率状态。

由附着系数图形可知，装有 ABS 装置的图形附着系数一直维持在最大值（0.4）左右，而没有装 ABS 装置的附着系数在滑移率超过最佳滑移率（0.12s）时，逐渐减小，可见 ABS 可以利用最佳的附着系数。

由制动距离的波形可见，装有 ABS 的装置制动距离为 80，没有 ABS 的制动距离需要 600，说明 ABS 装置能够明显缩短制动距离。

第 8 章　应用实例 2——车辆悬架系统的建模和控制仿真

我们分析汽车这个比较复杂的系统时，需要把这个系统转化为一个比较简单的系统，这个系统不仅便于我们利用数学方法进行分析计算，而且和实际的系统相类似，不影响我们所关心的有关问题的讨论。

8.1　汽车悬架系统模型

汽车是一个比较复杂的系统，分析它时，对一些感兴趣的问题我们要着重进行考虑分析，对一些不影响主题的问题可以忽略不计，从而得到一个简化的模型。我们首先分析一下汽车的立体模型。

为了便于分析，我们假设为 1/4 车辆模型（单轮车辆模型），设其悬挂质量 m_s，它包括车身、车架及其上的总成。悬挂质量通过减振器和弹簧元件与车轴、车轮相连。车轮、车轴构成的非悬挂质量为 m_t。车轮再经过具有弹性和阻尼的轮胎支承在不平路面上。

在这一立体模型中，我们主要考虑的是乘坐的舒适性，即车身的平顺性。我们分析车身质量时主要考虑垂直、俯卧、侧倾 3 个自由度，而当汽车简化为单轮模型时，汽车车身只有垂直的自由度，而这个自由度的振动对于平顺性的分析影响最大。再加上车轮的垂直自由度，我们可以把汽车简化成两个自由度的平面模型。

在这个模型中，轮胎阻尼较小，因而可以忽略不计。因此简化后的 1/4 汽车简化如图 8.1.1 所示。图中，m_s 为车身质量，m_t 为轮胎质量，k_s 为被动悬架刚度，c_s 为被动悬架阻尼系数，k_t 为轮胎刚度，x_s 为车身相对平衡位置的位移，x_t 为车轮相对平衡位置的位移，x_r 为路面不平度的位移输入，$\dot{x}_r$ 近似处理为零均值的白噪声 $w(t)$，$u(t)$为主动悬架的控制力。

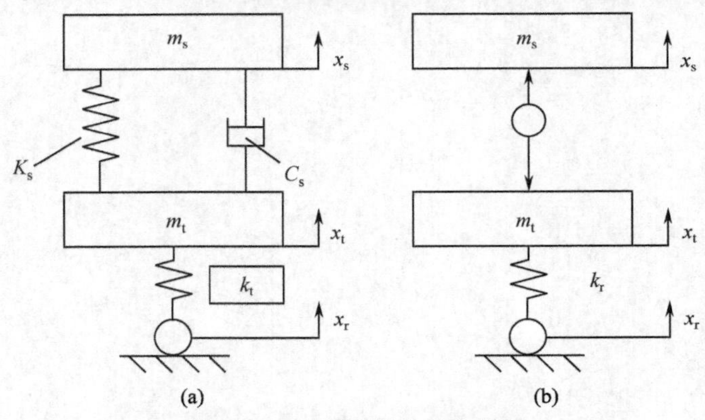

图 8.1.1　两种悬架的简化模型

下面分别建立这两种悬架的状态空间表达式。

8.1.1　汽车被动悬架系统状态方程的建立

由牛顿定律，可建立图 8.1.1(a)所示被动悬架系统的运动微分方程为

$$\begin{cases} m_s\ddot{x}_s + k_s(x_s - x_t) + c_s(\dot{x}_s - \dot{x}_t) = 0 \\ m_t\ddot{x}_t - k_t(x_r - x_t) - k_s(x_s - x_t) - c_s(\dot{x}_s - \dot{x}_t) = 0 \end{cases} \tag{8.1}$$

选取状态变量 $x_1 = x_s - x_t$， $x_2 = \dot{x}_s$， $x_3 = x_r - x_t$， $x_4 = \dot{x}_t$，构成状态向量 $\boldsymbol{X} = [x_1 \quad x_2 \quad x_3 \quad x_4]^{\mathrm{T}}$；状态变量的物理意义分别为：$x_1$ 为悬架动挠度，x_2 为车身速度，x_3 为轮胎动变形，x_4 为车轮速度。由微分方程式(8.1)可得被动悬架系统的状态方程为

$$\dot{X} = AX + Bw(t) \tag{8.2}$$

$$\boldsymbol{A} = \begin{bmatrix} 0 & 1 & 0 & -1 \\ -k_s/m_s & -c_s/m_s & 0 & c_s/m_s \\ 0 & 0 & 0 & -1 \\ k_s/m_t & c_s/m_t & k_t/m_t & -c_s/m_t \end{bmatrix}, \quad \boldsymbol{B} = \begin{bmatrix} 0 \\ 0 \\ 1 \\ 0 \end{bmatrix} \tag{8.3}$$

评价汽车悬架的性能时，主要是考虑它对汽车平顺性和操作稳定性的影响，而评价汽车这些性能时常常涉及的一些主要参数为车身垂直振动加速度、悬架的变形和轮胎的变形等。故系统的输出量考虑为悬架的三个性能指标： $y_1 = \ddot{x}_s = \dot{x}_2$ 为车身加速度； $y_2 = x_s - x_t = x_1$ 为悬架动挠度； $y_3 = x_r - x_t = x_3$ 为轮胎动变形；构成输出向量 $\boldsymbol{U} = -\boldsymbol{KX}$ 。由式(8.1)可写出输出方程为：

$$\boldsymbol{Y} = \boldsymbol{CX} \tag{8.4}$$

式中，

$$\boldsymbol{C} = \begin{bmatrix} -k_s/m_s & -c_s/m_s & 0 & c_s/m_s \\ 1 & 0 & 0 & 0 \\ 0 & 0 & 1 & 0 \end{bmatrix} \tag{8.5}$$

8.1.2　汽车主动悬架系统状态方程的建立

由于主动悬架和被动悬架的区别在于前者除了具有弹性元件和减振器以外，它还在车身和车轴之间安装了一个由中央处理器控制的力发生器，它能按照中央处理器下达的指令上下运动，进而分别对汽车的簧载质量和非簧载质量产生力的作用。

图 8.1.1(b)所示主动悬架模型系统的运动微分方程为

$$\begin{cases} m_s\ddot{x}_s = u \\ m_t\ddot{x}_t = -u - k_t(x_t - x_r) \end{cases} \tag{8.6}$$

与被动悬架类似，选取状态变量 $x_1 = x_s - x_t$， $x_2 = \dot{x}_s$， $x_3 = x_r - x_t$， $x_4 = \dot{x}_t$，构成状态向量 $\boldsymbol{X} = [x_1 \quad x_2 \quad x_3 \quad x_4]^{\mathrm{T}}$；选取输出变量 $y_1 = \ddot{x}_s = \dot{x}_2$， $y_2 = x_s - x_t = x_1$， $y_3 = x_r - x_t = x_3$，构成输出向量 $\boldsymbol{Y} = \left[y_1 \quad y_2 \quad y_3\right]^{\mathrm{T}}$,于是由运动方程式（8.6）可得系统的状态方程和输出方程分别为

$$\dot{\boldsymbol{X}} = \boldsymbol{A}_1\boldsymbol{X} + \boldsymbol{B}_1\boldsymbol{u} + \boldsymbol{D}_1\omega(t) \tag{8.7}$$

$$\boldsymbol{Y} = \boldsymbol{C}_1\boldsymbol{X} + \boldsymbol{E}_1 u \tag{8.8}$$

式中，

$$\boldsymbol{A}=\begin{bmatrix}0 & 1 & 0 & -1\\0 & 0 & 0 & 0\\0 & 0 & 0 & -1\\0 & 0 & 5333.333 & 0\end{bmatrix},\ \boldsymbol{B}_1=\begin{bmatrix}0\\1/m_s\\0\\-1/m_t\end{bmatrix},\ \boldsymbol{D}_1=\begin{bmatrix}0\\0\\1\\0\end{bmatrix},$$

$$\boldsymbol{C}_1=\begin{bmatrix}0 & 0 & 0 & 0\\1 & 0 & 0 & 0\\0 & 0 & 1 & 0\end{bmatrix},\ \boldsymbol{E}_1=\begin{bmatrix}1/m_s\\0\\0\end{bmatrix}$$

本节主要建立了一个与汽车实际情况类似而又不失其简单性的二自由度 1/4 车辆模型，并针对被动悬架和主动悬架，选取适当的状态变量，建立了主、被动悬架的状态方程。此状态方程中的状态变量较好地描述了系统的运动特性，而输出变量也能充分反映汽车的平顺性和安全性。

8.2　悬架系统模型性能分析及仿真

假设某个安装被动悬架汽车的结构参数为：

$m_s = 240$ kg

$m_t = 30$ kg

$k_s = 16000$ N/m

$c_s = 980$ Ns/m

$k_t = 160000$ N/m

把以上参数代入汽车被动悬架系统的状态方程和主动悬架系统的状态方程中。

8.2.1　稳定性分析

1．被动悬架模型

将以上参数代入得到

$$\boldsymbol{A}=\begin{bmatrix}0 & 1 & 0 & -1\\-66.667 & -4.083 & 0 & 4.0833\\0 & 0 & 0 & -1\\533.333 & 32.667 & 5333.333 & -32.667\end{bmatrix},\boldsymbol{B}=\begin{bmatrix}0\\0\\1\\0\end{bmatrix}$$

$$\boldsymbol{C}=\begin{bmatrix}-66.667 & -4.083 & 0 & 4.083\\1 & 0 & 0 & 0\\0 & 0 & 1 & 0\end{bmatrix},\boldsymbol{D}=\begin{bmatrix}0\\0\\0\end{bmatrix}$$

在 MATLAB 中利用命令[z,p,k]=ss2zp(A,B,C,D)，可求得汽车被动悬架系统的极点：

−16.6626 + 74.0256i

−16.6626 − 74.0256i

−1.7124　+ 7.6697i

−1.7124　− 7.6697i

这些极点都在左半 s 平面内，满足系统稳定性的条件，故可判断汽车被动悬架系统是稳定的。

2．主动悬架模型

为了得到系统的反馈力 $U=-KX$，我们可以先求出系统的状态变量 X，再求出反馈系数 K，把它们相乘即可得出反馈力 U。为获得快速响应，状态加权系数应远大于控制信号的加权系数 R，且权系数对悬架性能有很大影响，取值较大时，车身加速度值增大，悬架动挠度值减小，而轮胎动变形的影响则不明显，可设 q1=335000，q2=4050000，故 Q=[4050000 0 0 0;0 0 0 0;0 0 335000 0;0 0 0 0]。

执行以下文件：

```
A1=[0 1 0 −1;0 0 0 0;0 0 0 −1;0 0 5333.333 0];
B1=[0;0.00417;0;−0.0333];
Q=[4050000 0 0 0;0 0 0 0;0 0 3350000 0;0 0 0 0];
R=[1];
[K,P,E]=lqr(A1,B1,Q,R)
```

可得：

K =[2012.5 976.8 −1840.9 −37.2]

原状态方程可写为：

$$\dot{X}=(A_1-B_1K)X+D_1\omega(t)$$

$$Y=(C_1-E_1K)X$$

代入参数后得到

$$\boldsymbol{A}=\begin{bmatrix}0 & 1 & 0 & -1\\ -8.4 & -4.1 & 7.7 & 0.2\\ 0 & 0 & 0 & -1\\ 67 & 32.5 & 5272 & 1.2\end{bmatrix},\quad \boldsymbol{B}=\begin{bmatrix}0\\0\\1\\0\end{bmatrix}$$

$$\boldsymbol{C}=\begin{bmatrix}-8.3859 & -4.0703 & 7.6711 & 0.1549\\ 1 & 0 & 0 & 0\\ 0 & 0 & 1 & 0\end{bmatrix},\quad \boldsymbol{D}=\begin{bmatrix}0\\0\\0\end{bmatrix}$$

在 MATLAB 中利用命令[z,p,k]=ss2zp(A,B,C,D)，可求得汽车主动悬架系统的极点为：

−0.6202 +73.0316i

−0.6202 −73.0316i

−2.0354 +2.0611i

−2.0354 −2.0611i

这些极点都在左半 s 平面内，满足系统稳定性的条件，故可判断汽车主动悬架系统是稳定的。

8.2.2　脉冲响应

由 Sinulink 创建如图 8.2.1 所示的模型。

通过仿真可得如下各输出的脉冲响应（左图为被动模型，右图为主动模型）：

- 车身加速度（横坐标表示时间，纵坐标表示输出响应量幅值的大小，下同），如图 8.2.2 所示。
- 悬架动挠度，如图 8.2.3 所示。
- 轮胎动变形，如图 8.2.4 所示。

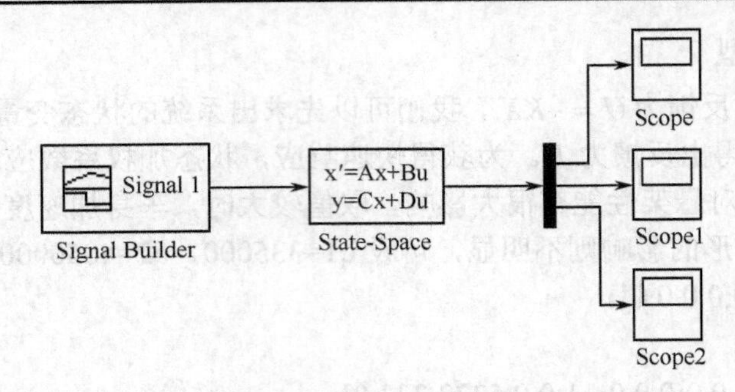

图 8.2.1　悬架模型正弦响应

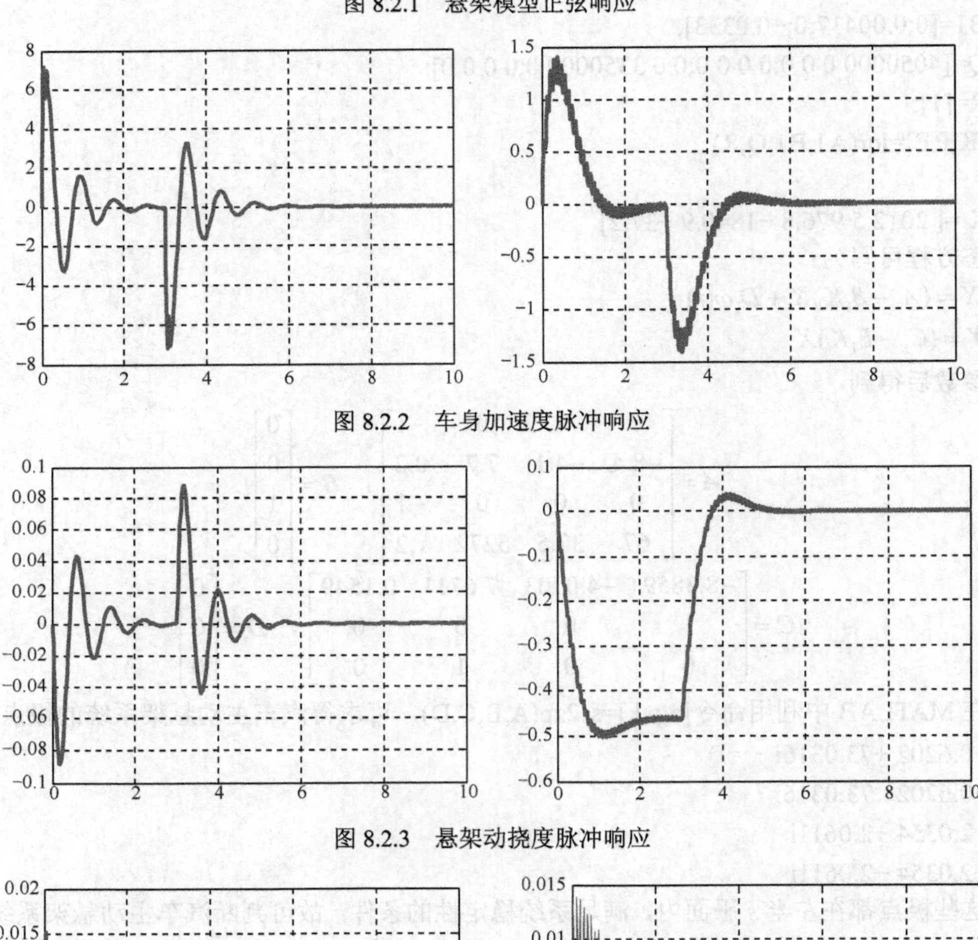

图 8.2.2　车身加速度脉冲响应

图 8.2.3　悬架动挠度脉冲响应

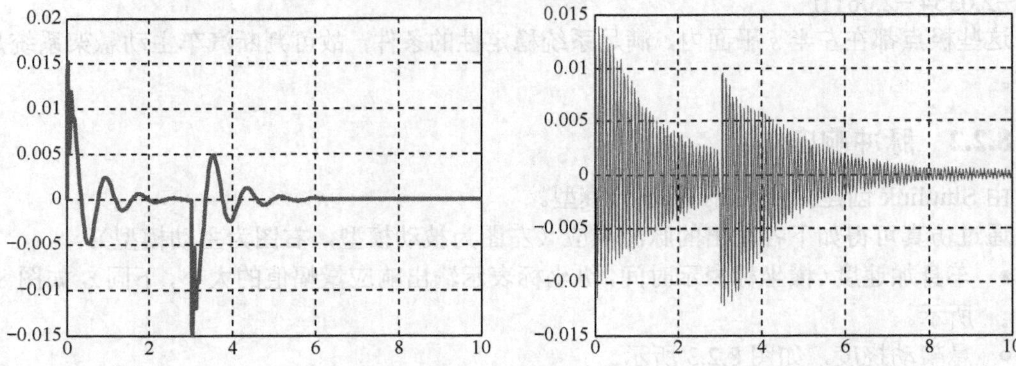

图 8.2.4　轮胎动变形脉冲响应

8.2.3 锯齿波响应

在 Sinulink 中将图 8.2.1 中的输入源换成 Signal Generator，选择锯齿波输入即可。通过仿真可得如下各输出的锯齿波响应：

- 车身加速度，如图 8.2.5 所示。

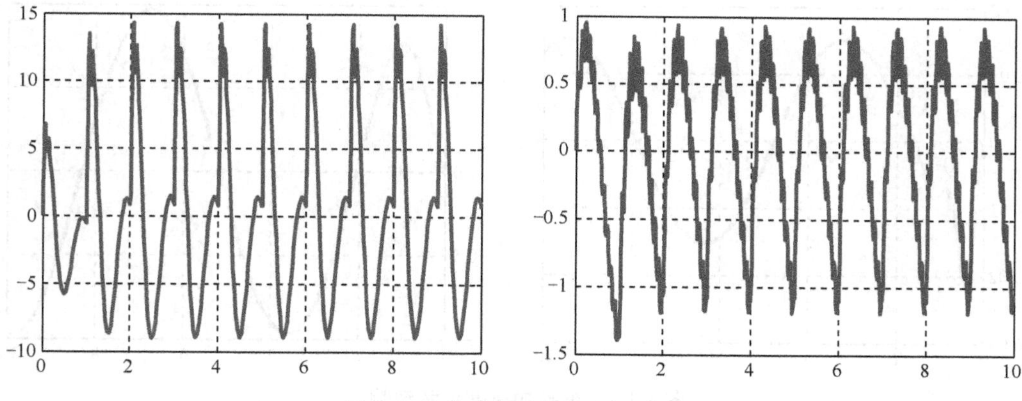

图 8.2.5 车身加速度锯齿波响应

- 悬架动挠度，如图 8.2.6 所示。

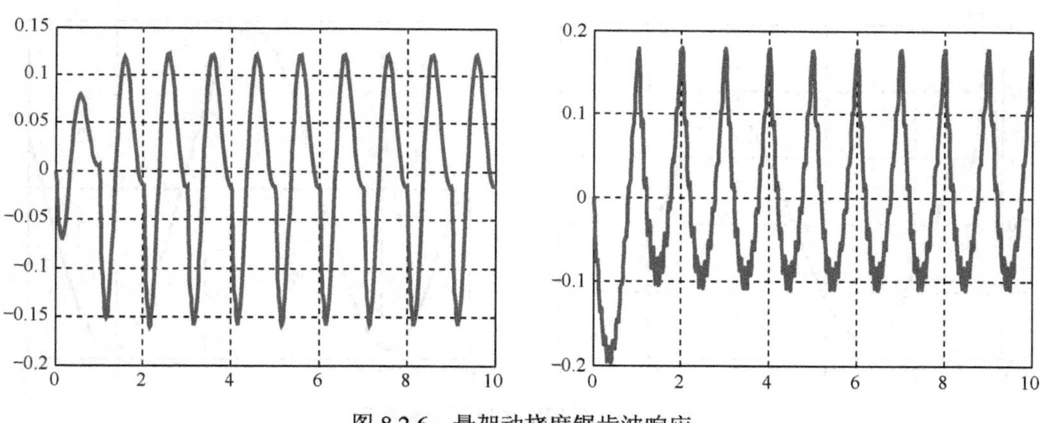

图 8.2.6 悬架动挠度锯齿波响应

- 轮胎动变形，如图 8.2.7 所示。

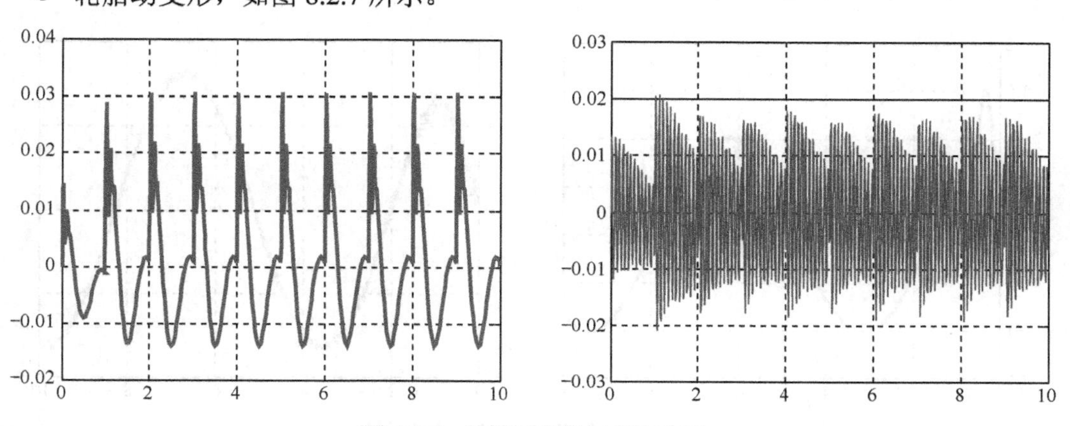

图 8.2.7 轮胎动变形锯齿波响应

8.2.4　正弦波响应

在 Sinulink 中将图 8.2.1 中的输入源换成正弦波输入即可。通过仿真可得如下各输出的正弦波响应：

● 车身加速度，如图 8.2.8 所示。

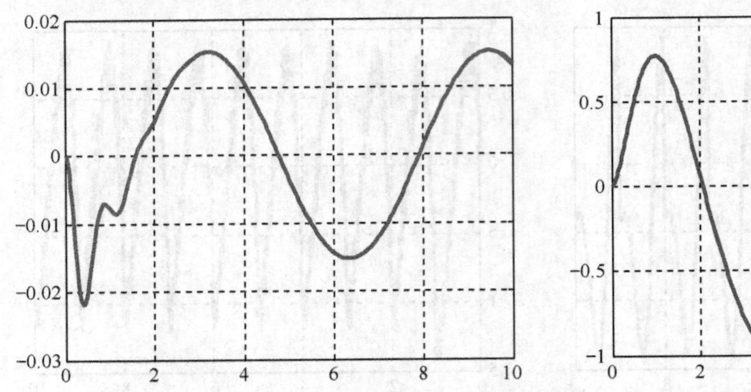

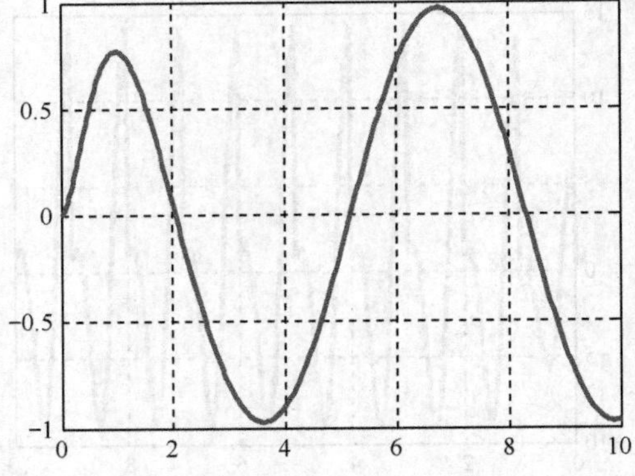

图 8.2.8　车身加速度正弦波响应

● 悬架动挠度，如图 8.2.9 所示。

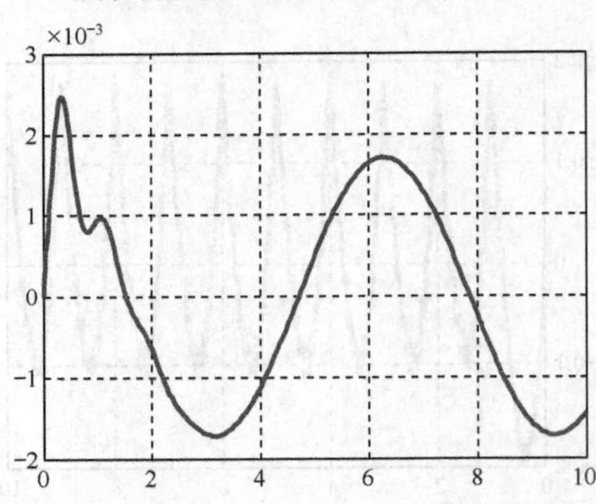

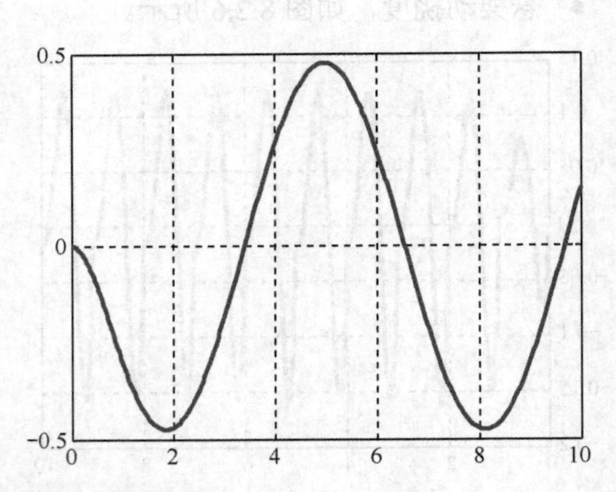

图 8.2.9　悬架动挠度正弦波响应

● 轮胎动变形，如图 8.2.10 所示。

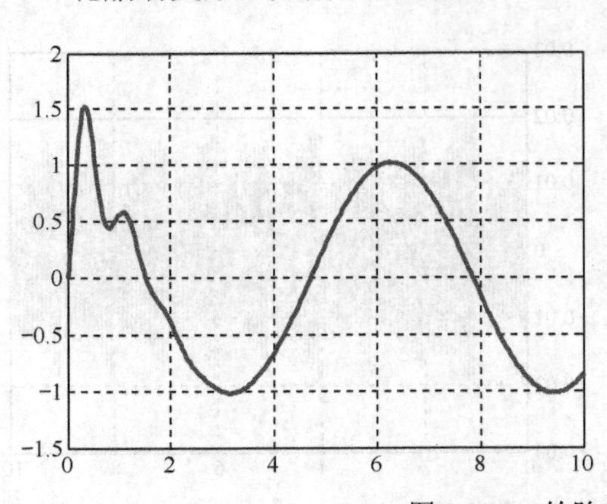

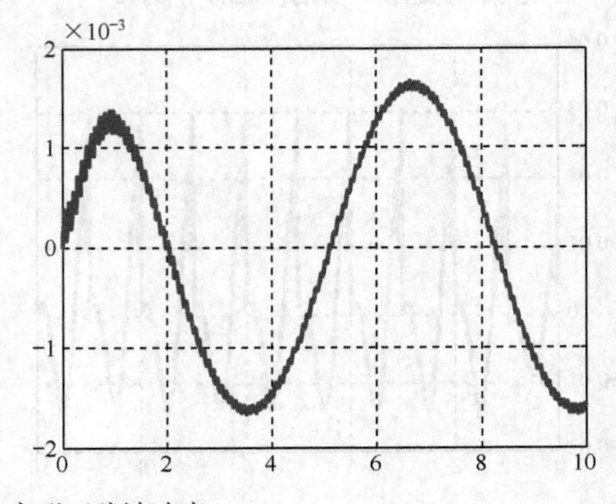

图 8.2.10　轮胎动变形正弦波响应

8.2.5　白噪声路面模拟输入仿真

在模拟路面输入时，用白噪声信号作为路面不平度的输入信号。建立悬架模拟仿真模型如图 8.2.11 所示。由于要仿真汽车在实际路面上行驶时的性能，本仿真模块输入源取为（Band-Limted White Noise）有限带宽白噪声，经积分后得到仿真路面。

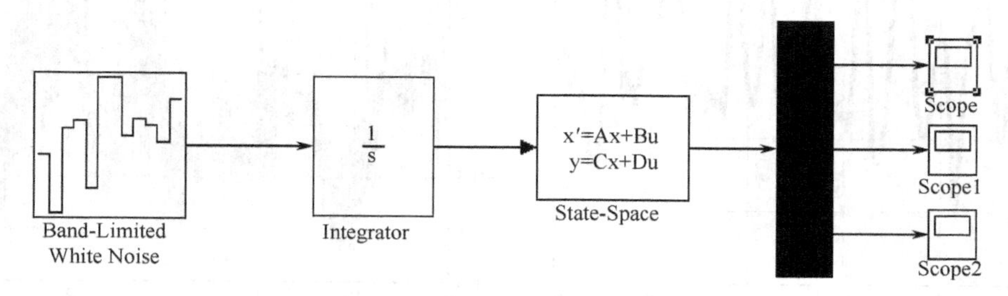

图 8.2.11　悬架路面输入模拟仿真模型

由于人体对平顺性、舒适性最主要的感觉是车身振动的频率与强度（即加速度大小），本仿真输出模块选取示波器和功率谱密度分析器（Simulink Extras 下 Additional Sinks 中的 Averaging Power Spectral Density 选件）对车身加速度进行仿真分析。

通过仿真可得如下所示的各输出响应：

- 车身加速度，如图 8.2.12 所示。

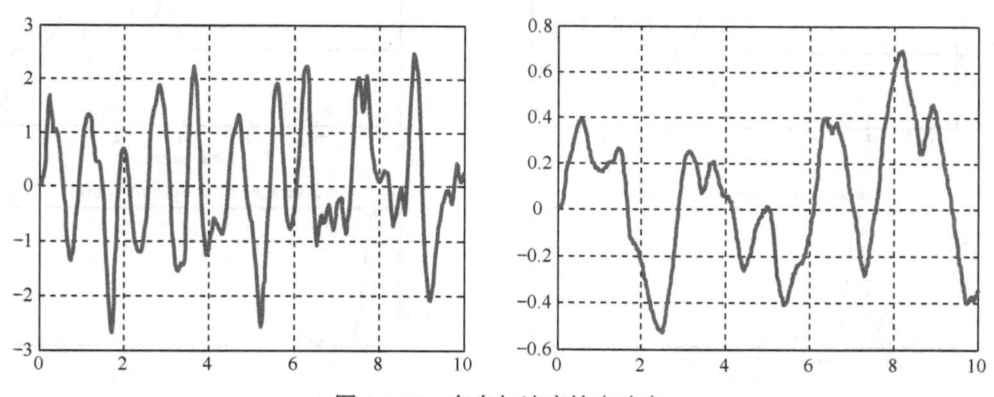

图 8.2.12　车身加速度输出响应

- 悬架动挠度，如图 8.2.13 所示。

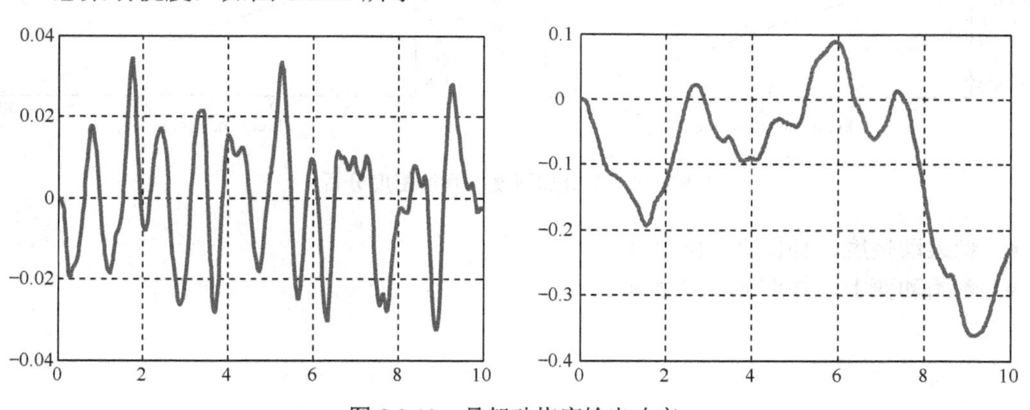

图 8.2.13　悬架动挠度输出响应

- 轮胎动变形，如图 8.2.14 所示。

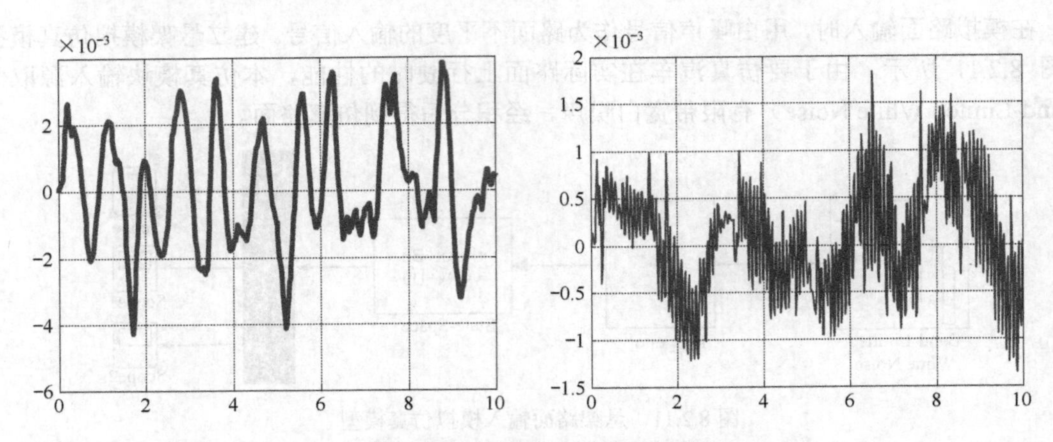

图 8.2.14　轮胎动变形输出响应

功率谱密度分析：左为被动模型，右为主动模型。

- 车身加速度，如图 8.2.15 所示。

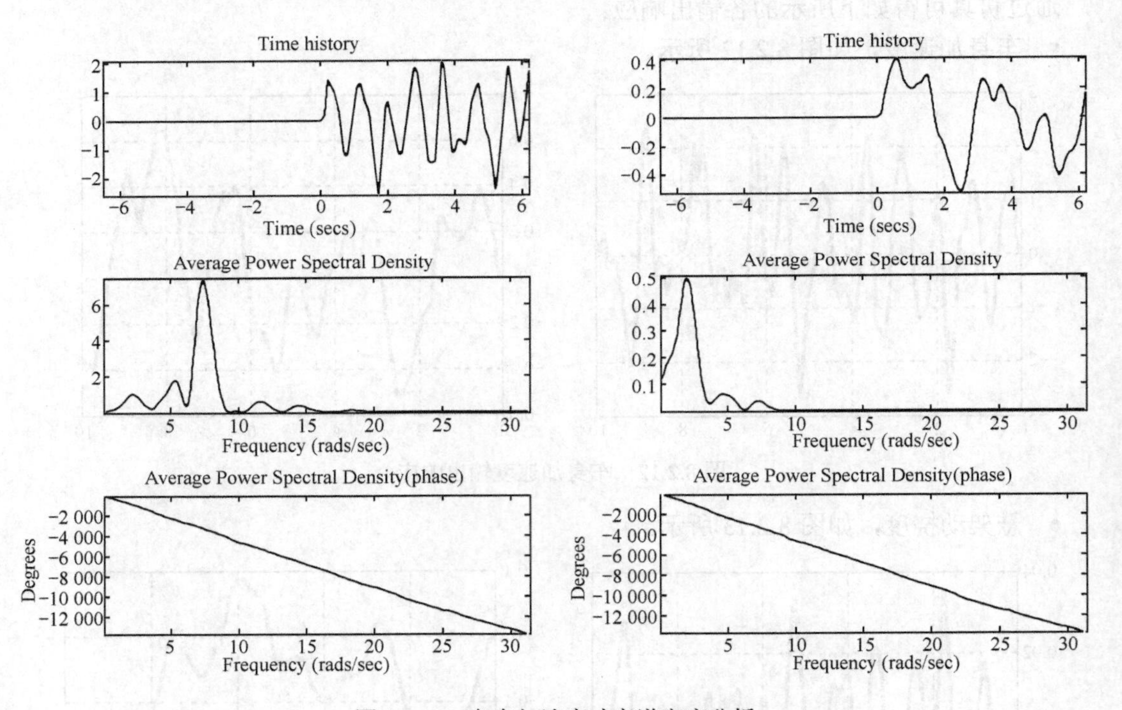

图 8.2.15　车身加速度功率谱密度分析

- 悬架动挠度，如图 8.2.16 所示。
- 轮胎动变形，如图 8.2.17 所示。

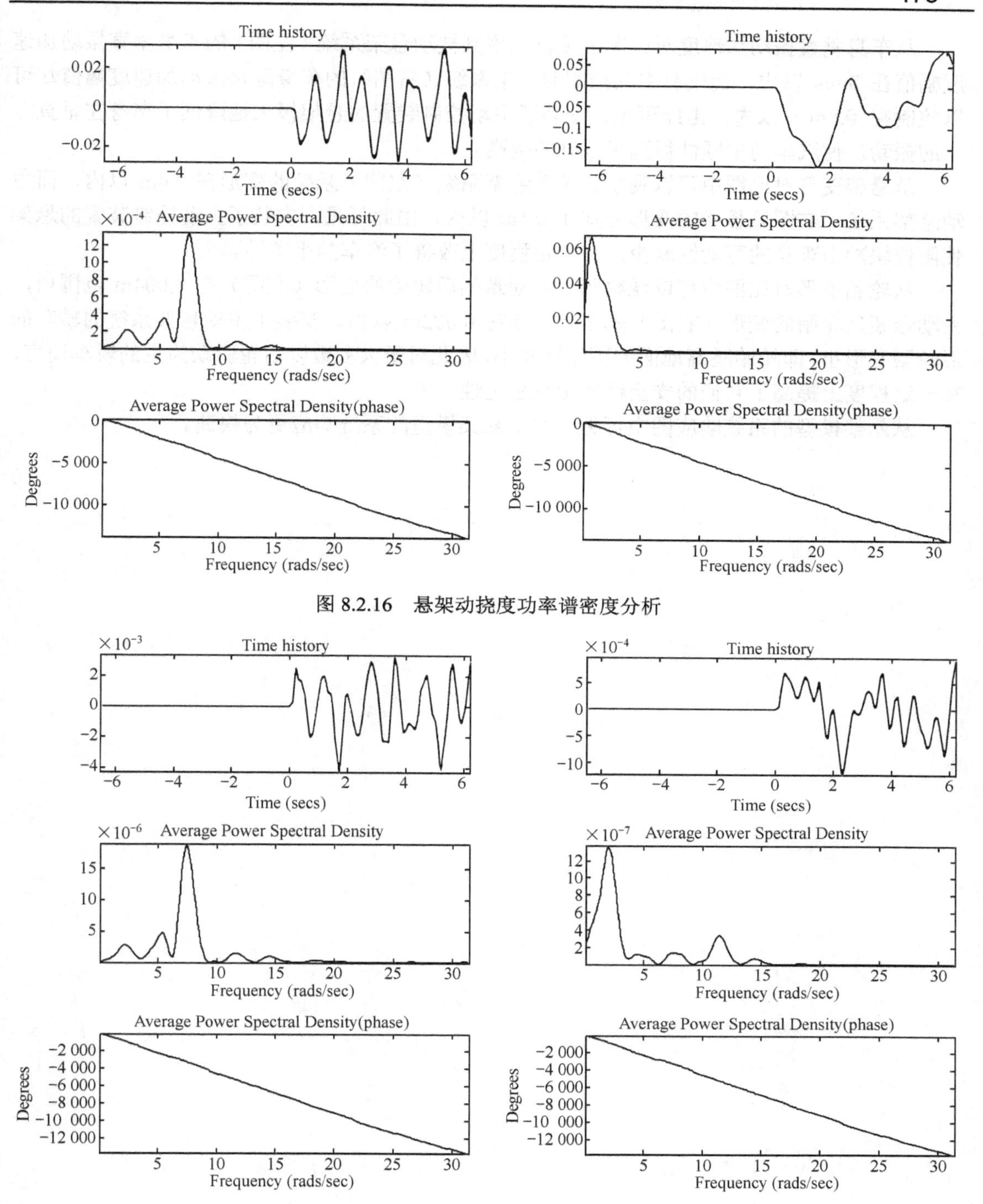

图 8.2.16　悬架动挠度功率谱密度分析

图 8.2.17　轮胎动变形功率谱密度分析

8.2.6　汽车悬架系统的对比分析及评价

由于被动悬架系统和主动悬架系统具有相同的结构参数，只不过是主动悬架系统安装了一个控制反馈装置，并且它们都是以一定的速度行驶在相同路面上，因此这两个悬架系统的模拟仿真结果具有较好的可比性。

从车身垂直振动加速度对比图中可以观察到被动悬架系统（左图）的车身垂直振动加速度幅值在 3m/s 以内，而安有主动控制的悬架系统（右图）的车身垂直振动加速度幅值却可以控制在 0.8m/s 以内，由此可见，安装了主动控制装置的悬架极大地降低了车身在垂直方向的振动，使汽车的平顺性得到了很好的提高。

从悬架变形对比图中可以观察到被动悬架系统（左图）悬架的变形在 0.4m 以内，而主动悬架系统（右图）悬架的变形分别在 0.1m 以内，由此可见，安装了主动控制装置的悬架使限位块冲击车身的可能性减少，在一定程度上改善了汽车的平顺性。

从轮胎变形对比图中可以观察到，被动悬架后轮胎的变形（左图）在 0.004m 范围内，主动悬架后轮胎的变形（右图）基本上控制在 0.002m 以内。安装了主动悬架系统的轿车的后轮胎变形小，即轮胎跳离地面的可能性减小，因此对于大多数以后轮驱动为主的轿车而言，在一定程度上提高了它们的安全性和操纵稳定性。

从悬架模型的系统响应图中可见，主动悬架模型的系统响应更为快速。

第 9 章　应用实例 3——汽车四轮转向控制系统仿真

9.1　四轮转向车辆的动力学模型

本章所用符号标记如表 9.1 所示。

表 9.1　符号标记及意义

符　号	意　义	符　号	意　义
M	整车质量	I_z	质心的横摆转动惯量
u	沿 x 轴方向的前进速度	v	沿 y 轴方向的前进速度
β	质心处侧偏角	r	横摆角速度
δ_f	前轮转角	δ_r	后轮转角
L_f	质心至前轴的距离	L_r	质心至后轴的距离
F_{y1}	前轮侧偏力	F_{y2}	后轮侧偏力
C_y	前轮的侧偏刚度	C_r	后轮的侧偏刚度
α_f	前轮侧偏角	α_r	后轮侧偏角
K	稳定性因数	i	前后轮比例常数
K_c	前后轮输入分配比		

操纵稳定性的研究和评价方法多种多样，所涉及的问题也非常广泛。目前，占主导地位的研究方法是把汽车视为一个线性的开环控制系统，建立一个能表征系统运动特性的二自由度运动方程，从而分析汽车的操纵稳定性。因此，汽车的二自由度运动方程是研究汽车操纵稳定性的基础。

在四轮转向分析中，通常采用的是把汽车简化为一个二自由度的两轮车模型，如图 9.1.1 所示，忽略悬架的作用，认为汽车只做平行于地面的平面运动，即汽车只有沿 y 轴的侧向运动和绕质心的横摆运动。此外，汽车的侧向加速度限定在 0.4g 以下，轮胎侧偏特性处于线性范围内。

模型的运动微分方程为：

$$\begin{cases} Mu(r+\dot{\beta}) = F_{y1}\cos\delta_f + F_{y2}\cos\delta_r \\ I_z\dot{r} = F_{y1}L_f\cos\delta_f - F_{y2}L_r\cos\delta_r \end{cases} \tag{9.1}$$

式（9.1）中，M 为整车质量；V 为车速；u 为沿 x 轴方向的前进速度；v 为沿 y 轴方向的侧向加速度；β 为质心处的侧偏角，$\beta = v/u$；r 为横摆角速度；I_z 为绕质心的横摆转动惯量；δ_f 和 δ_r 分别为前、后轮转角；L_f 和 L_r 分别为质心至前、后轴的距离；F_{y1} 和 F_{y2} 分别为前、后轮侧偏力。

考虑到前、后轮转角较小，近似认为 $\cos\delta_f=1$，$\cos\delta_r=1$，则式（9.1）可写为：

$$\begin{cases} Mu(r+\dot{\beta})=F_{y1}+F_{y2} \\ I_z\dot{r}=F_{y1}L_f-F_{y2}L_r \end{cases} \tag{9.2}$$

式中，

$$F_{y1}=C_f\alpha_f \tag{9.3}$$

$$F_{y2}=C_r\alpha_r \tag{9.4}$$

其中，C_f、C_r 分别为前、后轮的侧偏刚度且取负值；α_f、α_r 分别为前、后轮胎侧偏角。$\alpha_f=\beta+(L_f/u)r-\delta_f$，$\alpha_r=\beta-(L_r/u)r-\delta_r$。

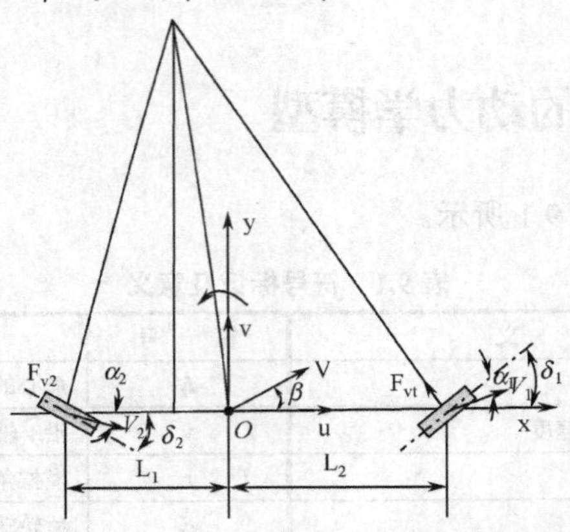

图 9.1.1　二自由度四轮转向汽车模型

9.2　基于横摆角速度反馈控制的四轮转向系统研究

9.2.1　模型的建立

将式（9.3）、式（9.4）代入式（9.2）中，得到如下运动微分方程

$$\begin{cases} M\dot{v}+Mur-(C_f+C_r)\beta-\dfrac{1}{u}(L_fC_f-L_rC_r)r+(C_f\delta_f+C_r\delta_r)=0 \\ I_z\dot{r}-(L_fC_f-L_rC_r)\beta-\dfrac{1}{u}(L_f^2C_f+L_r^2C_r)r+L_fC_f\delta_f-L_rC_r\delta_r=0 \end{cases} \tag{9.5}$$

当后轮转角 $\delta_f=0$ 时，系统即为二轮转向系统。

这里采用 Sano 等提出的定前后轮转向比四轮转向系统。定义 i 为前后论转向比

$$i=\frac{-L_r-\dfrac{ML_f}{C_rL}u^2}{L_f-\dfrac{ML_r}{C_fL}u^2} \tag{9.6}$$

则 4WS 汽车后轮转角 $\delta_r=i\delta_f$，且 $|i|<1$。当 i 为正时，即 $0<i<1$ 时为前后轮同方向转向；当 i 为负时，即 $-1<i<0$ 时为前后轮反方向转向。则式（9.5）可变化为

$$\begin{cases} M\dot{v}+Mur-(C_f+C_r)\beta-\dfrac{1}{u}(L_fC_f-L_rC_r)r+\delta_f(C_f+C_ri)=0 \\ I_z\dot{r}-(L_fC_f-L_rC_r)\beta-\dfrac{1}{u}(L_f^2C_f+L_r^2C_r)r+\delta_f(L_fC_f-L_rC_ri)=0 \end{cases} \tag{9.7}$$

式（9.7）虽然形式简单，却包含了汽车质量、轮胎的侧偏刚度、绕质心的转动惯量和质心位置这些最重要的参数，能够反映 4WS 汽车转向运动的最基本特征。

从需要解决的问题入手，需要的控制目标为横摆角速度 r 和质心侧偏角 β。所以从式（9.7）中找出转角输入-横摆角速度输出的关系函数，以及转角输入-质心侧偏角输出的关系函数：

$$r(s)=\frac{a_1 s+a_0}{m's^2+hs+f}\delta_f+\frac{b_1 s+b_0}{m's^2+hs+f}\delta_r \tag{9.8}$$

$$\beta(s)=\frac{c_1 s+c_0}{m's^2+hs+f}\delta_f+\frac{d_1 s+d_0}{m's^2+hs+f}\delta_r \tag{9.9}$$

式（9.8）和式（9.9）中，

$$m'=MV^2I_z\text{；}\quad h=-[(L_f^2C_f+L_r^2C_r)M+(C_f+C_r)I_z]V\text{；}$$

$$f=(C_f+C_r)(L_f^2C_f+L_r^2C_r)-(L_fC_f-L_rC_r)^2+(L_fC_f-L_rC_r)MV^2\text{；}$$

$$a_1=-ML_fC_fV^2\text{；}\quad a_0=(L_f+L_r)C_fC_rV\text{；}$$

$$b_1=ML_rC_rV^2\text{；}\quad b_0=-(L_f+L_r)C_fC_rV\text{；}$$

$$c_1=-I_zC_fV\text{；}\quad c_0=C_f[(L_f+L_r)L_rC_r+ML_fV^2]\text{；}$$

$$d_1=-I_zC_rV\text{；}\quad d_0=-C_r[-(L_f+L_r)L_fC_f+ML_rV^2]\text{。}$$

汽车在等速行驶时，前轮角阶跃输入下的稳态响应可以用稳态横摆角速度增益来评价。所谓稳态横摆角速度增益是指稳态时横摆角速度与前轮转角之比。稳态时，横摆角速度 r 为定值，此时 $\dot{v}=0$，$\dot{r}=0$，代入式（9.7）联立消去 v，得到稳态横摆角速度增益

$$\left.\frac{r}{\delta_f}\right|_s=\frac{(1-i)u}{[1+\frac{M}{L^2}(\frac{L_r}{C_f}-\frac{L_f}{C_r})u^2]L}=\frac{(1-i)u}{(1+Ku^2)L} \tag{9.10}$$

式（9.10）中，$L=L_f+L_r$ 为轴距；$K=\frac{M}{L^2}\left(\frac{L_r}{C_f}-\frac{L_f}{C_r}\right)$ 称为稳定性因数，其单位为 s^2/m^2，是表征汽车稳定响应的一个重要参数。

9.2.2　控制算法

Sano 提出的定前后轮转向比四轮转向系统，过分追求减小高速转向时的横摆角速度，使得后轮转角的随动性差，调节作用被限制在一个具体的范围之内，不可能充分地利用其机动性来提高稳定性；并且一般有较长时间的滞后。为了弥补这一不足，这里引用了一种横摆角速度反馈信息，进行再调节控制。

具体方法为：给出一个前轮转角阶跃输入后，不直接根据当前速度给出后轮转角，而是在忽略后轮转角的情况下，得出相应的横摆角速度响应，然后和稳态横摆角速度相比较，得出一个需要调整的值；以这个值通过一定的关系，求出当前需要的后轮横摆角。整个过程动态进行，后轮根据需要，不断接近最优值。其控制原理图如图 9.2.1 所示。其中，

$$G_{r/\delta_f}(s)=\frac{a_1 s+a_0}{m's^2+hs+f}\text{；}\quad G_{r/\delta_r}(s)=\frac{b_1 s+b_0}{m's^2+hs+f}$$

$$G_{\beta/\delta_f}(s)=\frac{c_1 s+c_0}{m's^2+hs+f}\text{；}\quad G_{\beta/\delta_r}(s)=\frac{d_1 s+d_0}{m's^2+hs+f}$$

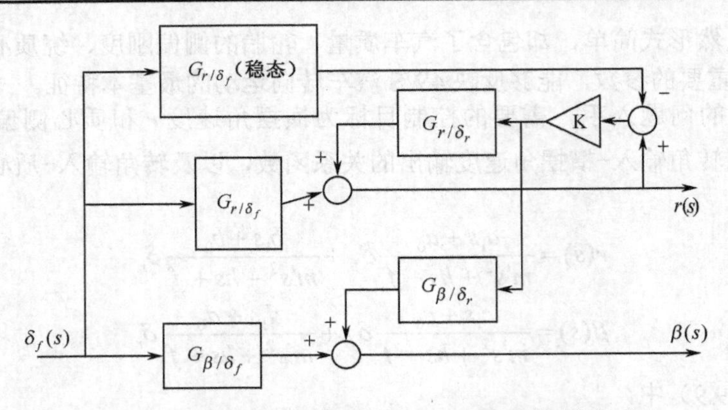

图 9.2.1　基于横摆角速度反馈的 4WS 系统控制原理图

9.2.3　基于 MATLAB/Simulink 仿真

本例采用的汽车模型参数，见表 9.2。

表 9.2　汽车模型参数设置

变量名称	数　值	单　位	变量名称	数　值	单　位
M	2045	kg	I_z	5428	Kg・m^2
L_f	1.488	m	L_r	1.712	m
C_f	−38925	N/rad	C_f	−39255	N/rad

1．在低速（v = 30 km/h）下的系统仿真

各传递函数计算如下：

$$G_{r/\delta_f}(s)=\frac{10.66s+14.6688}{s^2+2.5077s+3.2734}\qquad G_{r/\delta_r}(s)=\frac{-12.369s-14.6688}{s^2+2.5077s+3.2734}$$

$$G_{\beta/\delta_f}(s)=\frac{0.6339s-9.8231}{s^2+2.5077s+3.2734}\qquad G_{\beta/\delta_r}(s)=\frac{0.6392s+13.0966}{s^2+2.5077s+3.2734}$$

稳态横摆角速度增益 $\left.\dfrac{r}{\delta_f}\right|_s=4.4812$；前后轮比例常数 $i=0.844$。

在 Simulink 中建模如图 9.2.2 所示。

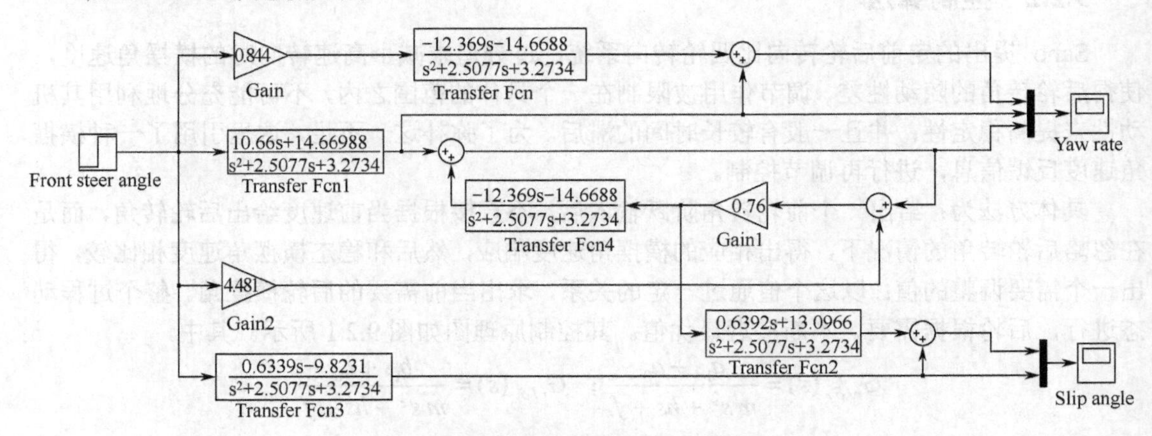

图 9.2.2　低速下四轮转向系统仿真模型

仿真结果如图 9.2.3 和图 9.2.4 所示。

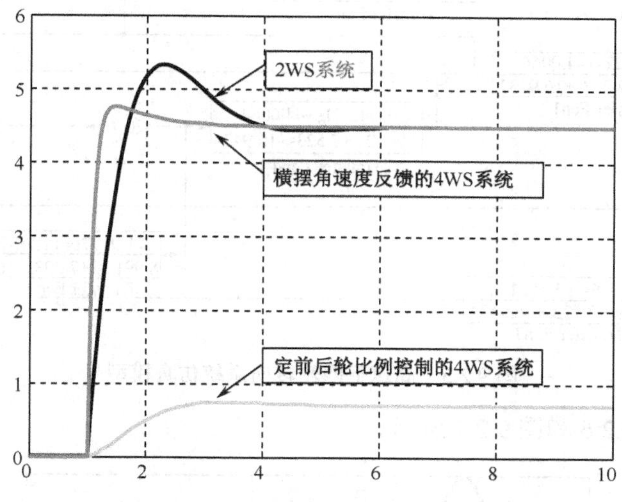

图 9.2.3 低速时横摆角速度响应曲线

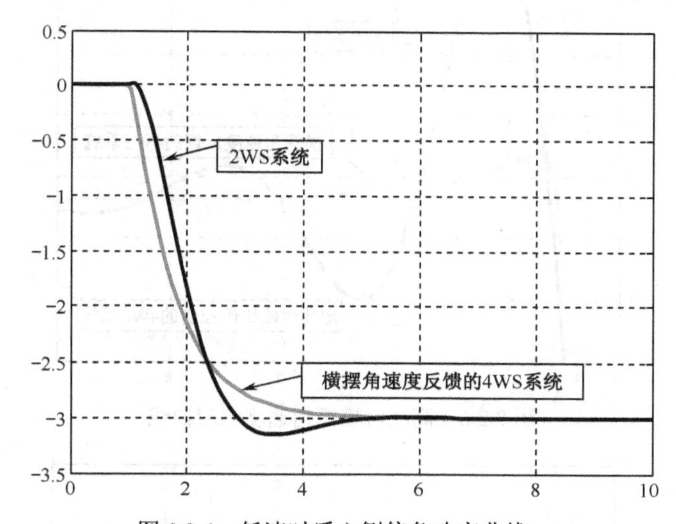

图 9.2.4 低速时质心侧偏角响应曲线：
黄色曲线—横摆角速度反馈的 4WS 系统；红色曲线—2WS 系统

2．在高速（$v=90$ km/h）下的系统仿真

各传递函数计算如下：

$$G_{r/\delta_f}(s)=\frac{95.9422s+44.0064}{8.9912s^2+7.5231s+16.9434} \qquad G_{r/\delta_r}(s)=\frac{-111.321s-44.0064}{8.9912s^2+7.5231s+16.9434}$$

$$G_{\beta/\delta_f}(s)=\frac{1.9016s-95.1051}{8.9912s^2+7.5231s+16.9434} \qquad G_{\beta/\delta_r}(s)=\frac{1.9177s+111.3376}{8.9912s^2+7.5231s+16.9434}$$

稳态横摆角速度增益 $\left.\frac{r}{\delta_f}\right|_s=2.5972$；前后轮比例常数 $i=0.86$ 。

在 Simulink 中建模如图 9.2.5 所示。

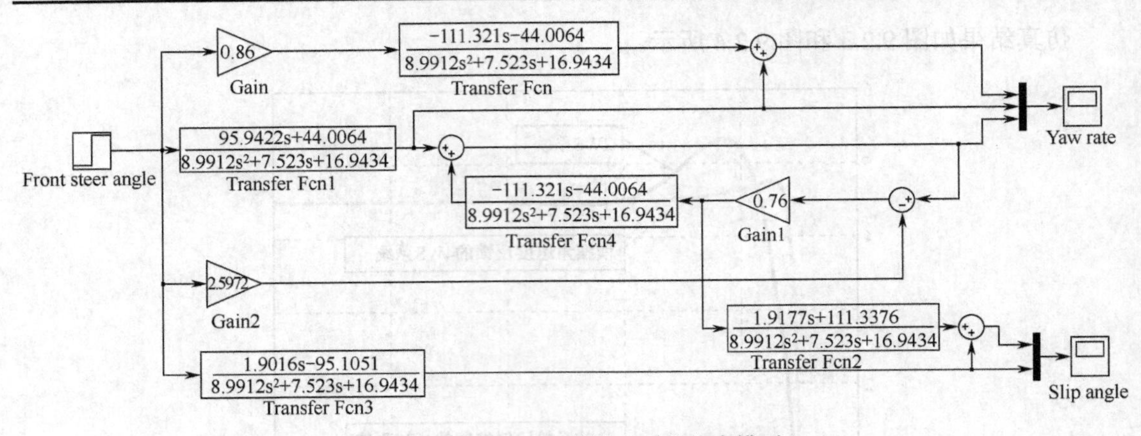

图 9.2.5　高速下四轮转向系统仿真模型

仿真结果如图 9.2.6 和图 9.2.7 所示。

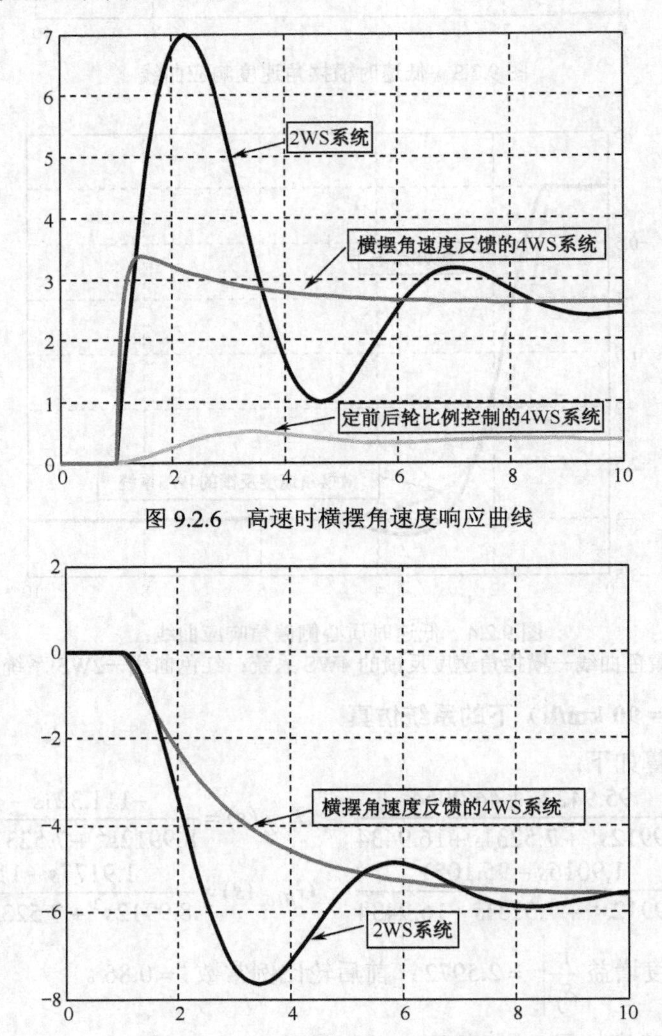

图 9.2.6　高速时横摆角速度响应曲线

图 9.2.7　高速时质心侧偏角响应曲线

9.2.4　操纵稳定性分析

下面分析前轮转角阶跃输入下的稳态响应和瞬态响应来比较二轮转向和四轮转向的主要差别，并找出其中的规律。

1．前轮角阶跃输入下的稳态响应

由式（9.8）可见，因为 K 中不涉及前后轮比例常数 i，所以二轮转向与四轮转向的稳定性因数是相同的。

二轮转向时 $i=0$；四轮转向时，若高速行驶时，前后轮同方向转向，$0<i<1$，横摆角速度增益较二轮转向小，转向灵敏度降低；若低速行驶时，前后轮反方向转向，$-1<i<0$，横摆角速度较二轮转向大，转向灵敏度增加。

2．前轮角阶跃输入下的瞬态响应

从图中可以看出，单纯采用 2WS 转向系统（红色曲线），不但最大超调量很大，而且系统达到稳态的时间很长，很不适合高速下的稳态操作；而采用 Sano 提出的定前后轮比例控制的 4WS 系统，在汽车横摆角速度的稳定值上得到了很好的调整，但是其响应时间不是很理想，而现在的要求是系统能够快速达到稳定状态，减少响应时间，以避免打滑。并且采用定前后轮比例控制的 4WS 车辆，其横摆角速度响应与 2WS 车辆的横摆角速度响应相差太多，较大地改变了驾驶员的转向习惯；在采用加入横摆角速度反馈的 4WS 系统中，超调量和达到稳态的时间都控制得很好，而且其横摆角速度响应曲线和 2WS 车辆的横摆角速度响应曲线相差不大，很好地保留了驾驶员的转向感觉。

9.3　基于最优控制的四轮转向系统研究

9.3.1　模型的建立

为了实现汽车四轮转向系统的最优控制，必须先建立四轮转向模型的状态空间表达式。

同样采用二自由度汽车四轮转向模型，将汽车简化为投影在地面的高度不计的两轮车，假设轮胎侧偏角特性处于线性范围，汽车行驶速度一定，忽略汽车的侧倾和俯仰运动，只考虑它的侧向和横摆运动。所建立模型运动微分方程如式（9.2）所示。

运动方程表明：前、后轮转角的和主要影响车辆的侧向运动；前、后轮的差主要影响车辆的横摆运动。考虑到驾驶员的转向操作控制前轮转角，控制器根据车辆的横摆速度和质心侧偏角的信息反馈控制前后轮转角。

前、后轮的转角可以由以下式子给出：

$$\begin{cases}\delta_f=\delta_s+K_c\delta_c\\ \delta_r=(1-K_c)\delta_c\end{cases}\tag{9.11}$$

式（9.11）中，δ_s 为驾驶员通过方向盘传给前轮的输入转角；δ_c 为控制器的反馈输入转角；K_c 为控制器对前、后轮输入的分配比。若 K_c 变化，前、后轮转角的和保持不变，因此 K_c 的变化基本不影响车辆的侧向运动。

选取状态变量 $X=[\beta,r]^{\mathrm{T}}$，输出变量 $Y=[\beta,r]^{\mathrm{T}}$，由微分方程式（9.2），并将式（9.9）代入，可以写出状态方程为

$$\dot{X}=AX+B\delta_c+D\delta_s\tag{9.12}$$

式（9.12）中，

$$A=\begin{bmatrix}\dfrac{C_f+C_r}{MV} & \dfrac{C_fL_f-C_rL_r}{MV^2}-1\\ \dfrac{C_fL_f-C_rL_r}{I_z} & \dfrac{C_fL_f^2+C_rL_r^2}{IV}\end{bmatrix},\ B=\begin{bmatrix}-\dfrac{C_fK_c+C_r(1-K_c)}{MV}\\ -\dfrac{C_fL_fK_c+C_rL_r(K_c-1)}{I_z}\end{bmatrix},\ D=\begin{bmatrix}-\dfrac{C_f}{MV}\\ \dfrac{C_fL_f}{I}\end{bmatrix};$$

输出方程为

$$Y=CX \tag{9.13}$$

式（9.13）中，$C=\begin{bmatrix}1 & 0\\ 0 & 1\end{bmatrix}$。

9.3.2 4WS 系统的可控性和能观性分析

为了实现 4WS 的最优控制，必须分析 4WS 系统的可控性和能观性。最优控制是根据系统状态变量提供最优反馈增益即 δ_c 来实现的。如果 δ_c 对 4WS 系统的状态可控，就可得到最优控制，达到使质心侧偏角最小的目的；否则的话，也谈不上最优控制。4WS 系统具有可观测性就可以通过对输出量在有限时间内的观测把系统状态辨识出来，从而可对 4WS 系统进行最有估计和最优控制。

（1）通过判断可控性矩阵 $[B\vdots AB]$ 是否满秩来分析控制器 δ_c 对系统的可控性

当 $K_c=0$ 时，即控制器只对后轮有反馈控制，对前轮无反馈控制。系统的可控性如下：如果 $L_fL_rM>I_z$，总是可控的；如果 $L_fL_rM\leqslant I_z$，当车速 $V_1=\sqrt{C_f(L_fL_rM-I_z)L/(L_rM)}$ 时控制器对它不可控。

当 $K_c=0.5$ 时，系统的可控性如下：如果 $L_fC_f-L_rC_r>0$，总是可控，即不足转向汽车控制器对它总是可控的。如果 $L_fC_f-L_rC_r=0$，总是不可控，即中性转向汽车控制器对它是不可控的，它的转向操纵是要通过驾驶员的操纵来实现的。如果 $L_fC_f-L_rC_r<0$，当车速 $V_2=\sqrt{\dfrac{-C_fC_r}{(L_fC_f-L_rC_r)M}}L$ 时不可控，即过多转向汽车控制器在该车速下对它不可控。

当 $K_c=1$ 时，此时控制器对后轮无反馈控制，只对前轮有反馈控制。如果 $L_fL_rM<I_z$，总是可控；如果 $L_fL_rM\geqslant I_z$，当车速 $V_3=\sqrt{C_r(I_z-L_fL_rM)L/(L_fM)}$ 时，控制器对它不可控。

（2）通过判断可控性矩阵 $[C\vdots CA]^{\mathrm{T}}$ 是否满秩来分析系统是否可观测

如果 $L_fC_f-L_rC_r>0$，当车速 $V_4=\sqrt{(C_fL_f-C_rL_r)/M}$ 时不可观测。

如果 $L_fC_f-L_rC_r\leq 0$，系统总是可观测。

根据车辆模型参数可得 $L_fC_f-L_rC_r=9284.16>0$，$L_fL_rM-I_z=-218.45<0$。基于上面的可控性与可观测性的分析可知，当 $K_c=0.5$ 和 $K_c=1$ 时控制器总是可控的；当 $K_c=0$ 时，若车速等于 $V_1=7.59\text{km/h}$ 时控制器是不可控的；若车速等于 $V_4=9.8\text{km/h}$ 时，系统总是不可观测的，所以在车辆行驶过程中应尽量避免这两个车速。

9.3.3 基于 MATLAB 仿真

4WS 的最优控制问题是：在初始条件和系统参数已知的情况下，寻找一个最优控制 δ_c，使 4WS 系统工作性能指标达到极值。

可以认为汽车4WS的最优控制器是一个终了时间$t_f \to \infty$的线性调节器，这样得出的最有反馈规律是线性定常的，要求求解的黎卡提（Riccati）方程也是代数方程。

最优控制的性能指标取二次函数积分型，控制目标是使侧偏角最小化，因此性能指标可具体写为：

$$J=\int_0^{\infty}(X^{\mathrm{T}}QX+\delta_c^{\mathrm{T}}R\delta_c)\mathrm{d}t \tag{9.14}$$

式（9.14）中，$Q=\begin{bmatrix} q^2 & 0 \\ 0 & 0 \end{bmatrix}$，为权矩阵，其中$q$为权系数；$R$也为权系数。

由最优控制理论可知，若控制输入

$$\delta_c=-KX=-R^{-1}B^{\mathrm{T}}LX \tag{9.15}$$

则性能指标J为最小，其中$K=R^{-1}B^{\mathrm{T}}L$，称为最有反馈增益矩阵，这里L是下列Ricaati矩阵方程的解

$$LA+A^{\mathrm{T}}L-LBR^{-1}B^{\mathrm{T}}L+Q=0 \tag{9.16}$$

最优控制δ_c可用最优反馈增益矩阵写成如下形式

$$\delta_c=-KX=[k_1 \quad k_2]\begin{bmatrix} \beta \\ r \end{bmatrix}=-(k_1\beta+k_2r) \tag{9.17}$$

式中，k_1、k_2为反馈系数。

将$\delta_c=-KX$代入状态方程（9.12），得

$$\dot{X}=(A-BK)X+D\delta_s \tag{9.18}$$

稳态时，横摆角速度r为定值，此时$\dot{r}=0$、$\dot{\beta}=0$，故有$\dot{X}=0$，式（9.18）变为$0=(A-BK)X+D\delta_s$

于是可得4WS系统稳态时状态向量X对δ_s的增益为

$$\left(\frac{X}{\delta_s}\right)_s=-(A-BK)^{-1}D \tag{9.19}$$

式（9.19）为2×1阶列阵，第二行即为稳态横摆角速度增益$(r/\delta_s)_s$。

将式（9.18）取拉普拉斯变换，可得

$$sX(s)=(A-BK)X(s)+D\Delta_s(s)$$

整理得到

$$X(s)=[sI-A+BK]^{-1}D\Delta_s(s) \tag{9.20}$$

将输出方程（9.13）取拉普拉斯变换，并结合式（20），可得

$$Y(s)=CX(s)=C[sI-A+BK]^{-1}D \tag{9.21}$$

于是得到4WS系统的传递函数矩阵为

$$G(s)=\frac{Y(s)}{\Delta_s(s)}=C[sI-A+BK]^{-1}D \tag{9.22}$$

该传递函数矩阵为2×1阶列阵，第一行为4WS系统质心侧偏角对前轮转角的传递函数，第二行为4WS系统横摆角速度对前轮转角的传递函数。

本例中选取$K_c=0.5$，权系数$q=50$，前轮转角δ_s为单位阶跃输入进行MATLAB仿真。具体模型数值设置如表9.3.1所示。

表 9.3.1 汽车模型参数设置

变 量 名 称	数 值	单 位	变 量 名 称	数 值	单 位
M	2045	kg	I_z	5428	kg · m^2
L_f	1.488	m	L_r	1.712	m
C_f	−38925	N/rad	C_f	−39255	N/rad

1．在低速（$v = 30$ km/h）下的系统仿真

各矩阵计算如下：

$$A=\begin{bmatrix}-1.27433 & -0.99496\\ 1.71042 & -1.23581\end{bmatrix},\quad B=\begin{bmatrix}0.63716\\ -0.85521\end{bmatrix},\quad D=\begin{bmatrix}0.63447\\ 10.67067\end{bmatrix}$$

得到质心侧偏角和横摆角速度响应曲线如图 9.3.1 和图 9.3.2 所示。

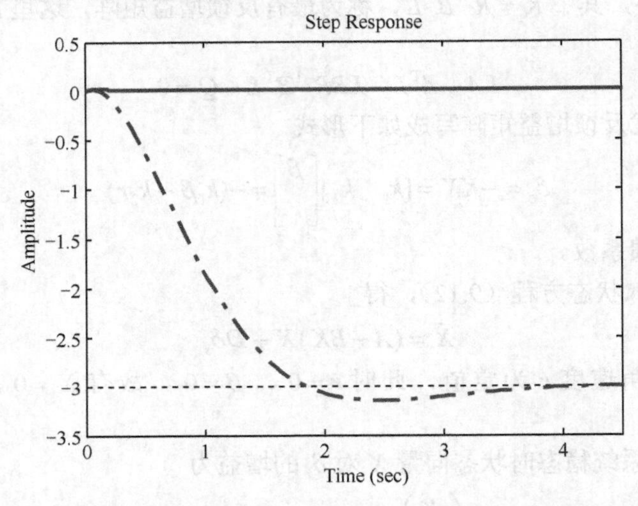

图 9.3.1 低速时质心侧偏角响应曲线：实线—4WS 系统；点画线—2WS 系统

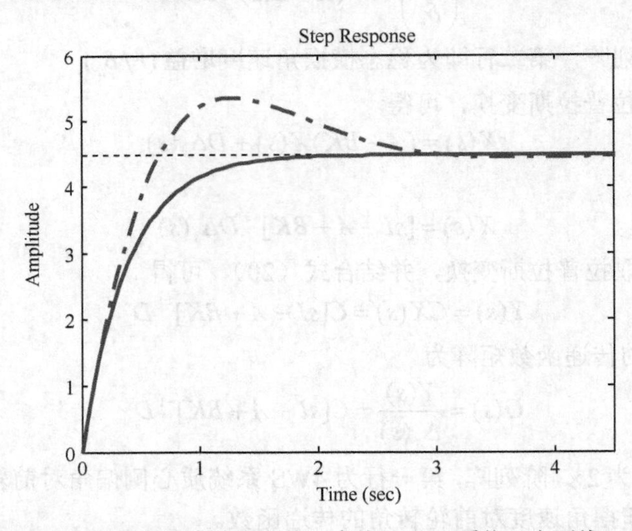

图 9.3.2 低速时横摆角速度响应曲线：实线—4WS 系统；点画线—2WS 系统

2．在高速（$v = 90$ km/h）下的系统仿真

各矩阵计算如下：

$$\boldsymbol{A}=\begin{bmatrix}-0.42478 & -0.995\\ 1.71042 & -0.41194\end{bmatrix},\quad \boldsymbol{B}=\begin{bmatrix}0.21239\\ -0.85521\end{bmatrix},\quad \boldsymbol{D}=\begin{bmatrix}0.21149\\ 10.67067\end{bmatrix}$$

得到质心侧偏角和横摆角速度响应曲线如图 9.3.3、图 9.3.4 所示。

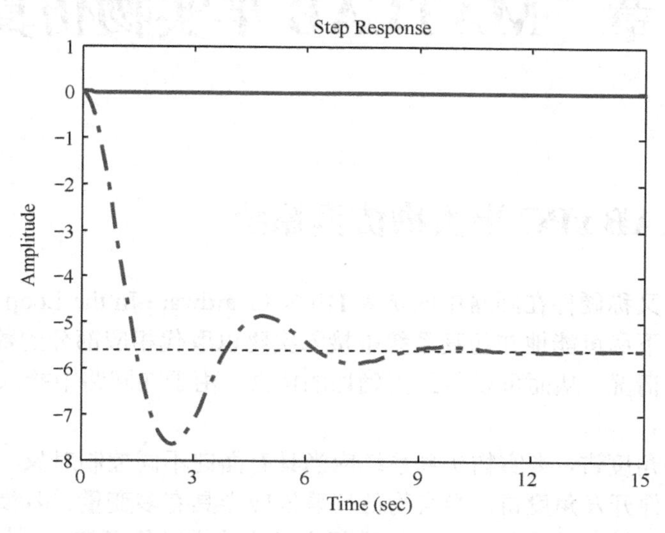

图 9.3.3　高速时质心侧偏角响应曲线：实线—4WS 系统；点画线—2WS 系统

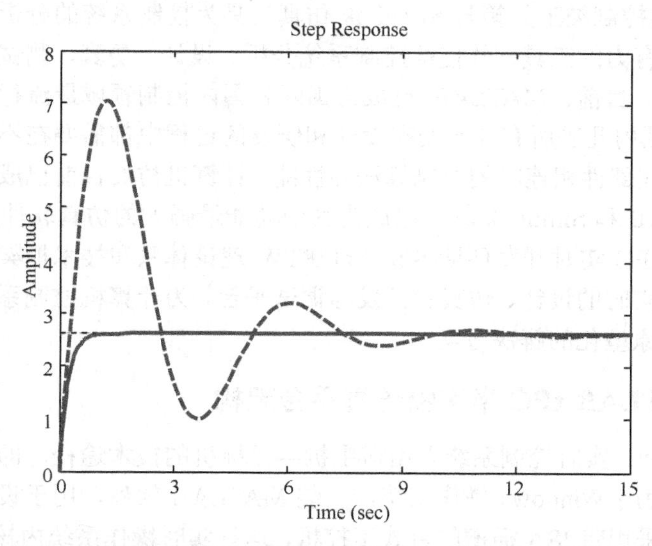

图 9.3.4　高速时横摆角速度响应曲线：实线—4WS 系统；点画线—2WS 系统

由图 9.3.1 和图 9.3.2 可以看出，低速时与 2WS 汽车相比，采用最优控制的 4WS 车辆的质心侧偏角瞬态响应性能得到很大改善，能够很快地到达稳态值，超调量明显减小，汽车的运动姿态得到了很好的控制，而 4WS 汽车的横摆角速度响应与 2WS 车辆的基本一致，这样可以使驾驶员可以很好地保持原有的转向感觉。

由图 9.3.3 和图 9.3.4 可以看出，高速时，2WS 汽车的质心侧偏角比较大，而采用最优控制的 4WS 车辆可以有效地保证质心侧偏角接近为零。与 2WS 汽车相比，4WS 车辆的横摆角速度响应迅速，很好地实现了驾驶员的转向意图，同时准确地跟踪了期望的横摆角速度。

第 10 章 MATLAB 半实物仿真系统

10.1 MATLAB xPC 半实物仿真系统

半实物仿真，又称硬件在回路中的仿真 HILS（Hardware In the Loop Simulation），是指在条件允许的情况下尽可能地在仿真系统中接入实物以取代相应部分的数学模型。这样的仿真实验更接近实际情况，从而可以得到更确切的信息。由于在回路中接入实物，半实物仿真系统必须实时运行。

从系统设计的角度讲，半实物仿真系统应当具有面向不同控制对象、具有不同控制规律的仿真能力；从软件开发角度讲，半实物仿真系统应当具有多变量、多参数的处理能力。同时半实物仿真系统能够与各硬件部件之间进行实时或非实时的通信。

MATLAB 中的控制类工具箱与 Simulink 仿真工具为控制系统的分析、设计、仿真、测试和实现提供了强有力的工具，并使得控制系统分析、设计、仿真、测试和实现的手段及方法都有了很大改进。目前，MATLAB 已成为国际和国内控制领域最流行的设计仿真实验软件。在控制工程领域内几乎所有控制器在设计和研发的过程中都需要在不同阶段进行仿真和验证，以观察与某些部件相连时的控制算法的性能。计算机仿真目前已成为解决工程问题的重要手段，MATLAB 和 Simulink 软件已成为其中功能最强大的仿真软件之一。

MATLAB 的 xPC 实时开发环境 Simulink/RTW 理论体系和技术框架，为控制理论算法的研究提供了一个实时的设计、仿真和开发与调试平台，为计算机控制系统的设计和实现提出了一套新的快速原型化的解决方案。

10.1.1 MATLAB xPC 半实物仿真平台架构

通常，基于 xPC 实时控制系统采用宿主机—目标机的技术途径，即“双机”模式：宿主机为一般 PC，使用 Windows 操作系统，安装 MATLAB 软件，用于设计、创建目标应用程序；目标机本书采用带 ISA 插槽的台式工控机，运行实时操作系统内核和应用程序，并通过 RS-232 串行接口或以太网卡实现和宿主机之间的通信连接。xPC 半实物仿真平台架构如图 10.1.1 所示。

xPC Target 是 MathWorks 公司提供和发行的基于 RTW 体系框架的附加产品，可将 Intel80x86/Pentium 计算机或 PC 兼容机转变为一个实时系统，而且支持许多类型的 I/O 设备版（包括 ISA 和 PCI 两种类型）。使用 xPC，用户只要在宿主机上安装相应的软件、一个编译器和 I/O 设备板，就可以将一个 PC 兼容机作为实时系统，来实现控制系统或 DSP 系统的快速原型化、硬件在回路中的测试和实时控制系统的功能。xPC 不需要在目标机上安装 DOS、Windows、Linux 或任何一种操作系统，用户只需用特殊的目标启动盘（一般为 U 盘）。该启动盘内包含了高度优化的 xPC 目标的实时内核。实时内核在开始运行后，将显示有关宿主机和目标机通信连接的信息。内核将激活应用程序载入程序，并等待从宿主机上下载目标应用程序。载入程序的作用是接收代码，并将代码的不同部分复制到指定的内存区域，然后设置目标应用程序处于准备执行状态，这时用户可以使用 xPC 目标提供的函数或其他应用程序和目标程序进行通信。

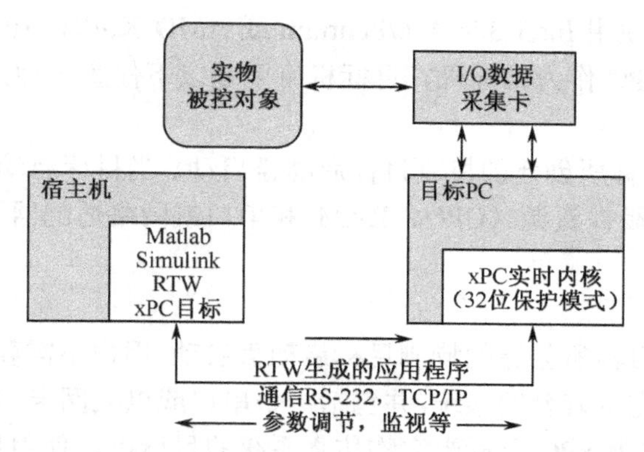

图 10.1.1 MATLAB xPC 半实物仿真系统结构框图

由于目标 PC 专门用于执行所生成的代码，因而 xPC Target 提高了系统性能和稳定性。在结构上，xPC Target 是基于双 PC 构架的，所以具备更多的灵活性。xPC Target 提供了一个高度减缩型的实时操作核，运行在目标 PC 上，该实时内核采用 32 位保护模式，可以保证程序的实时运行。

本书采用的 I/O 数据采集卡为研华 PCL 812PG 和 PCL-728，采集卡安装在目标机内，需要在目标机内安装数据采集卡的驱动程序。在 xPC 目标的半实物仿真中，主要通过数据采集卡来实现计算机和外部设备的连接，即需要通过数据采集卡的 A/D 接口从外部模拟设备采集数据送到目标机，也需要通过 D/ A 接口将目标机的计算结果送往外部模拟设备。xPC 目标提供了支持超过 150 种标准 I/O 板的 I/O 驱动设备库。xPC 目标所提供的 D/A、A/D、DI、DO 等模板，实际上是为不同板卡提供不同的驱动程序。在应用中，将所用到的 I/O 设备对应的模块拖入到 Simulink 模型中，进行采集卡的参数设置（如通道数、电压范围、采样时间、基地址等），并在实际仿真测试系统中接入相应板卡。在编译模型文件时，其中的板卡的信息就会被编译为可执行代码，下载到目标机上，目标就通过数据采集卡和外部设备建立联系，构成实时仿真测试回路。在仿真过程中，可以从这些板上输入和输出数据，以进行半实物仿真。本文目标机安装的是研华的 PCL812PG 和 PCL-728 数据采集卡。

1. 硬件平台

xPC 半实物仿真平台所需的硬件环境包括宿主机、目标机、安装在目标机上的 I/O 数据采集卡（本书中采用研华 PCL-812PG 和 PCL-728）、宿主机与目标机间的串口连接设备和用于启动目标机 xPC 实时内核的 U 盘。

（1）宿主机

宿主机可以是任何一台安装了能够运行 MATLAB 软件的 Windows 操作系统的台式 PC 或笔记本电脑。宿主机中建立的半实物仿真系统的软件环境包括 MATLAB/Simulink、Real-Time Workshop（RTW）、xPC 目标软件，这些都是 MATLAB 软件的组件，它们构造出一个良好的控制器快速原型开发和执行的环境，实现半实物仿真过程的实时控制。宿主机必须包括一个空闲的串口或一个以太网络适配卡，以便与目标机之间建立联系。宿主机用于给用户提供一个图形用户界面，建立、修改、控制半实物仿真的运行，并收集、存储和报告测试结果。

（2）目标机

用户可将任何一台使用 Intel 386/486/Pentium 或 AMD K5/K6/Athlon 处理器，并装有浮点协处理器（FPU）的 PC 作为目标机。目标机可以是以下任意一种：

① 台式 PC

该目标机由 xPC 目标所创建的特制目标启动盘启动。当目标启动盘启动目标机时，xPC 目标将管理目标机上的硬件资源（CPU、RAM 和串口或网络适配器）而不会改变硬件上已存储的文件。

② 工业 PC

工业 PC 可由 xPC 目标所创建的特制目标启动盘启动。用户不需要任何特殊的目标硬件，但目标 PC 必须是一个完全兼容的系统，并包括一个串口或以太网卡。本书使用研华 Industrial Computer 610 工控机作为 xPC 目标半实物仿真系统的目标机。使用目标启动盘（U 盘启动盘）启动目标机。

工控机（Industrial Personal Computer，IPC）是一种加固的增强型个人计算机，它可以作为一个工业控制器在工业环境中可靠的运行。

IPC 的技术特点：

- 采用符合 EIA 标准的全钢化工业机箱，增强了抗电磁干扰能力；
- 采用总线结构和模块化设计技术；
- CPU 及各功能模块皆使用插板式结构，并带有压杆软锁定，提高了抗冲击、抗振动能力；
- 机箱内装有双风扇，正压对流排风，并装有滤尘网用以防尘；
- 配有高度可靠的工业电源，并有过压、过流保护；
- 电源及键盘均带有电子锁开关，可防止非法开关和非法键盘输入；
- 具有自诊断功能；
- 可视需要选配 I/O 模板；
- 设有“看门狗”定时器，在因故障死机时，无须人工干预而自动复位；
- 开放性好，兼容性好，吸收了 PC 的全部功能，可直接运行 PC 的各种应用软件；
- 可配置实时操作系统，便于多任务的调度和运行；
- 可采用无源母板（底板），方便系统升级。

IPC 的主要结构：

- IPC 的全钢机箱是按标准设计的，抗冲击、抗振动、抗电磁干扰，内部可安装同 PC-bus 兼容的无源底板。
- 无源底板的插槽由 ISA 和 PCI 总线的多个插槽组成，ISA 或 PCI 插槽的数量和位置根据需要有一定的选择，该板为 4 层结构，中间两层分别为地层和电源层。这种结构方式可以减弱板上逻辑信号的相互干扰和降低电源阻抗。底板可插接各种板卡，包括 CPU 卡、显示卡、控制卡、I/O 卡等。
- 电源为 AT 开关电源，平均无故障运行时间达 250 000 小时。

IPC 的 CPU 卡有多种，根据尺寸可分为长卡和半长卡，根据处理器可分为 386、486、

586、PII、PIII 主板，用户可视自己的需要任意选配。其主要特点是：工作温度为 0～600℃；装有“看门狗”计时器；低功耗，最大时为 5V/2.5A。IPC 的其他配件基本都与 PC 兼容，主要有 CPU、内存、显卡、硬盘、软驱、键盘、鼠标、光驱、显示器等。

（3）数据采集卡

本书使用的研华 PCL-812PG（A/D 部分）数据采集卡和 PCL-728（D/A 部分）数据采集卡，两块卡都为电压卡，符合 ISA 总线标准。PCL-812PG 卡具有 10 路模拟量输入通道，双极性，最大采样电压值为−10～10V；2 路模拟量输出通道，单极性，最大输出电压为 0～10V。PCL-728 卡具有 2 路模拟量输出通道，双极性，最大输出电压为−10～10V。

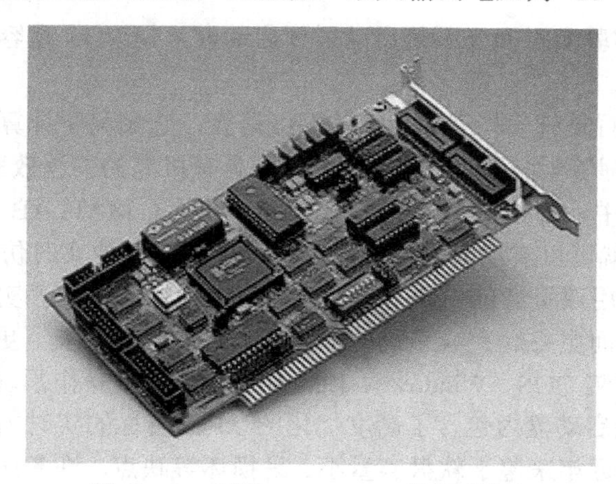

图 10.1.2　研华 PCL 812PG 数据采集卡

xPC 目标支持多种类型的 I/O 设备板，所支持的 I/O 板列表中包括 ISA、PCI、PC104 和 Compact PCI 硬件，这些设备驱动程序通过 Simulink 模块进行描述。用户可通过 Simulink 模块及其参数对话框实现对设备驱动程序的访问。

① I/O 板模块库

I/O 板模块库中包括 xPC 目标提供的 Simulink 模块，用户可像使用其他任何标准的 Simulink 模块的方法一样，通过鼠标拖动将 I/O 设备驱动模块连接到模型中。

② 输入/输出支持

xPC 目标提供的 I/O 设备驱动模块库支持多达 40 种标准设备板卡，可将输入输出板插入目标机扩展总线中。xPC 目标支持的 I/O 功能如表 10.1.1 所示。

表 10.1.1　xPC 目标支持的 I/O 功能

I/O 功能	概　述
模拟输入（A/D）和模拟输出（D/A）	用于将目标应用程序与外部传感器和执行机构进行连接
数字输入（DI）和输出（DO）	与开关转换器和开/关设备接口，以及并行通信
RS-232 支持	用于 COM1 或者 COM2 端口串口的通信
CAN 总线设备支持	支持 softing GmbH 公司提供的 CAN-AC2，CAN-AC2-PCI 和 CAN-AC2-104 板。xPC 目标提供的 CAN 设备驱动程序可让用户通过 CAN 现场总线（Fieldbus）网络进行接口，实现实时应用程序与远程传感器及执行机构之间的通信。该设备驱动程序与 CAN 规格 2.0A 及 2.0B 相兼容，并使用动态对象模式（Dynamic Object Mode）
GPIB 支持	专用的 RS-232 设备驱动程序支持 National Instruments 的 GPIB 控制模块的通信

（续表）

I/O 功能	概 述
计数器	脉冲和频率的代码调制应用程序
看门狗（Watchdog）	对中断或内存区域进行监视，具有重启计算机的能力
递增编码器（Incremental Coder）	用于将物理运动变换数字信息，确定位子、旋转方向和速率
共享存储器	用于多进程的应用程序

（4）启动 U 盘

xPC 半实物仿真实验实时操作系统启动需要启动盘，建议 U 盘容量不宜太大，最好小于 512MB。

MATLAB 是一种面向科学与工程计算的高级语言，它集科学计算、自动控制、信号处理、神经网络和图像处理等学科的处理功能于一体，具有极高的编程效率和强大的仿真功能。在高版本的 MATLAB 中，还提供了一系列的工具，扩展了 MATLAB 对硬件进行处理的功能。其中的 xPC 工具就可以实现对硬件的一系列操作。与其他实时仿真工具相比，xPC 目标的成本低廉，且在采用双机通信模式下，允许用户在目标应用程序实时运行时改变参数并进行实时信号跟踪，从而更好地完成系统的实时硬件在回路的仿真。更为简便的是，xPC 目标不需要在目标机上安装 DOS、Windows、Linux 或任何一种操作系统，用户只需用特殊的启动盘启动目标机，该启动盘内包含了高度优化的 xPC 目标的实时内核。采用软盘制作目标启动盘快捷方便，但近年来鉴于软盘容量小、易损坏等缺点，许多计算机上不再配有软盘驱动器，软盘已逐渐被淘汰，取而代之的是容量大、携带方便的 U 盘。因此，采用 U 盘作为 xPC 的目标启动盘已是大势所趋。

制作 U 盘启动盘的步骤主要有两步：将 U 盘制作成 DOS 启动盘，通过从 U 盘启动的方式能使目标机启动到 DOS 环境下；生成 DOS 载入器的目标启动盘。

① 制作 U 盘 DOS 启动盘

为使目标启动盘启动到 DOS，必须在启动盘上安装最小的 DOS 系统。可采用专门的 U 盘 DOS 启动盘制作软件，目前有两种比较流行的 U 盘 DOS 启动盘制作软件：USBBoot 和 FlashBoot。USBBoot 可将 U 盘制作成 FDD、HDD 和 ZIP 三种模式，但超过 256MB 的 U 盘只能制作成 FDD 模式。FlashBoot 只能将 U 盘制作成 HDD 和 ZIP 两种模式，但其可支持大容量的 U 盘。这两种软件都很方便、实用，自带使用手册，在此不对制作过程进行详细说明。U 盘 DOS 启动盘制作好后，将 U 盘插到目标机的 USB 接口上，启动目标机，并对目标机的 BIOS 进行相应的设置，使目标机从 USB 启动，若目标机能启动到 DOS 环境，则 U 盘 DOS 启动盘制作成功。

② 生成 DOS 载入器的目标启动盘

生成 DOS 载入器的目标启动盘的具体步骤如下。

- 启动 MATLAB，并执行如下命令函数：

```
XPCEXPLR
```

打开 xPC 目标环境设置对话框。

- 单击 Configuration，在 Target boot mode 这一选项中设置其属性为 DOSLoader。
- 将制作好的 U 盘 DOS 启动盘插到宿主机的 USB 接口上。
- 修改 U 盘的盘符，将其改为“A:\”。因为在 DOSLoader 模式下，xPC 目标将必需的文件复制到 DOS 启动盘上，而其默认的目标盘路径为“A:\”。在 Windows XP 系统下，可通过磁盘管理器修改 U 盘盘符。

- 单击 Create Bootdisk 按钮，xPC 目标将必需的文件复制到 DOS 启动盘上。
- 关闭 xPC Target Explorer 对话框。
- 将 U 盘从宿主机中取出，插到目标机的 USB 接口上，启动目标机。

③ 创建目标机上的目标应用程序

用制作好的 U 盘启动目标机后，目标机处于等待状态，准备接收从宿主机上下载的 xPC 目标控制应用程序。这时目标应用程序由 xPC 的 DOSLoader 组件接收。在 Simulink 模型中单击 Build 按钮后，RTW 生成目标应用控制程序并根据 xPC Target Explorer 窗口中设置的通信协议将目标程序下载到目标机上。在宿主机的 MATLAB 窗口下或目标机的命令行界面中输入相应的命令，即可在目标机上实时地运行控制应用程序。

（5）宿主机和目标机的通信连接

xPC 目标支持两种主机和目标机的连接和通信方式：串口通信和网络通信。

① 串口通信连接

串口通信连接是指宿主机和目标机通过 RS-232 端口的串行电缆进行通信连接，如图 10.1.3 所示。若采用直接连接方式（即不通过调制解调器进行连接），串口电缆可以长达 5 米。串口通信连接的传输速率可在 1200 波特率和 11520 波特率间变化。

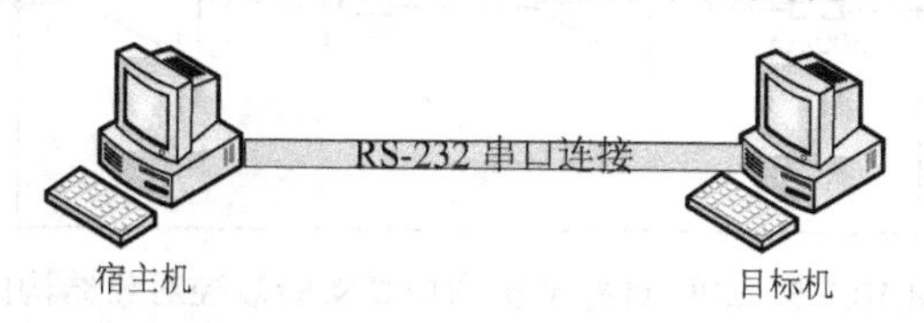

图 10.1.3 宿主机与目标机的串口通信连接

② 网络通信连接

在 xPC 目标中，宿主机和目标机还可以通过网络进行通信，可以是局域网、因特网或直接用交叉线型的以太网电缆进行连接。宿主机和目标机通过以太网卡连接到网络中，xPC 目标使用 TCP/IP 通信协议进行通信连接。在使用网络连接时，目标机可使用任何 xPC 目标支持的网卡。数据传输速率在 10Mb/s 以下。

（6）实物被控对象

本章的重点是介绍构建半实物仿真平台，因此是以一个非常简单的实验对象作为被控对象。它由若干个放大器组成，二阶连续，系统给定信号、系统状态和控制量都为电压信号，这样 xPC 半实物仿真的模拟量输入、输出硬件都可以统一为电压信号，而不需要另外添加具体的执行机构和转换装置。通过自动控制原理平台构建实物被控对象，实验平台如图 10.1.4 所示。

自动控制原理实验平台采用虚拟仪器与模拟实验平台组合式结构设计，系统组合灵活。其基本配置由开放式硬件实验平台和一组先进的虚拟仪器组成，可以很好地支持“自动控制原理”的实验教学。硬件实验平台提供了各种典型信号源、模拟对象、实际对象和过程通道等单元。各单元相互独立，布局合理，标示清晰，各单元之间的连接及单元内的元件的选择可由用户以多种方式自行操作，从而极大地提高了实验效率。系统提供了一组先进的虚拟仪器，通过 USB 口与 PC 相连，为用户创造了集设计、构造、测试分析、调试等功能为一体的实验环境，具有很高的性价比和极佳的教学效果。

图 10.1.4　自动控制原理实验平台

如果期望构建的实物系统的传递函数为 $\dfrac{40}{s^2+2s+40}$，被控对象的模拟电路如图 10.1.5 所示。

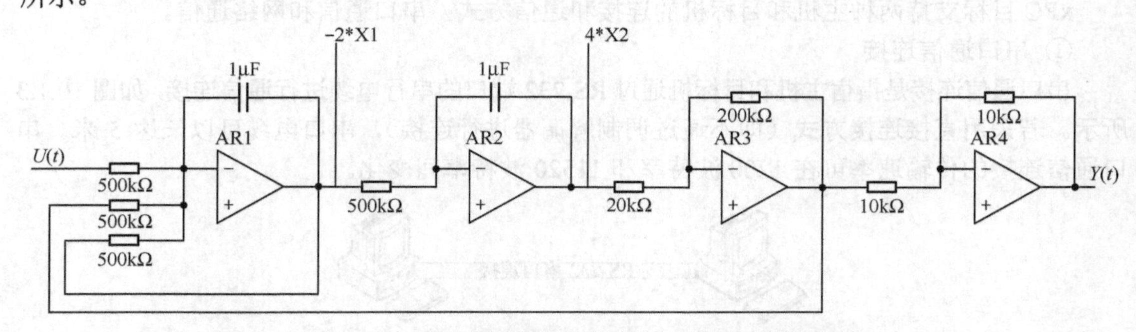

图 10.1.5　xPC 目标半实物仿真实验被控对象结构图

该系统为单输入、单输出，需要 1 路控制量输出。被控系统的实物照片如图 10.1.6 所示。

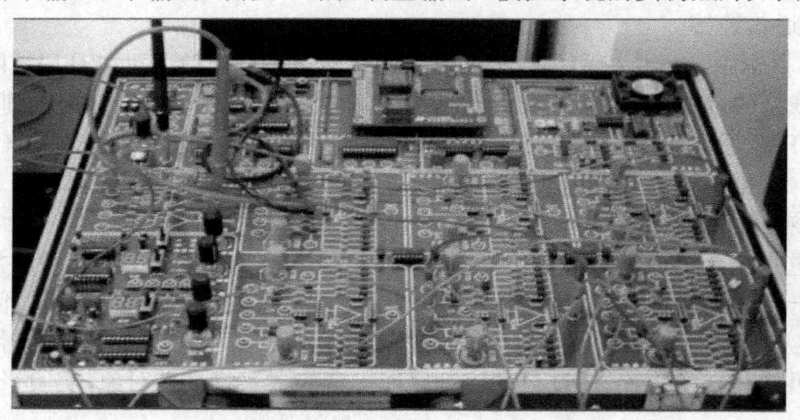

图 10.1.6　被控对象实物

2. 软件平台

基于 xPC 的半实物仿真软件环境由 MATLAB/Simulink、Real-Time Workshop（RTW）、xPC 目标软件组成，这些都是 MATLAB 软件的组件，构造出一个良好的控制器快速原型开发和执行的环境，实现半实物仿真过程的实时控制。

MATLAB/Simulink 提供一个图形化的控制器设计环境。Simulink 采用 C/S 模式，作为客户端与目标机上运行的实时控制程序进行通信，通过传递参数为实时控制系统提供了一个良好的交互和参数修改平台。对于复杂的控制器算法需要使用 S-Function 模块。在 S-Function 模块中用 C 语言写出描述算法过程的程序，然后像标准 Simulink 模块那样直接调用。

Real-Time Workshop（RTW）将 Simulink 环境下建立的控制模型，生成可以在目标机上独立运行的可执行程序。

xPC 目标提供了一个运行在目标机上的高度减缩型的实时操作内核，解决优先级、进程调度、中断处理等问题，以建立实时控制系统。

10.1.2　在 Simulink 中搭建半实物仿真系统框图

在 Simulink 环境下，编辑模型的一般过程是：首先打开一个空白的编辑窗口，然后将模块库中有关的模块复制到编辑窗口中，并修改模块中的有关参数，再将各模块按给定的控制逻辑框图连接起来，这样就可以对整个模型进行仿真了。

实际被控对象选择自动控制原理实验平台，搭建出一个典型二阶对象，如图 10.1.7 所示。

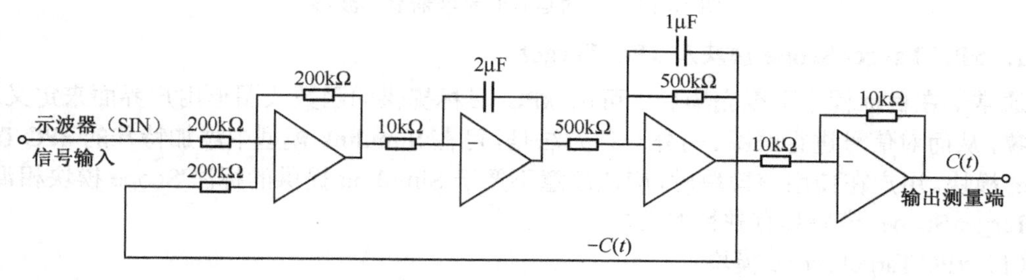

图 10.1.7　典型二阶系统电路图

对于该对象，采用 PID 控制，PID 参数为：K_p=1.3887；T_i=0.58；T_d=0.145。构建的带 PID 控制器的 Simulink 半实物仿真系统模型，如图 10.1.8 所示。

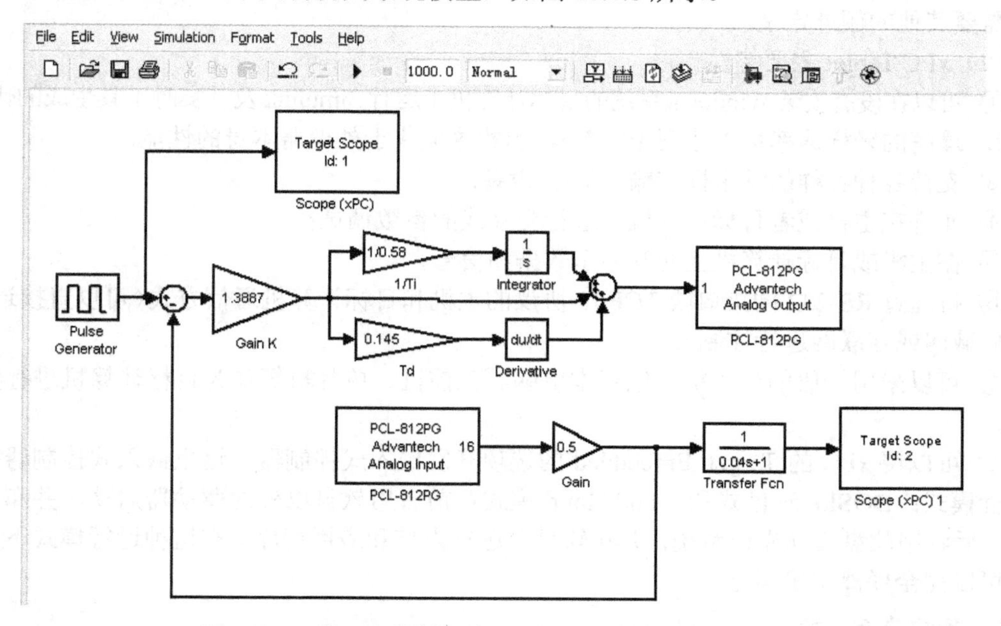

图 10.1.8　带 PID 控制器的 Simulink 半实物仿真系统模型

通过 Real-Time Workshop（RTW）将 Simulink 环境下建立的控制模型，生成并下传到可以在目标机上独立运行的可执行程序。实时运行结果如图 10.1.9 所示，其中图 10.1.9（a）是没有 PID 控制器的波形，图 10.1.9（b）是加 PID 控制器的波形。

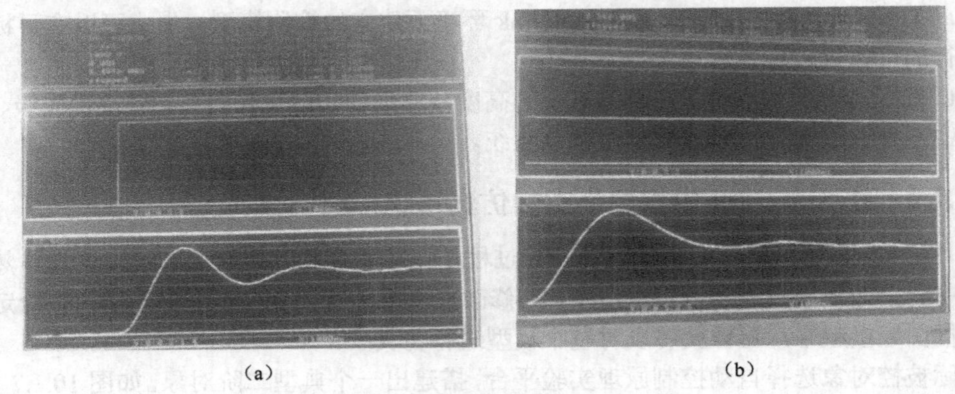

（a）　　（b）

图 10.1.9　实时运行时示波器显示波形

1．xPC Target Scope 模块及 xPC Target

通常，在目标程序下载完毕后，可由 xPC 目标提供的函数或图形用户界面来定义示波器对象，从而对信号进行跟踪。另外一种方法是，可在 Simulink 模型中添加特殊的 xPC Target Scope 模块。用户在使用该模块时，应该注意不要于 Simulink 提供的标注 Scope 模块相混淆，xPC Target Scope 模块具有独特的功能。

（1）xPC Target scope 模块

用户可像添加任意一个 SIMULINK 标准模块一样，将 xPC Target Scope 模块添加到 Simulink 模型中。在添加 xPC Target Scope 模块后，可以定义 Scope 对象的属性和需要显示的信号。当目标应用程序下载到目标机上后，一个示波器就会自动出现在目标机的显示器上，而不需要其他的额外定义。

（2）xPC Target 主要特性

① 可以在没有安装 Windows 系统的目标计算机上运行 Simulink 及其实时工具生成的代码；

② 最高的采样速率可以达到 100kHz，当然这取决于处理器本身的性能；

③ 支持各种各样的常用标准输入/输出设备；

④ 允许在主机或者目标计算机上进行交互式的参数调试；

⑤ 在主机或目标计算机上交互显示数据和信号；

⑥ 持通过 RS-232 的接口或 TCP/IP 协议的主机和目标计算机通信方式（可以直接连接，通过局域网或互联网进行控制）；

⑦ 可以采用一般的台式机、笔记本电脑、工控机、单片机等作为目标计算机进行实时控制；

⑧ 可以用 xPC 的 Target Embedded 的选项开发嵌入式控制器。这里嵌入式控制器有两种运行模式：DOSloder 模式和 StandAlond 模式：前者用软盘以外的驱动器启动，并和主机相连；后者用软盘启动操作系统，并在软盘上运行内核和应用程序。在这种运行模式下应用程序可以完全脱离主机运行。

2．用户交互方式

xPC Target 环境提供了直观、可更改的用户交互模式。用户交互界面使用了面向对象的结构（具有属性和方法）。由于采用了这种结构的开放性，可以有几种不同的与目标应用程序交互的方法。下面对 xPC 目标环境提供的几种用户交互模式界面进行介绍，主要包括：

- xPC 目标图形化用户界面；
- MATLAB 命令行用户界面；
- 目标机命令行用户界面；
- Simulink 外部模式界面；
- Simulink 图形化仪器仪表界面；
- Web 浏览器界面。

表 10.1.2 对各种 xPC 目标所支持的不同的用户交互界面进行了比较。

表 10.1.2　xPC 目标提供的用户交互方式和功能

界　面	环境属性	控　制	信号获取	参数调整
xPC 目标 GUI	√		√	
MATLAB 命令行	√	√	√	√
目标机命令行		√	√	√
Simulink 外部模式		√		√
Web 浏览器界面		√	√	√
图形化仪器仪表			√	√

3．xPC 目标的环境属性设置

xPC 目标的环境由一组属性定义，这些属性给出了使用 xPC 目标相关的软件和硬件产品信息。在安装了 xPC 目标之后，需要设置主机和目标机的环境属性。在创建和下载目标应用程序前，可能需要更改其中一些属性值。

可采用如下过程，通过用户图形界面更改环境属性：

在 MATLAB 窗口下，输入如下命令：

```
xpcsetup
```

xPC Target 对话框如图 10.1.10 所示。

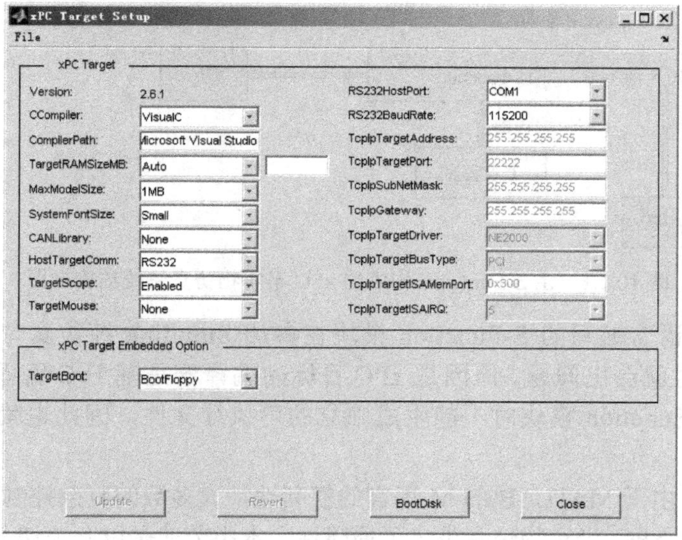

图 10.1.10　xPC Target 设置对话框

xPC Target Setup 对话框可分为两部分：xPC Target 和 xPC Target Embedded Option。

在 CCompiler 下拉列表中，选择 Visual C 选项；在 CompilerPath 文本框中，输入安装上述编译环境的根目录；在 HostTargetComm 下拉列表中，选择 RS232 选项。从 RS232HostPort 下拉列表中，选择 COM1 或 COM2 口。在主机上连接后，xPC Target 将自动确定目标机的 COM 端口。

完成上述属性的定义后，单击 Update 按钮。这时 xPC 目标将根据新设定的属性来更新 xPC 目标环境。

10.2　用 M 语言编写的算法进行 xPC 半实物仿真实验方法

S-Function 函数是由 MATLAB/Simulink 提供的一个图形化的虚拟控制器设计环境，它方便了复杂控制器的设计工作。将控制算法构成 S-Function 模块，然后像标准 Simulink 模块那样直接调用，结构框图如图 10.2.1 所示。

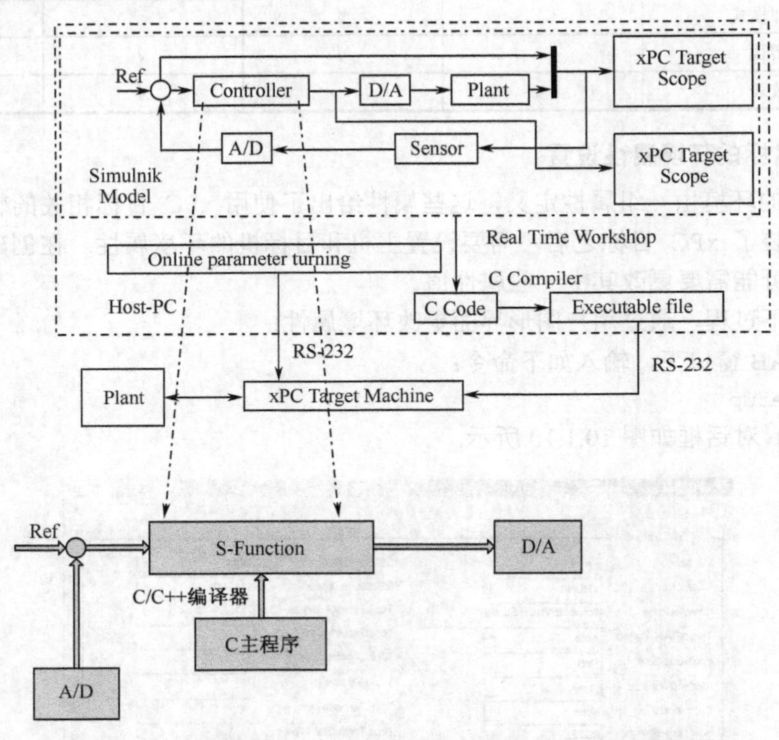

图 10.2.1　由 S-Function 构成的 xPC 半实物仿真系统结构框图

但是使用 M 语言编写的 S-Function 模块在参加 Simulink 纯仿真时是可以的，进行 xPC 半实物仿真时就会出问题。原因是 xPC 目标的编译器是基于 C 编译器的，在编译由 M 语言构成的 S-Function 模块时不能生成独立的可执行文件，因此也就无法下载到目标 PC 上去。

在研究阶段，由于 MATLAB 的 M 语言的便利性，大多数的复杂控制算法都是由 M 语言编写的。这就给 xPC 半实物仿真带来了局限性。本小节就是以此为切入点，以一个简单的 pid 控制算法的 M 语言程序作为例来分析、讨论、寻求方法解决这个问题。

作者设计了 3 个方案以实现 M 语言编写的代码能够实现 xPC 半实物仿真实验：① 将 M 语言代码算法编译生成动态链接库，然后在 C 代码文件中调用该接口；② 将 M 语言编写的代码自动转换为相关的 C 代码文件；③ 使用嵌入式 MATLAB 模块实现 xPC 半实物仿真实验。然后对第②、③种方法实现了 xPC 目标半实物仿真实验。

pid.m 的具体代码如图 10.2.2 所示。对应的进行 Simulink 仿真的模型文件命名为 vsxbf.mdl。

```
%This function is used for PID control algorithm
%            IN       e          /*the deviation of the system*/
%            OUT      u          /*the control value of the system*/
function u = pid(e)
persistent eAdd;          %the proportion
persistent eLast;         %the integration
Pid_P=6;Pid_I=60;Pid_D=1;Pid_T=0.01;
if isEMPCy(eAdd)
  eAdd=0;
end
if isEMPCy(eLast)
   eLast=0;
end
eAdd=eAdd+e;
output=Pid_P*e+eAdd* Pid_T *Pid_I+Pid_D* (e-eLast)/ Pid_T;
eLast=e;
u=output;
```

图 10.2.2 PID 算法 M 语言代码

10.2.1 S-Function 模块使用 C 代码进行 xPC 半实物仿真的框架

MATLAB Simulink 中的 S-Function 函数可以由 M 语言文件构成或由 C 语言文件构成，下面先介绍由 C 语言构成的 S-Function 函数。

在 MATLAB 中其实已经有一个现成的框架，打开 MATLAB Simulink Library Browser→Simulink→User-Defined Functions→S-Function Examples→C-files→Discrete→Discrete time state space，打开 S-Function 模块后可以看到 dsfunc.c 文件，可以参考该文件或直接修改填充代码得到自己想要的 S-Function C 代码文件。这里将该 C 代码文件中的主要函数进行简单介绍。

头文件定义及相关参数声明：

- static void mdlInitializeSizes（SimStruct *S）：初始化系统各个参数值；
- static void mdlInitializeSampleTimes（SimStruct *S）：设置系统仿真采样时间；
- static void mdlOutputs（SimStruct *S, int_T tid）：系统控制量输出；
- static void mdlTerminate（SimStruct *S）：仿真结束处理。

在原代码的 mdlOutputs 函数段中需要添加外部的控制代码，本章节接下来的部分中添加的调用外部函数的代码都是在这个函数中添加的。其他函数都是环境变量的设置和系统控制参数的设置，也可以自己添加一些函数以实现特殊的功能。

10.2.2 S-Function 模块使用 RTW 工具箱生成 C 文件并内部调用

本小节设计的方案是使用 Real-Time Workshop 7.4 工具箱把 M 函数文件自动生成相关 C 代码文件，然后通过内部调用实现 xPC 编译，调用程序结构框图如图 10.2.3 所示。该方案能够成功地实现使用 M 语言构成的算法进行 xPC 半实物仿真实验。

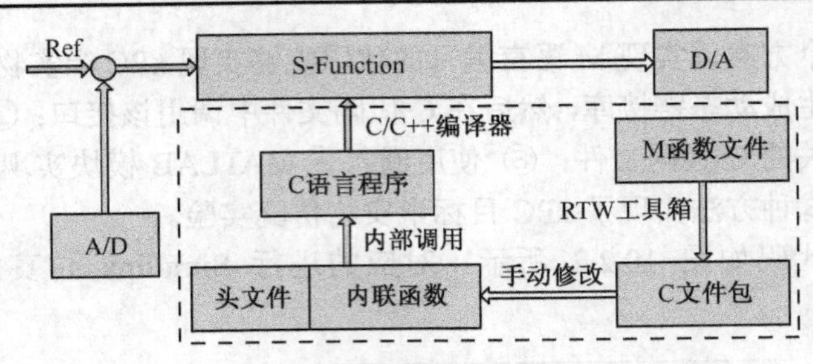

图 10.2.3　程序调用结构框图

在命令行中输入命令：

```
emlc pid -report -c -T rtw:lib
```

命令中，pid 是被转换 M 文件的文件名；-report 是转换结束后生成报告文档，方便点击查看；-c 是指该转换仅仅只是生成 C 语言代码，并不用生成可执行文件；-T rtw:lib 是指生成嵌入式代码后，将代码编译成一个库文件中（emcprj 文件夹）。命令 emlc 的具体参数可以在 MATLAB 命令行中输入 help emlc 查看。

打开 emcprj 文件夹，再打开 pid 文件夹，可以看到 pid.c、pid.h 等多个文件，查看 pid.c 文件可以发现实现 pid.m 功能段的 C 语言代码。

另外在原先的 M 文件中，在 M 代码的第一行最后输入%#eml，便可以由 Matlab 自动来检查程序中的各代码行是否可以进行转换。编辑窗口右上角的小方块变成绿色后，表示 M 函数中所有的代码行都可以进行转换了。

接下来，在同目录下新建一个 Simulink 文件并进行 xPC 参数设置，调入 S-Function 函数，对应的 C 代码文件修改如下：

在文件开头部分中写入：

```
#include "pid.h"
```

mdlOutputs 函数添加：

```
y[0]=pid(*u[0]);
```

在命令行中输入命令进行编译生成可执行文件：

```
mex vsxbf.c pid.c
```

将两个文件一起编译生成 vsxbf.mexw32 文件，编译成功。进入 simulink 中编译就可以得到希望的结果。

将 xPC 编译参数设置好后，点击菜单栏中 Tools→Real-Time Workshop→Build Model。开始编译，但出现错误，错误提示为：

```
Aborting code generation because current working directory 'G:\我的文档\MATLAB\compiler\ emcprj\ rtwlib\add' is an existing project directory, or is a subdirectory of one.
Please change current working directory to a non-project directory (e.g. cd ..).
```

下面通过手动来编写 C 代码的头文件来解决该问题。

另建一个新的文件夹，在其中复制 mdl 文件，以及相应 S 函数的 C 文件，还有上面由 RTW 生成的 pid.c 文件，将 pid.c 文件的头文件修改为：

```
//原先代码//////////////////////
#include "rt_nonfinite.h"
```

```
#include "pid.h"
//修改后的代码//////////////////////////////////////////////////////
#include "simstruc.h"
extern real_T pid(real_T eml_x); //将原先 pid.h 文件中的外部函数声明复制过来
```

将 pid.c 文件保存，并修改文件名为 pid.h，即将 pid 函数的内容部分写入头文件中，并在开头定义该函数。这样的写法是因为 S 函数只能通过内部链接寻找函数，因此需要将外部函数写成类似内联函数的形式，使之可以内部链接调用。

将 S 函数对应 C 文件头文件添加代码：

```
#include "pid.h"
extern real_T pid(real_T eml_x); //将原先 pid.h 文件中的外部函数声明复制过来
```

这样，S 函数对应的 C 程序就可以直接使用 pid 命令了：

```
y[0]=pid(*u[0]);
```

保存后，编译输入：

```
mex vsxbf.c
```

编译成功，生成动态链接库，然后再在 Simulink 中进行 xPC 编译，编译通过，生成独立代码并下载到目标机上，实现半实物仿真实验。

10.2.3　使用嵌入式 MATLAB 函数进行 xPC 半实物仿真方法

该方案是使用嵌入式 MATLAB 函数来实现 xPC 目标半实物仿真。该方法比 10.2.2 节中建立的使用 C 语言编写的 S-Function 间接调用 M 语言算法进行 xPC 半实物仿真实验的方法要简单一些。嵌入式 MATLAB 其实也是使用了 MATLAB 的 RTW 工具箱来进行半实物仿真实验，该方法是直接调用 M 语言代码文件进行半实物仿真实验。下面介绍具体操作步骤。

新建一个 EmbeddedxPC.mdl 文件，设置好 xPC 目标半实物仿真参数，选择 User-Defined Function 中的 Embedded MATLAB Function 模块。定义和设置 Embedded MATLAB Function 模块，在其编辑器中写入 M 语言编写的控制算法 M 函数代码，以 10.2.2 节的 pid.m 算法为例，如图 10.2.4。需要注意的是，M 函数名字必须与 Simulink 中的 Embedded MATLAB Function 模块名字相同。基于嵌入式 MATLAB 函数的半实物仿真结构框图如图 10.2.5 所示，其中 Embedded MATLAB Function 所起的作用与 10.2.2 节阐述的 S-Function 一样。在此基础上，通过编译生成独立代码并下载到目标机上，便可以进行 xPC 目标半实物仿真。

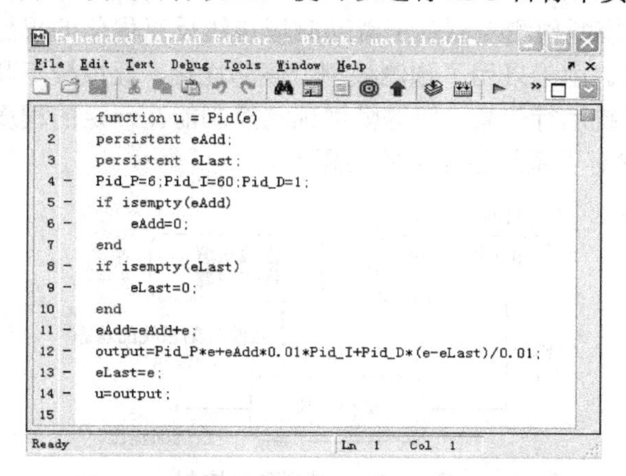

图 10.2.4　嵌入式 MATLAB 代码编辑窗口

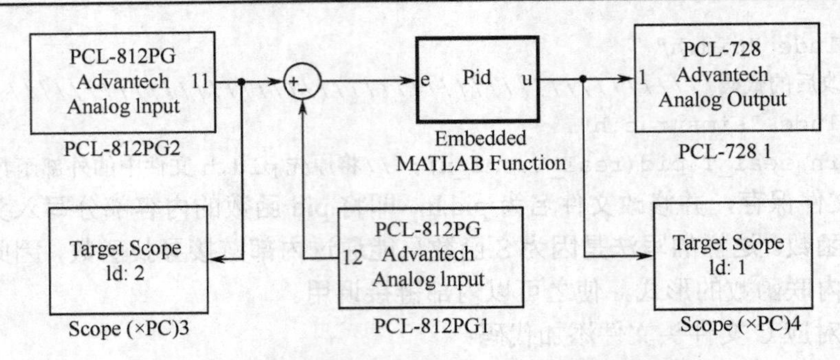

图 10.2.5　嵌入式 MATLAB xPC 目标仿真框图

下面介绍嵌入式 MATLAB 的规则。

并不是所有 M 语言函数文件都可以通过 Embedded MATLAB Function 模块来进行半实物仿真。M 语言函数中的代码都需要符合嵌入式 MATLAB 严格的规则，因此基于这一点本节叙述的方法仍具有一定的局限性。规则如下：

① 将变量进行操作及作为嵌入式 MATLAB 函数的输出前，应该使用类型转换运算符先对该变量的维数、类型和复杂度进行定义和声明；

② 在使用某一变量以后，不允许再改变该变量的维数、类型等属性；

③ 与 MATLAB 中不同，如要对矩阵各元素进行操作时，必须先对矩阵进行维数定义。

另外，嵌入式 MATLAB 并不能识别所有函数，也包括 MATLAB 的一些系统函数，如 figure、title 等命令，在使用这些命令前需要添加代码：eml.extrinsic('figure','title',…)；告诉编译器这些命令只参加仿真，而不进行生成 C 代码操作。

10.3　显式模型预测控制算法 xPC 半实物仿真实验

在介绍显式模型预测控制算法 xPC 半实物仿真实验前，首先对于模型预测控制和显式模型预测控制做个简单的介绍。

模型预测控制技术是一种处理多变量约束系统最优控制问题的最有效方法之一，并已经在石油、化工等流程工业领域获得了广泛应用，取得了巨大的经济效益与社会效益（如节能减排）。现今在全世界范围内，在大型石油、化工公司的最新生产装置中，几乎没有不使用模型预测控制技术的。模型预测控制基于滑动时域在线反复优化的思想来求解约束最优控制问题，如图 10.3.1 所示。由于采用了预测模型、滚动优化、反馈校正和多步预测等新的控制策略，获取了更多的系统运行信息，使得模型预测控制能在一定的程度上有效地抑制系统模型的不精确和外界干扰对于系统控制性能的影响。

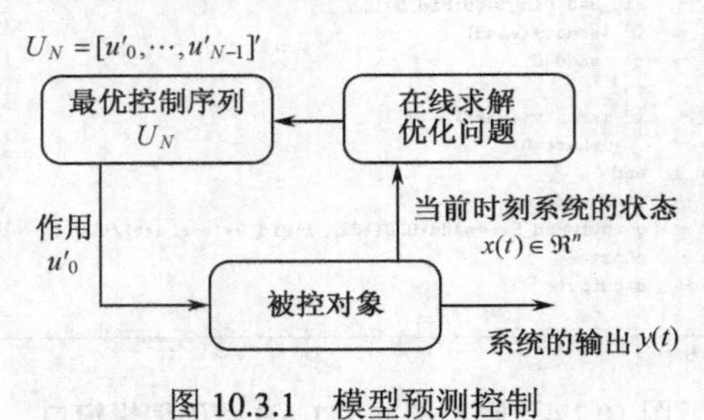

图 10.3.1　模型预测控制

模型预测控制技术的主要不足是：由于模型预测控制的反复在线优化计算特点，使得模型预测控制技术只能适用于问题规模不大或者系统的动态变化较慢的场合（如过程控制系统），难以适用于问题规模较大或者采样速率较高的系统（如动态变化较快的机电系统）。

最近几年，国内外对于减少模型预测控制的在线计算时间提高在线计算速度和扩大模型预测控制技术适用范围的研究非常活跃，特别是 Bemporad 等学者在显式模型预测控制（Explicit Model Predictive Control）方面所做的开创性工作。显式模型预测控制的主要过程如图 10.3.2 所示，分为离线计算和在线实现两个环节：离线计算时，应用多参数规划方法对于状态分区进行划分，并得到对应每个状态分区上的状态反馈最优控制律（为状态的线性控制律，如图 10.3.3）；在线计算时（图 10.3.2 中的虚线箭头），只需确定当前时刻的系统状态处在状态的那个分区，并按照该分区上的最优控制律计算当前时刻的最优控制量。

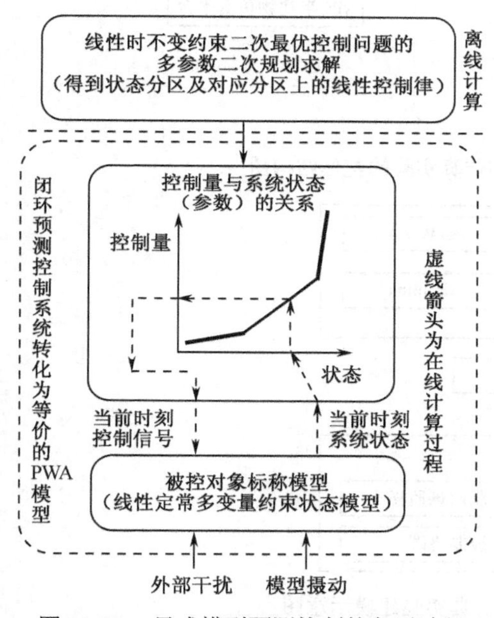

图 10.3.2 显式模型预测控制的主要过程

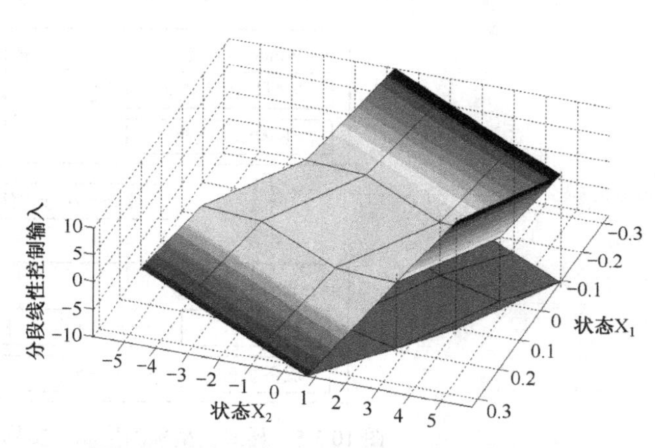

图 10.3.3 状态空间上的分段仿射最优控制律

本节将介绍显式模型预测控制算法在 xPC 半实物仿真平台上的实现方法，以便更好地分析和研究显式模型预测控制算法的实际控制效果。因为显式模型预测控制算法的最优控制律是在离线计算部分计算完成的，因此本节讨论的问题是在 xPC 半实物仿真平台上的在线实现。

10.3.1 显式模型预测控制 xPC 半实物仿真平台架构

xPC 半实物仿真的结构和环境建立步骤已经在上述章节中有所介绍，显式模型预测控制的 xPC 半实物仿真实验方法的整体结构图如图 10.3.4 所示。

xPC 半实物仿真实验的具体实现方式分为两步，如图 10.3.5 所示。第一步是在 MATLAB 环境下建立 Simulink 控制模型，编译生成可执行文件；第二步是将这个可执行文件下载到目标机 PC 中，实现 xPC 半实物仿真实验。

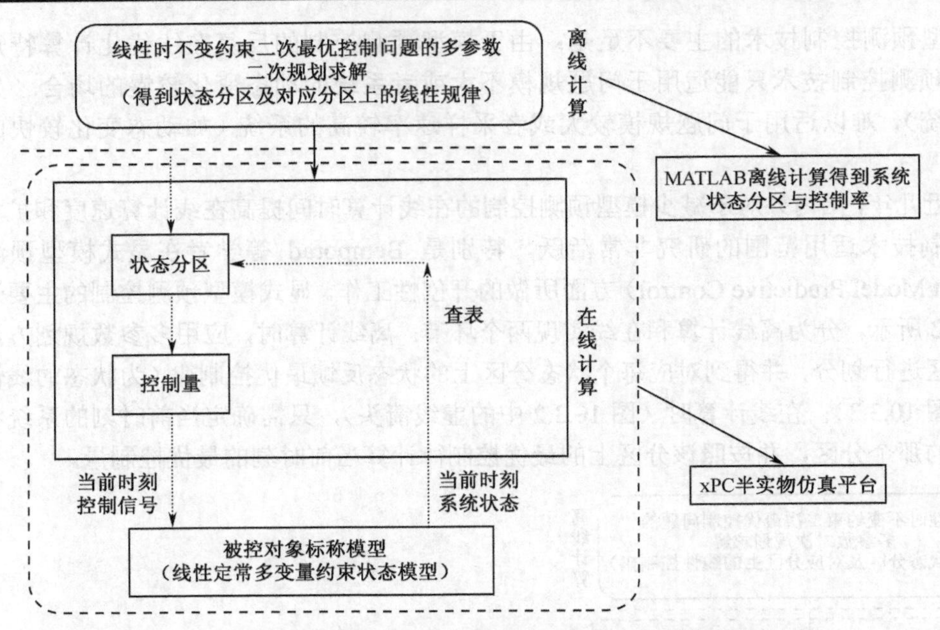

图 10.3.4　显式模型预测控制算法半实物仿真实验的整体结构图

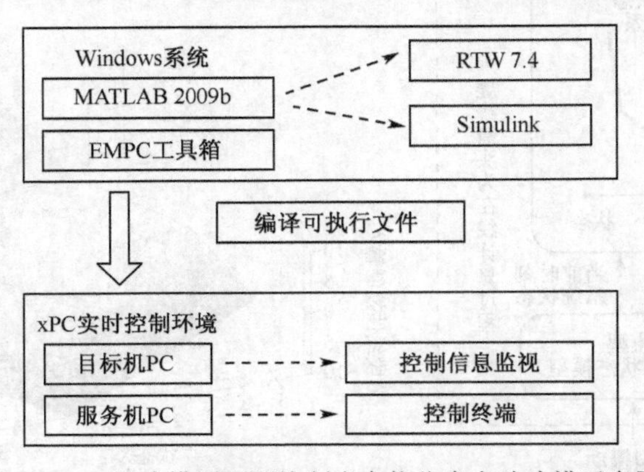

图 10.3.5　显式模型预测控制半实物仿真实验建模示意图

设计一个显式模型预测控制系统的第一步就是要进行离线计算以便得到控制系统的状态分区及其对应分区上的显式线性规律。第二步是利用在离线计算得到的控制系统相应的状态分区及其对应分区上的显式线性控制律，建立一个 Simulink 控制模型，编译生成可执行文件，并下传到目标机上，实时运行显式模型预测控制律。

10.3.2　建立显式模型预测控制半实物仿真系统的 Simulink 模型

建立显式模型预测控制半实物仿真系统的 Simulink 模型，是通过在 MATLAB Simulink 模型中的 S-Function 函数，从 MATLAB 工作空间调用显式模型预测控制离线计算生成的系统状态分区及其对应分区上的显式线性规律数据，并封装成为 Simulink 中一个方框图。整体模型结构图如图 10.3.6 所示。

图 10.3.6 中，MPT Controller1 就是显式模型预测控制控制器，剥开一层就能看到 S-Function 函数，该 S-Function 函数对应的文件一定要是 C 代码文件。PCL-812PG 模块 11 和 12 通道是控制系统的 A/D 输入模块，共采集两路模拟量电压信号；PCL-812PG 模块 13 通道是外部

的跟踪给定信号，控制系统的 Y 输出将跟踪给定的曲线信号实现控制；PCL-728 模块 1 通道是控制系统的 DA 模拟量输出信号；Target Scope 模块的 3 和 4 端口是 xPC 半实物仿真目标机上的两个示波器，分别接入控制系统的两路状态信号和控制量输出电压信号。可以从图 10.3.6 中看出，显式模型预测控制算法是一种状态反馈控制系统。

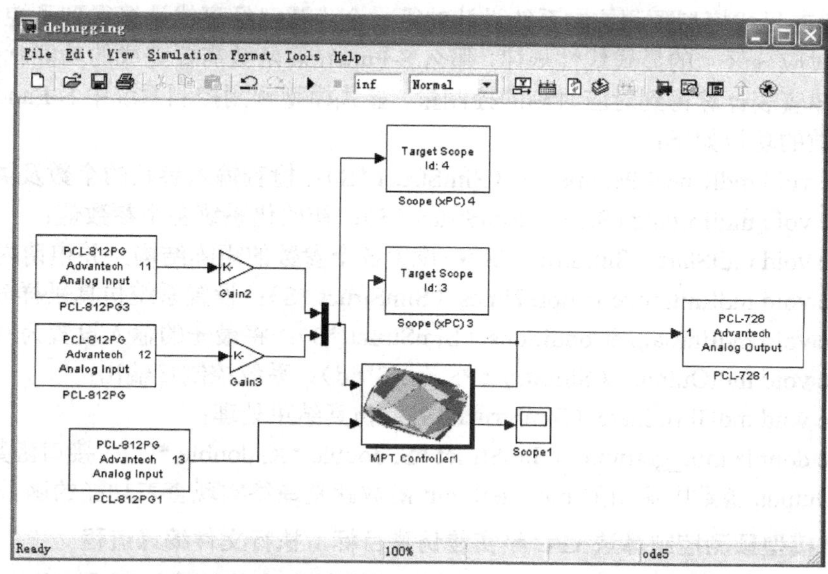

图 10.3.6　显式模型预测控制 Simulink 半实物仿真模型整体框图

1. 离线计算得到的系统状态分区及对应分区上的显式线性规律结构

可以利用 MATLAB 环境中命令 plot，查看显式模型预测控制离线计算得到的控制系统状态分区及其对应分区上的显式线性规律，结果得到的系统状态分区图如图 10.3.7 所示。

计算得到的对应分区上的显式线性规律则存储在 MATLAB 环境中的工作空间中，如图 10.3.8 所示。

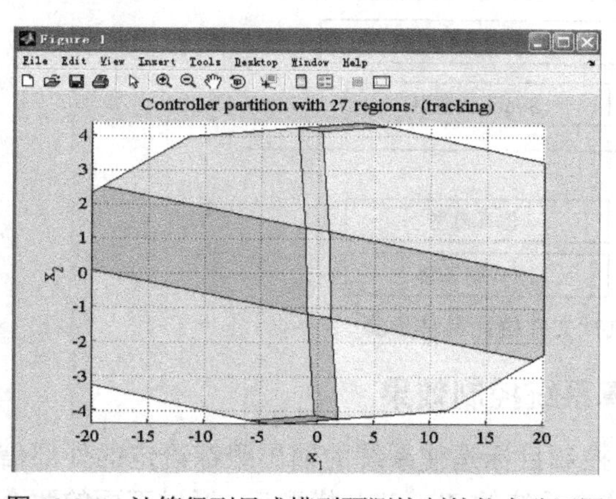

图 10.3.7　计算得到显式模型预测控制的状态分区图

Workspace

Stack: Base

Name	Value	Min
Ts	0.1000	0.1000
a	[-2,-40;1,0]	-40
b	[1;0]	0
c	[0,40]	0
ctrl	<1x1 mptctrl>	
d	0	0
den	[1,2,40]	1
num	40	40
probStruct	<1x1 struct>	
sysStruct	<1x1 struct>	
sysd	<1x1 ss>	

图 10.3.8　工作空间中离线计算得到的数据结构

可以看到工作空间中包含了被控系统的状态结构参数（a、b、c、d、den、num）、采样时间（Ts）、集成的被控对象结构数据的结构体（sysStruct）、控制器建模时的各参数结构体（proStruct）、最后计算得到的控制器（ctrl）。

2．S-Function 接口函数的结构

S_Funtion 函数是一种强大的对 Simulink 模块进行扩展的工具，可以使用 M 语言编写，也可以使用 C 语言进行编写。由于 M 语言编写的 S-Function 一般是不能被编译生成 xPC 半实物仿真目标的可执行文件的，因此常使用 C 语言编写 S-Function 来构建显式模型预测控制控制器。因为在显式模型预测控制系统设计的第一个步骤已经离线计算得到了控制系统的状态分区及其对应分区上的显式线性规律，那么 S-Function 函数需要完成的功能就是通过这些显式线性规律查表计算得到对应时刻的控制量。显式模型预测控制系统中 S-Function C 代码文件中各函数的功能如下：

- static void mdlCheckParameters（SimStruct *S）：检查输入参数的个数及类型；
- static void mdlInitializeSizes（SimStruct *S）：初始化系统各个参数值；
- static void mdlStart（SimStruct *S）：设置各个参数的矩阵结构，并申请内存；
- static void mdlInitializeSampleTimes（SimStruct *S）：设置系统仿真采样时间；
- static void mdlInitializeConditions（SimStruct *S）：将最先的输入设置为 0；
- static void mdlOutputs（SimStruct *S, int_T tid）：系统控制量输出；
- static void mdlTerminate（SimStruct *S）：仿真结束处理；
- static double mpt_getInput（SimStruct *S, double *X, double *U）：接口函数。

在 mdlOutpus 函数中调用的 mpt_getInput 函数就是最终实现查表功能的函数。

3．显式模型预测控制算法 xPC 半实物仿真目标可执行文件编译流程

具体的编译过程如图 10.3.9 所示。显式模型预测控制离线计算得到系统状态分区及其对应的显式线性规律，将数据存放在 MATLAB 环境中工作空间中，然后再 Simulink 环境中使用 S-Function 函数调用工作空间中的数据，并向 Simulink 模型提供接口，建立 Simulink 仿真模型。得到该模型后使用 RTW 工具箱编译生成 xPC 半实物仿真实验的目标可执行文件。

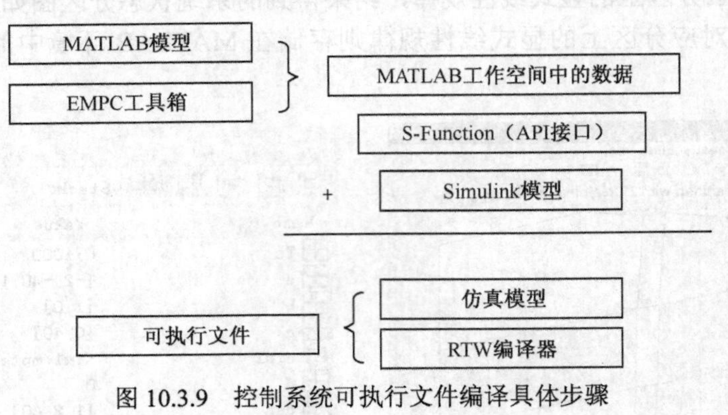

图 10.3.9　控制系统可执行文件编译具体步骤

10.3.3　显式模型预测控制半实物仿真系统控制效果

控制实验给定的信号是外部的方波信号，控制目标是使系统的输出跟踪给定的外部信号。在 10.2.2 节建立显式模型预测控制半实物仿真系统的 Simulink 模型后，通过下面的两个步骤来实现半实物仿真实验：

① 使用 Matlab C/C++编译器将 S-Function 对应的 C 代码文件编译生成动态链接库文件，需要输入的命令是（编译器环境应该事先配置好了的）：

```
mex *.c
```

② 编译生成 xPC 半实物仿真目标可执行文件。

生成可执行文件的步骤如下：

单击 Simulink 文件菜单栏中 Tools 选项中的 Real-Time Workshop→build model，进行 xpc 编译与下载，编译开始后会出现如下信息：

```
### Starting xPC Target build procedure for model: vs_xpc
### Generating code into build directory: G:\我的文档
\MATLAB\EMPC\right\RightZeroFirstMptExample\vs_xpc_xpc_rtw
……
……
### Download model onto target: TargetPC1
### Create xPC Object tg
```

等待下载完毕，在 MATLAB 的命令窗口中输入+tg，开始仿真，-tg 是仿真结束命令。

半实物仿真实验的方波跟踪效果、控制器输出曲线图与系统状态曲线图如图 10.3.10 和 10.3.11 所示。

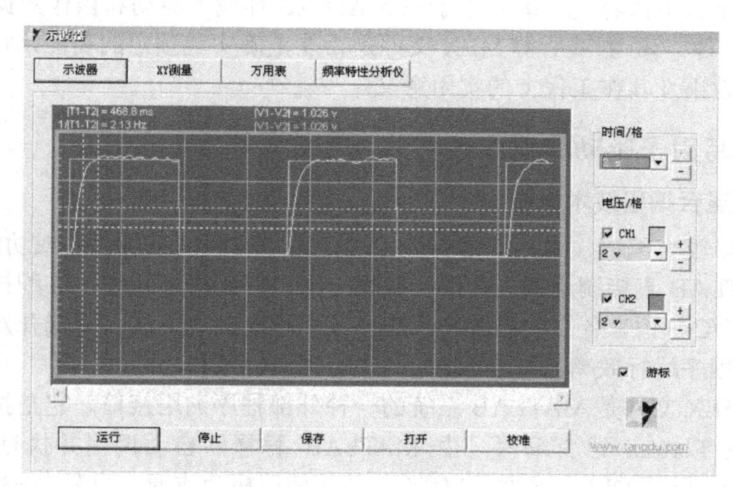

图 10.3.10　半实物仿真方波跟踪效果（自动控制原理实验平台的虚拟示波器）

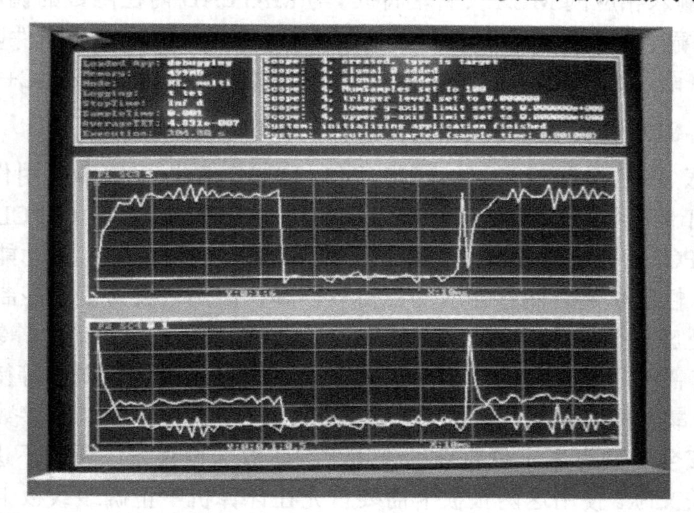

图 10.3.11　输出曲线图与系统状态曲线图（目标机上的显示画面）

10.4 利用C–MEX混编技术实现在MATLAB环境下操作硬件

经过几十年的发展完善，MATLAB 以其强大的科学计算能力、可视化功能、开放式可扩展集成开发环境及丰富的应用工具箱成为国际公认的标准计算工具。而 MATLAB 语言是一种解释性的高级语言，编写简单、易学易懂，在科学计算领域获得了广泛的应用。

然而，M 语言程序也有明显的局限性。例如，M 程序在某些方面（如循环迭代）的运行效率较低，且对硬件（如数据采集卡）的访问能力低下。幸运的是，MATLAB 提供了灵活而又强大的接口技术，程序开发者可以通过 MATLAB 与 C/C++的混合编程来提高程序运行效率和对硬件的操作能力，进一步拓展 MATLAB 的应用领域。

本节采用 C-MEX 混合编程的方法，把对硬件（在本文中为研华 PCL-812PG 数据采集卡和 PCL-728 模拟输出卡）的驱动和操作编写成 MEX 文件。在 MATLAB 编程环境下通过调用 MEX 文件直接读/写数据采集卡和模拟输出卡，以用于数据采集或控制。

本节主要介绍以下内容：① 编写用于在 MATLAB 环境下驱动和操作数据采集卡和模拟输出卡的 MEX 文件；② 测试所得 MEX 文件是否能正确实现预定的功能，并以一个实例展现并分析其应用效果及其在工程上的实用意义。

10.4.1 编写用于驱动和操作硬件的 MEX 文件

1. C-MEX 混合编程技术概述

所谓 C-MEX 混合编程技术，就是将以 C/C++语言实现的某种程序或功能包装成 MEX 文件，以供 MATLAB 直接调用的一种混合编程方法。在程序开发中，这种技术能充分结合利用 M 语言和 C/C++语言各自的资源和优势，优化程序部署方法，降低开发难度，缩短开发周期，并提高程序运行效率，拓展 MATLAB 的应用领域和功能。

MATLAB MEX 文件是 MATLAB 系统的一种外部程序调用接口。它是按一定的格式使用 C/C++语言或 Fortran 语言编写，由 MATLAB 解释器自动调用并执行的动态链接库（Dynamic Link Library，DLL）函数。MEX 文件的使用极为方便，只需在 MATLAB 命令框中或者 M 程序中输入相应的 MEX 文件名即可，与 MATLAB 内在函数的调用方式完全相同。

C-MEX 混合编程方法要求用户已经安装 MATLAB 应用程序接口组件以及相应的工具，并有合适的 C/C++语言编译器。本文采用了 MATLAB R2009b 和 Visual C++ 6.0。

2. 研华 PCL-812PG 数据采集卡和 PCL-728 模拟输出卡简介

本节采用两张 ISA 总线板卡——研华 PCL-812PG 数据采集卡（用作 A/D 通道）和 PCL-728 模拟输出卡（用作 D/A 通道）作为目标硬件。PCL-812PG 与 PCL-728 是台湾研华公司推出的用于 PC 工控机对外部进行数据采集或输出的高性能、 多功能板卡。这两种板卡不仅功能强大，性能优越，而且相应的支持软件多，使得它成为工业控制和实验室应用的理想选择，可广泛应用于数据采集、过程控制、自动检测和工厂自动化等领域。

ISA 总线板卡需要手动配置板卡的中断和基地址、板卡的触发源、等待时间、D/A 内部参考电源和 A/D 最大输入电压等软硬件参数。恰当有序地设置板卡的参数，对于保证板卡在使用过程中的安全有效有着十分重要的作用。具体板卡设置方法在此不进行详细介绍，如有需要请查阅相关文献。使用这两张板卡需要首先在计算机中正确装载板卡并安装好板卡驱动，遵照板卡说明书进行操作即可，本节不再赘述。

3．编写 MEX 文件

由于 MEX 文件其实是一种动态链接库，它的编写过程与在 Visual C++中编写 DLL 文件没有本质的区别。但要使之能被 MATALAB 直接调用并正确实现所要求的功能，首先需要设置好 Visual C++的编译环境，添加相应的头文件和库函数的途径；其次需要设计实现打开并初始化板卡、数据采集、数据输出和关闭板卡等功能的函数；再次需要设计好 MEX 文件的入口子程序 mexFunction；最后需要在 MATLAB 中设置好 MEX 文件编译器，将 VC++中编写好的 DLL 工程编译成 MEX 文件并调试、修改直至达到设计要求。

（1）设置 VC++编译环境

在 VC++中新建一个名为 daqOperation 的空的 Win32 Dynamic-Link Library 工程。打开“工具” 菜单选取“选项”选项卡，在弹出的对话框中选取“目录”项。在“目录”组合框中选取 Include files，添加编译 MEX 文件所需头文件所在的目录<MATLABroot>\EXTERN\INCLUDE（如图 10.4.1 所示）。同样，在此组合框的 Library files 项中添加<MATLABroot>\EXTERN\LIB\WIN32\MICROSOFT，编译 MEX 文件所需用到的动态链接库都在此目录下。

然后，打开“工程：设置”菜单，选取“连接”选项卡，在“对象/库模块”里添加 libmx.lib、libmat.lib 和 libmex.lib，注意 3 个文件名中间以空格隔开。再选取“调试”选项卡，在“可执行调试对话”中选择<MATLABroot>\bin\win32\MATLAB.exe 作为调试程序。

（2）板卡操作函数的设计

前面提到，本节中对数据采集卡的操作分为 4 种：打开并初始化板卡、数据采集、数据输出和关闭板卡，其中数据采集和数据输出是板卡最基本也是最重要的功能。在使板卡开始工作前，首先要打开板卡并将其初始化，而工作结束时，则需将板卡关闭并从计算机的进程中删除。

在对板卡进行编程前，首先要把板卡驱动相关的头文件和 API 函数库（包括 Driver.h、OS.H 和 Adsapi32.lib）复制到本工程所在的文件夹中并在 VC++平台上添加到工程的相关目录下，如图 10.4.2 所示。

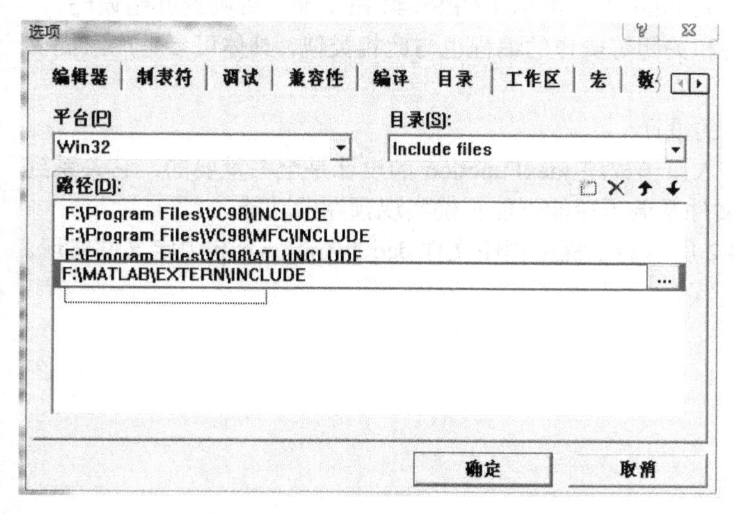

图 10.4.1　设置 VC++编译环境

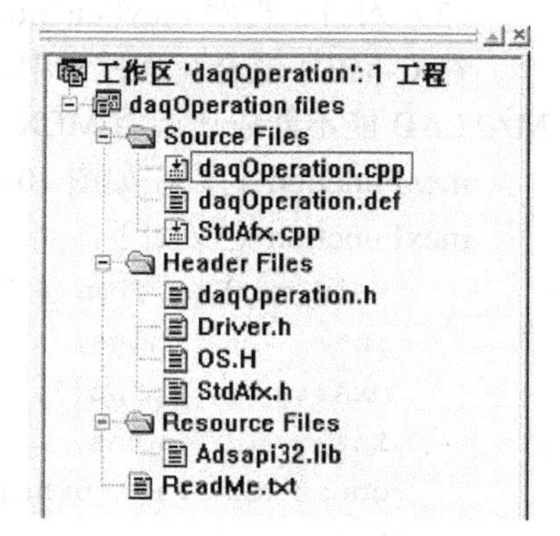

图 10.4.2　工程相关目录的设置

在图 10.4.2 中，注意到本文在工程的 Header Files 目录下建立了头文件 daqOperation.h，这个头文件中的一部分内容定义了用于板卡操作的类：

```
class DaqOperation
{ public:
USHORT usGainCode[16];
USHORT usGainIndex[16];
LONG DriverHandle;          //PCL-812PG 驱动句柄
LONG DriverHandle1;         //PCL-728 驱动句柄
LRESULT ErrCde;
char szErrMsg[80];          //存放报错等信息
float fVoltage[4];          //存放采集到的数据
void opendevice();          //打开并初始化板卡
void closedevice();         //关闭板卡
void writedevice();         //写板卡
void readdevice();          //读板卡
~DaqOperation(){}
};
```

如以上类 DaqOperation 定义中的注释所示，函数 opendevice、closedevice、writedevice 和 readevice 分别用于实现对板卡的打开并初始化、关闭、写和读。

驱动句柄 DriverHandle 和 DriverHandle1 是两个非常重要的参数，对板卡的每一步操作都要用到，它们的值在执行“打开板卡”这一动作时自动获得。例如，执行“打开板卡 PCL-812PG”这一动作的代码语句为：

```
ErrCde=DRV_DeviceOpen(0,(LONG far*)&DriverHandle);
```

其中，DRV_DeviceOpen( )是板卡产家提供的驱动中用于打开板卡设备的函数，它的参数中的 0 是数据采集卡 PCL-812PG 在所在计算机中的研华板卡设备编号。这一语句将执行这样的操作：打开在计算机中编号为 0 的数据采集卡 PCL-812PG，若打开成功，则将 PCL-812PG 的驱动句柄赋给 DriverHandle 并返回 SUCCESS 给 ErrCde，否则返回错误码。

对数据采集卡的初始化、读写和关闭等操作的编程也与此相类似，具体可参考产家提供的相关资料。

（3）入口子程序 mexFunction 的设计

在 C-MEX 混合编程技术中，入口子程序 mexFunction 的设计是至关重要的，它关系到 MATLAB 能不能成功调用 MEX 文件及调用后能不能正确实现预期的功能。

mexFunction 函数在如图 10.4.2 所示的工程主程序文件 daqOperation.cpp 中定义并实现。mexFunction 定义如下：

```
void mexFunction (
int         nlhs,
mxArray     *plhs[],
int         nrhs,
const mxArray *prhs[]
)
```

它的参数的类型和作用如表 10.4.1 所示。

表 10.4.1 mexFunction 的参数说明

参 数	类 型	作 用
nlhs	int	标明 MEX 文件被调用时的输出参数的个数
plhs	mxArray 指针	按顺序指向 MEX 文件被调用时的所有输出参数
nrhs	int	标明 MEX 文件被调用时的输入参数的个数
prhs	mxArray 指针	按顺序指向 MEX 文件被调用时的所有输入参数

在本文中，当 MEX 文件被调用时，程序首先进入入口子程序 mexFunction，然后根据输入参数和输出参数的个数判断具体要执行什么操作，调用相应的板卡操作函数。程序流程如图 10.4.3 所示。

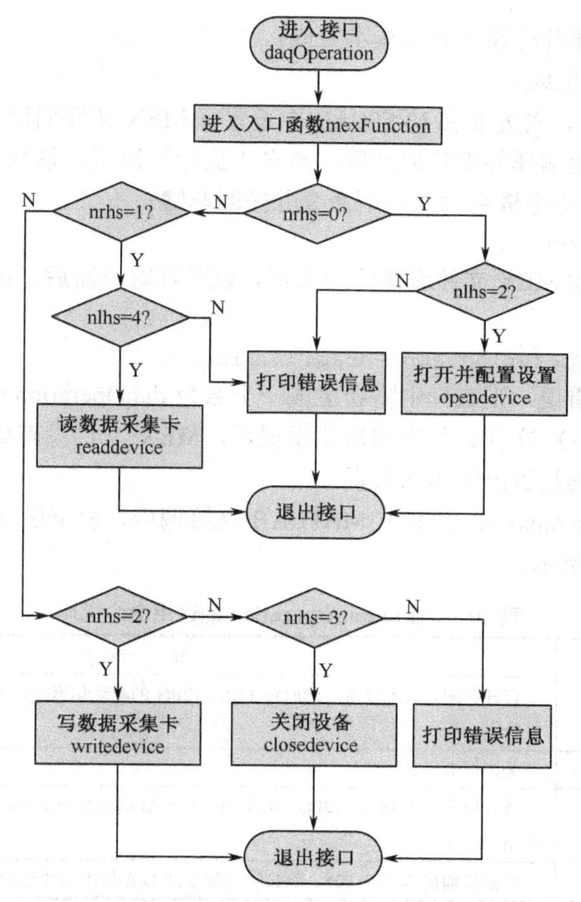

图 10.4.3 mexFunction 函数流程

在编写 mexFunction 的函数体时必须着重注意两点：

① 由于 MEX 文件要被 MATLAB 直接调用，部分在 C/C++编程环境下通用的函数（如一些 I/O 流控制的函数）在此并不适用，必须用相应的 C 语言 MEX 函数代替。C 语言 MEX 函数是 MATLAB 应用程序接口函数提供的一种库函数，均以 mex 为前缀，主要功能是与 MATLAB 环境进行交互，例如从 MATLAB 环境获取必要的阵列数据或返回一定的信息。这种类型的库函数只能用于 C-MEX 混合编程中，他们的原型都定义在<MATLABroot>\EXTERN\INCLUDE 目录下的 mex.h 文件中，所以在 daqOperation.h 文件中要把 mex.h 文件

包含进来。

② 重要参数的传递和保护。例如，当本文获得的 MEX 文件被调用时的输入参数个数 nrhs 为 0 而输出参数个数 nlhs 为 2 时，接口将打开并初始化设备，并将获得的驱动句柄赋值给指针 plhs 指向的输出参数数组，储存在在相应的 MATLAB 存储空间里。而若要调用接口对板卡执行其他操作，则须将相应的驱动句柄传递给接口。

在编写好文件 daqOperation.cpp 后需要为工程添加空白的 DEF 文件，即图 10.4.2 所示工程目录下的 daqOperation.def，并在文件中添加以下内容：

```
LIBRARY "daqOperation"
EXPORTS
mexFunction @1
```

至此，程序代码部分的设计编写基本完成。

（4）MEX 文件的生成

要生成 MEX 文件，首先要在 MATLAB 中设置好 MEX 文件编译器。

在 VC++中将工程编译并组建通过后，单击“执行”按钮，系统将自动打开 MATLAB 软件。在 MATLAB 的命令框中输入以下命令并按回车键：

```
>> mex -setup
```

然后根据提示完成 MEX 文件编译器的设置。设置好编译器后，在命令提示框中键入以下命令并按回车键：

```
>> mex daqOperation.cpp Adsapi32.lib
```

若各方面都没有错误，则工程中将会生成一个名为 daqOperation.mexw32 的文件，它就是本文所要获得的 MEX 文件。如果出现错误提示，MEX 文件没有成功生成，则需要检查在各个步骤及程序代码是否出现错漏失误。

文件 daqOperation.mexw32 能够被 MATLAB 直接调用，根据图 10.4.2 很容易得到它的调用命令，如表 10.3 所示。

表 10.3　接口 daqOperation 的调用命令说明

调 用 命 令	说　明
[dr0,dr1]=daqOperation()	打开并配置板卡设备，同时将 PCL-812PG 的驱动句柄赋给 dr0，将 PCL-728 的驱动句柄赋给 dr1
daqOperation(dr0,dr1,0)	关闭板卡设备
[c,d,e,f]=daqOperation(dr0)	读数据采集卡 PCL-812PG，将预设的 4 个 AI 通道端口的电压经 A/D 转换后分别赋给变量 c、d、e、f
daqOperation(dr1,b)	写模拟输出卡 PCL-728，将拟输出量 b 经 D/A 转换后通过预设的 AO 通道输出

10.4.2　MEX 文件的测试与应用

前文提到，MEX 文件在 MATLAB 编程环境下能被直接调用，其调用方式与 MATLAB 的内置函数完全相同。只要根据表 10.3 在 MATLAB 的命令框或者 M 语言程序代码中输入命令，就能调用 daqOperation.mexw32 对板卡执行相应的操作。本节将通过两个简单的实例测试所得 MEX 文件 daqOperation.mexw32 是否能正确实现预计的功能，展现并分析其应用效果及其在工程上的实用意义。

1．测试 MEX 文件 daqOperation.mexw32

编写一个 M 语言程序，通过调用 MEX 文件输出正弦信号并采集，采样时间取 0.1s。这个程序用以测试 daqOperation.mexw32 在 MATLAB 编程环境中能否被直接调用并实现预期的功能。

为了直观地展现效果，本文在名为 Mcdaq 的 M 语言程序中添加了并行的两个定时器：tmr 和 tdr。tmr 以 0.1s 为周期对板卡执行数据采集和信号输出操作；tdr 的则从 tmr 定时器线程中获取数据，实时显示输入和输出波形。

为了使两个波形更加清晰，tmr 的回调函数中采用了先采集数据后输出信号的顺序，即 k 时刻的输出信号将在 k+1 时刻被采集，使得采集信号比输出信号延迟了一个采样周期。

M 语言程序 Mcdaq 的程序流程如图 10.4.4 所示。

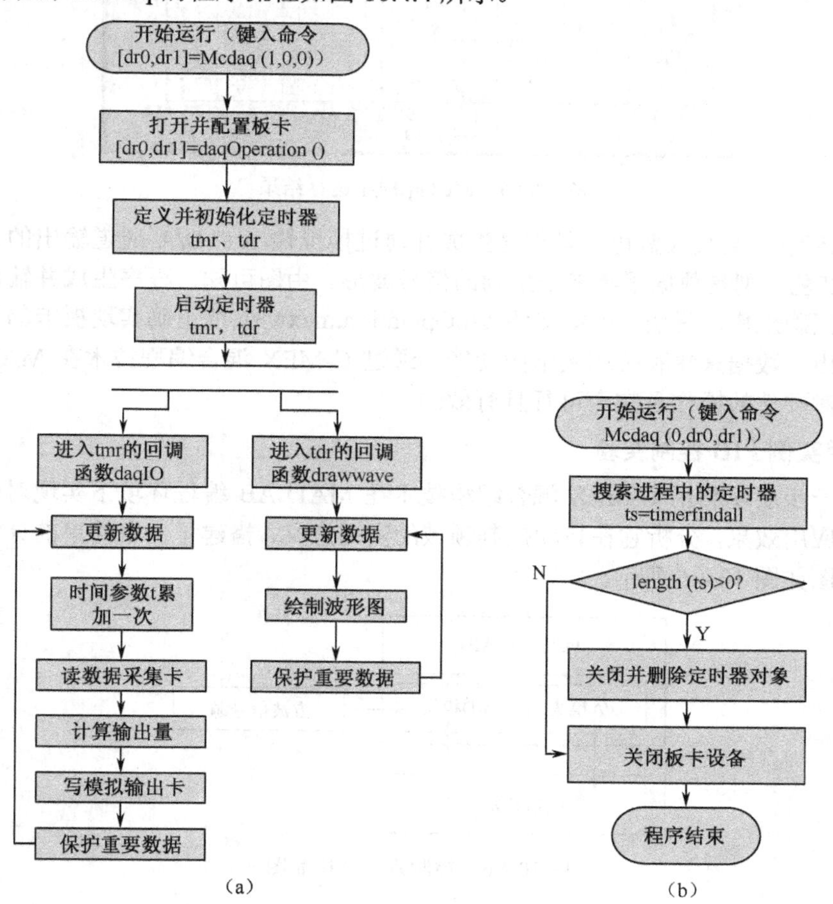

图 10.4.4　M 语言程序 Mcdaq 的程序流程

程序编写完后，在 MATLAB 命令框中键入以下命令并按回车键：

```
>> [dr0,dr1]=Mcdaq(1,0,0)
```

程序进入并执行图 10.4.4（a）所示流程。在此过程中的任意时刻，只要在命令框键入以下命令并按回车键，则程序执行图 10.4.4（b）所示流程，退出定时器循环，结束运行：

```
>> Mcdaq(0,dr0,dr1)
```

将模拟输出卡的 D/A 通道端口与数据采集卡的 A/D 通道端口直接相连，运行 M 语言程序 Mcdaq，结果如图 10.4.5 所示。

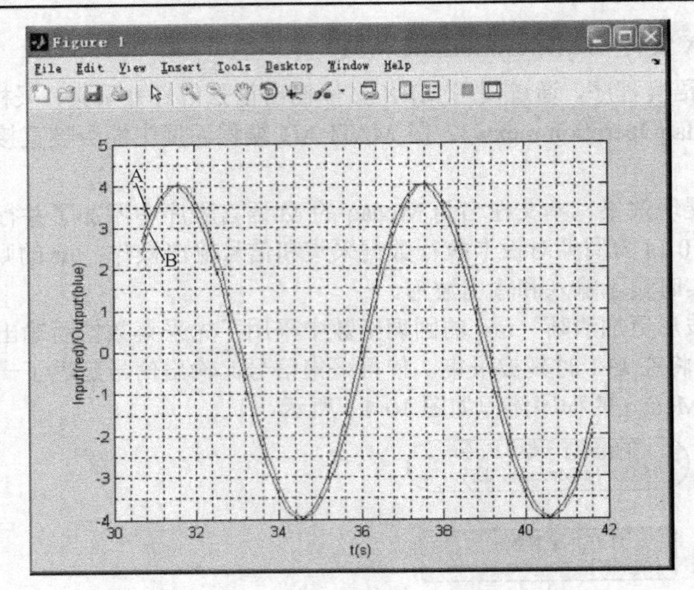

图 10.4.5　Mcdaq 程序运行结果

图 10.4.5 中，A 线（蓝色）是程序生成并通过模拟输出卡 D/A 通道输出的正弦信号波形，B 线（红色）则是数据采集卡采集到的信号波形。由图可知，程序生成并输出的正弦信号能被程序正确采集，说明 MEX 文件 daqOperation.mexw32 能正确实现板卡的打开与初始化、数据输出、数据采集和关闭板卡的功能。通过 C-MEX 混合编程技术在 MATLAB 编程环境下实现对硬件的操作是完全可行且有效的。

2．应用实例 PID 控制实验

为了进一步展现利用 C-MEX 混合编程技术在 MATLAB 编程环境下实现对硬件的操作的可行性与应用效果，分析它在自动控制领域的实用意义，搭建了一个简单的计算机控制系统，结构简图如图 10.4.6 所示。

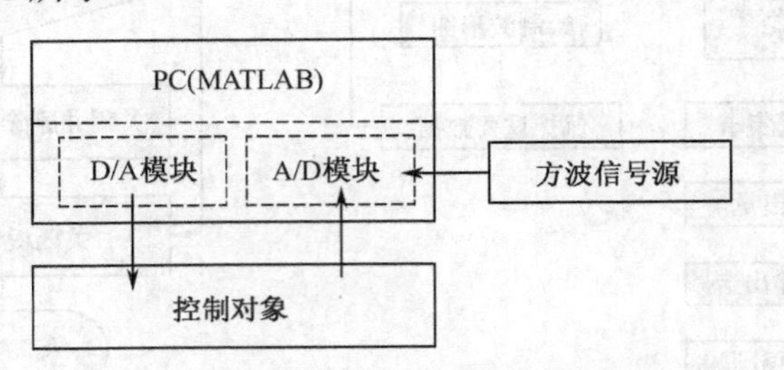

图 10.4.6　控制系统结构简图

这个计算机控制系统在 MATLAB 编程环境下编写数字 PID 控制器，通过调用 MEX 文件采集系统的输入信号与反馈信号并输出控制信号给控制对象。

控制对象是在自控试验箱上用模拟电路搭建的一个简单的二阶系统，传递函数为：

$$G(s)=\frac{10}{s^2+s+10}$$

取采样周期为 0.1s，数字 PID 控制器的比例系数取 1.26，积分时间常数取 0.5s，微分时间常数取 0.2s，系统输入信号为自控试验箱上生成的幅值为 5V，周期为 10s 的模拟方波信号。

运行 M 语言程序，开始控制过程，用虚拟示波器观察系统的输入信号和输出信号，得到如图 10.4.7 所示波形，系统实现了预期的控制功能。

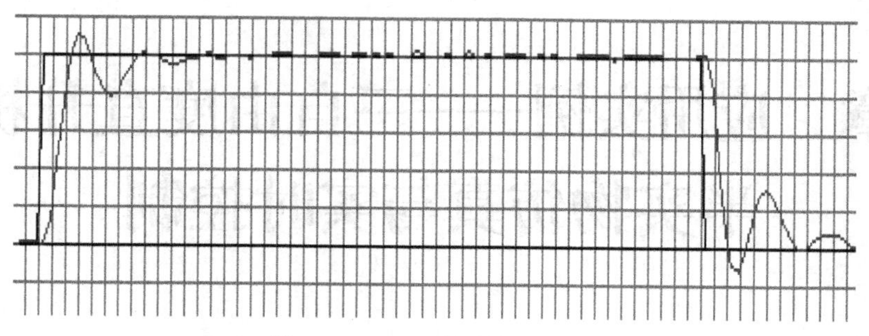

图 10.4.7　PID 控制效果截图

从这个实例可见，在 MATLAB 编程环境下，通过调用 MEX 文件直接读写数据采集卡和模拟输出卡实现数据采集和输出，从而将 M 语言编写的控制器、信号源、A/D 与 D/A 通道、控制对象等部分连接成一个完整的控制系统，实现自动控制是完全可行且有效的。

同样，技术人员还能利用这一技术在 MATLAB 编程环境下实现实物控制、半实物仿真、系统在线辨识等实验，甚至直接应用于实际工程之中，充分发挥 MATLAB 丰富的工具箱和强大的矩阵运算能力的作用，使之造福于自动控制领域。

第 11 章　应用实例——三自由度直升机系统半实物仿真与实时控制

本章介绍 Quanser 三自由度直升机半实物系统的仿真与实验。前面所讨论的都是纯数字的仿真方法，并未考虑与真实的外部环境之间的关系。将实际系统放置在仿真系统回路中进行仿真研究。这样的仿真经常被称为“硬件在环”（Hardware-In-Loop，HIL）的仿真，又常称为半实物仿真。

在实际应用中，通过纯数值仿真方法设计出的控制器在实际中可能达不到期望的控制效果，甚至控制器完全不能用，这是因为在纯数值仿真中忽略了实际系统的某些特性或参数。要解决这样的问题，引入半实物仿真的概念是十分必要的。

11.1　Quanser 三自由度直升机的系统结构和数学模型

由 Quanser 公司生产的三自由度直升机是一个实时控制实验平台。该平台被广泛应用于控制理论的研究和测试中。Quanser 公司设计的实时控制软件 Quarc 与 Matlab/Simulink 无缝连接并且能够自动将 Simulink 模块转为 C 代码，具有很好的实时性。实验者不用编写烦琐的代码，可以将更多的时间投入在控制系统的控制策略设计和性能的研究上。

图 11.1.1 所示为三自由度直升机的实物图和力学示意图。从图 11.1.1(a)和图 11.1.1(b)中可以看到它由基座、平衡杆、配重块、前后螺旋桨及电机、电滑环、各自由度上的编码器、主动干扰系统（Active Disturbance System，ADS）等组成。

图 11.1.1(c)所示为三自由度直升机的力学示意图。可见直升机三个自由度的旋转轴分别为高度（elevation）轴、俯仰（pitch）轴、旋转（travel）轴。

由此可分别建立三个轴的动力学方程如下。

1．高度轴

如图 11.1.1(c)所示，高度轴就是穿过支点且垂直于此直升机运动平面的轴。高度角就是直升机的平衡杆在起始位置和它的高度运动位置之间的夹角。在此模型中，前后螺旋桨分别产生升力为 F_f 和 F_b，所产生的升力和为 $F_m = F_f + F_b$，由 F_m 来控制高度轴的运动。当 $F_m > F_g$ 时，直升机上升；反之，则下降。容易得到：俯仰角越大，表明直升机飞得越高。假设机体水平是 $\varepsilon = 0$，根据力矩平衡方程可得：

$$J_\varepsilon \ddot{\varepsilon} = K_f(U_f + U_b)\cos pL_a - m_h g L_a \cos\varepsilon$$

式中，K_f 为电机推力系数，单位为 N/V；U_f 和 U_b 分别为前后电机的控制输入电压，单位为 V。

在俯仰角比较小的情况下，高度角在平衡点附近的运动方程可近似为：

$$\ddot{\varepsilon}=\frac{K_f L_a(U_f+U_b)-m_h g L_a}{J_\varepsilon} \tag{11-1}$$

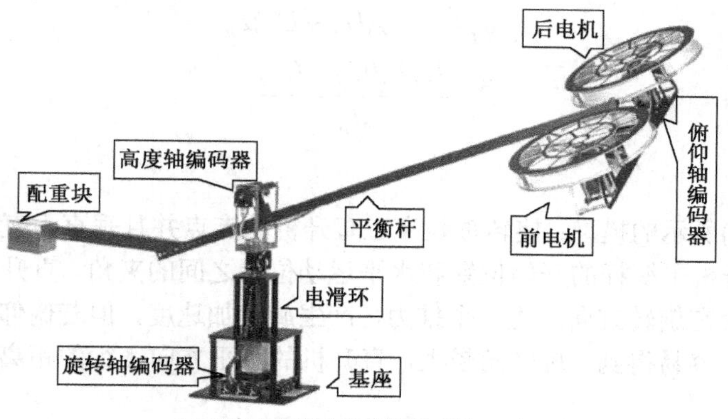

(a) 三自由度直升机结构图（无ADS）

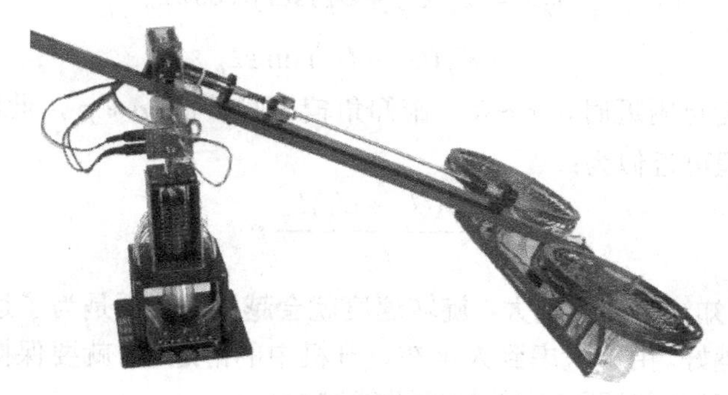

(b) 主动干扰系统（ADS）

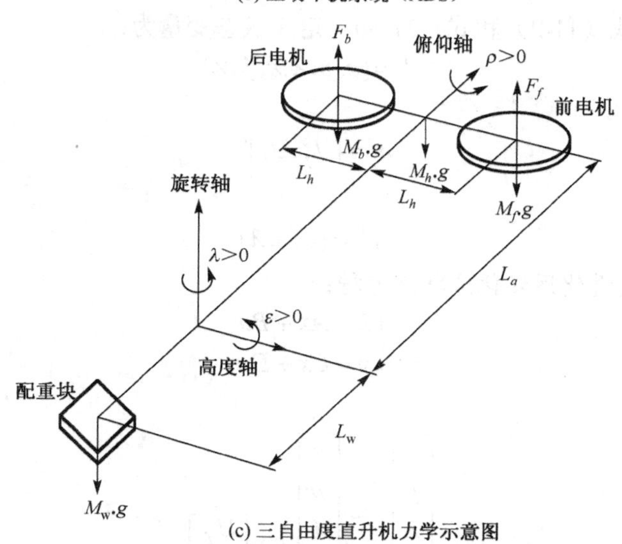

(c) 三自由度直升机力学示意图

图 11.1.1　三自由度直升机实物图和力学示意图

2．俯仰轴

如图 11.1.1(c)所示的简化模型：俯仰轴是指穿过直升机的两螺旋桨中点并且垂直于直升

机运动平面的轴。俯仰角是指直升机的两螺旋桨偏离水平位置的夹角。俯仰轴的运动是由前后螺旋桨所产生的升力差所控制的。若 $F_f > F_b$，直升机就会产生正向倾斜；反之，产生负向倾斜。容易得到：俯仰角越大，直升机就会倾斜得越厉害，其俯仰轴的运动方程如下：

$$J_p \ddot{P} = K_f (U_f + U_b) L_h$$

$$\ddot{P} = \frac{K_f L_h (U_f + U_b)}{J_p} \tag{11-2}$$

3．旋转轴

如图 11.1.1(c)所示的模型：旋转轴是穿过直升机的支点并且垂直于直升机的运动平面的轴。旋转角是直升机平衡杆的开始位置和水平运动位置之间的夹角。直升机倾斜必然会产生俯仰角，同时就会在旋转方向产生一个推力，产生旋转加速度，但若俯仰角为零，就没有力可以传给旋转轴。容易得到：旋转角越大，直升机的水平方向飞行的距离就越大。旋转轴的运动方程为：

$$J_\lambda \ddot{\lambda} = K_f (U_f + U_b) \sin p \cos \varepsilon L_a$$
$$+ K_f (U_f - U_b) \sin \varepsilon L_h$$

当高度角在平衡点附近时，$\varepsilon \approx 0$，俯仰角较小时，$\sin p \approx p$，此时以俯仰角为输入的旋转通道的微分方程可近似为：

$$\ddot{\lambda} = \frac{K_f (U_f + U_b) L_a}{J_\lambda} p \tag{11-3}$$

由式（11-3）可知，俯仰角越大，旋转速度就会越大，若不是为了达到更大的旋转速度，就认为俯仰角越大越好。由于考虑到人坐在直升机中的舒适度，就要保持直升机能平稳飞行，所以在考虑旋转速度的同时要注意俯仰角不能过大。

由式（11-1）、式（11-2）和式（11-3），定义状态变量为：

$$x^{\mathrm{T}} = [\varepsilon, p, \lambda, \dot{\varepsilon}, \dot{p}, \dot{\lambda}]$$

输入为：

$$u = [U_f, U_b]'$$

输出为：

$$y^{\mathrm{T}} = [\varepsilon, p, \lambda]$$

将动力学方程线性化后转化成状态方程：

$$\begin{cases} \dot{x} = Ax + Bu \\ y = Cx + Du \end{cases}$$

式中：

$$\begin{bmatrix} \dot{\varepsilon} \\ \dot{p} \\ \dot{\lambda} \\ \ddot{\varepsilon} \\ \ddot{p} \\ \ddot{\lambda} \end{bmatrix} = A \begin{bmatrix} \varepsilon \\ p \\ \lambda \\ \dot{\varepsilon} \\ \dot{p} \\ \dot{\lambda} \end{bmatrix} + B \begin{bmatrix} U_f \\ U_b \end{bmatrix}$$

得到：

$$A=\begin{bmatrix}0 & 0 & 0 & 1 & 0 & 0\\ 0 & 0 & 0 & 0 & 1 & 0\\ 0 & 0 & 0 & 0 & 0 & 1\\ 0 & 0 & 0 & 0 & 0 & 0\\ 0 & 0 & 0 & 0 & 0 & 0\\ 0 & -\dfrac{(L_m m_w-2L_a m_f)g}{m_w L_w^2+2m_f L_h^2+2m_f L_a^2} & 0 & 0 & 0 & 0\end{bmatrix}$$

$$B=\begin{bmatrix}0 & 0\\ 0 & 0\\ 0 & 0\\ \dfrac{L_a K_f}{2m_f L_a^2+m_w L_w^2} & \dfrac{L_a K_f}{2m_f L_a^2+m_w L_w^2}\\ \dfrac{1}{2}\dfrac{K_f}{m_f L_f} & -\dfrac{1}{2}\dfrac{K_f}{m_f L_f}\\ 0 & 0\end{bmatrix}$$

依据直升机的参数，得到状态方程的系数矩阵为：

$$A=\begin{bmatrix}0 & 0 & 0 & 1 & 0 & 0\\ 0 & 0 & 0 & 0 & 1 & 0\\ 0 & 0 & 0 & 0 & 0 & 1\\ 0 & 0 & 0 & 0 & 0 & 0\\ 0 & 0 & 0 & 0 & 0 & 0\\ 0 & -1.2304 & 0 & 0 & 0 & 0\end{bmatrix}\quad B=\begin{bmatrix}0 & 0\\ 0 & 0\\ 0 & 0\\ 0.0858 & 0.0858\\ 0.5810 & -0.5810\\ 0 & 0\end{bmatrix}$$

$$C=\begin{bmatrix}1 & 0 & 0 & 0 & 0 & 0\\ 0 & 1 & 0 & 0 & 0 & 0\\ 0 & 0 & 1 & 0 & 0 & 0\end{bmatrix}\quad D=\begin{bmatrix}0 & 0\\ 0 & 0\\ 0 & 0\end{bmatrix}$$

11.2　三自由度直升机 PID 控制器设计

PID 控制器调节高度角和旋转角使其达到设定值，PID 的控制增益通过线性二次规划（Linear-Quadratic Regulation）算法计算得到。前后电机的状态反馈控制电压 V_f 和 V_b 定义如下：

$$\begin{bmatrix}V_f\\ V_b\end{bmatrix}=K_{PD}(x_d-x)+V_i+\begin{bmatrix}V_{op}\\ V_{op}\end{bmatrix}$$

式中：

$K_{PD}=\begin{bmatrix}K_{1,1} & K_{1,2} & K_{1,3} & K_{1,4} & K_{1,5} & K_{1,6}\\ K_{2,1} & K_{2,2} & K_{2,3} & K_{2,4} & K_{2,5} & K_{2,6}\end{bmatrix}$，为比例微分控制增益；

$\boldsymbol{x}_d^{\mathrm{T}}=[\varepsilon_d\ \ p_d\ \ r_d\ \ 0\ \ 0\ \ 0]$，为设定状态，$x$ 是状态变量；

$$\boldsymbol{V}_i=\begin{bmatrix}\int k_{1,7}(x_{d,1}-X_1)\mathrm{d}t+\int k_{1,8}(x_{d,3}-X_3)\mathrm{d}t\\ \int k_{2,7}(x_{d,1}-X_1)\mathrm{d}t+\int k_{2,8}(x_{d,3}-X_3)\mathrm{d}t\end{bmatrix}$$
为积分控制。

$$V_{op}=\frac{1}{2}\frac{g(L_\omega m_\omega-L_a m_f-L_a m_b)}{L_a K_f} \tag{11-4}$$

其中，V_{op}是操作点电压；$\varepsilon_d,p_d,\lambda_d$是高度角、俯仰角和旋转角的设定值。在控制中，俯仰角被设为0，即$p_d=0$。$k_{1,1}\sim k_{1,3}$是前电机比例控制增益，$k_{2,1}\sim k_{2,3}$是后电机比例控制增益。同样，$k_{1,4}\sim k_{1,6}$是前电机的微分控制增益，$k_{2,4}\sim k_{2,6}$是后电机的微分控制增益，$k_{1,7}$和$k_{1,8}$是前电机的积分控制增益，$k_{2,7}$和$k_{2,8}$是后电机的积分控制增益。

PID控制增益由线性二次规划算法得到。将系统的状态增广，加入高度和旋转状态的积分，得到增广的状态变量：

$$\boldsymbol{x}_i^{\mathrm{T}}=\left[\varepsilon,p,r,\dot{\varepsilon},\dot{p},\dot{r},\int\varepsilon\mathrm{d}t,\int r\mathrm{d}t\right]$$

利用反馈控制律：

$$u=-Kx_i$$

取权重矩阵：$\boldsymbol{Q}$= diag([100 1 10 0 0 2])，$\boldsymbol{R}$= 0.025*diag([1 1])。

由以上参数以及最小代价函数$J=\int_0^\infty x_i^{\mathrm{T}}Qx_i+u_i^{\mathrm{T}}Ru\mathrm{d}t$，通过MATLAB LQR命令计算得到：

$$\boldsymbol{K}=\begin{bmatrix}51.9211 & 16.1899 & -16.1293 & 24.6004 & 5.2787 & -21.2682 & 14.1421 & -1.4142\\ 51.9211 & -16.1899 & 16.1293 & 24.6004 & -5.2787 & 21.2682 & 14.1421 & 1.4142\end{bmatrix} \tag{11-5}$$

11.3 三自由度直升机PID控制数值仿真

如图11.3.1所示为直升机闭环响应的仿真模型，它主要由4个模块组成，从左到右分别为：期望角度模块（Desired Angle from Program）、控制器模块（3-DOF HELI:LQR+I controller）、三自由度直升机模型（3-DOF Helicopter Model）及示波器模块（Scopes）。

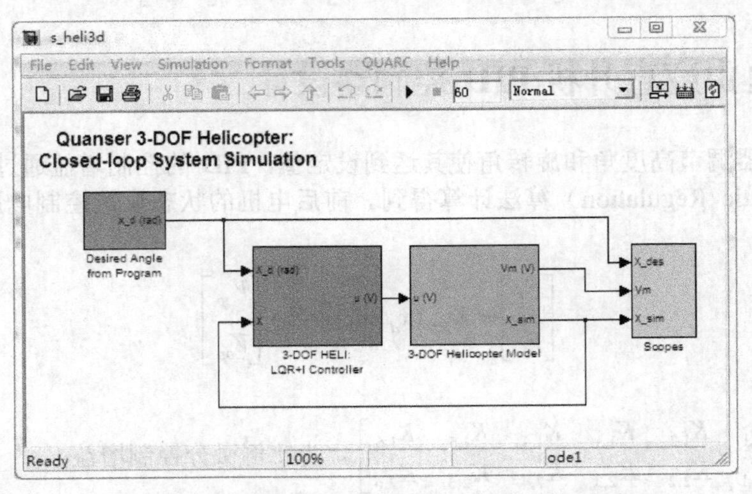

图11.3.1　三自由度直升机控制系统的仿真模型

期望角度模块由程序设置期望直升机获得的姿态角度，或需要跟踪的轨迹，一方面给控制器模块用于参考输入，另一方面给示波器模块用于对比输出。控制器模块有两个输入，一个为期望角度，另一个为反馈回来的状态变量。通过 LQR+I 控制器计算得到控制电压，输出给三自由度直升机模型，一方面控制直升机更新角度，更新后的测量角度用于反馈给控制器进行下一步计算；另一方面用于输出。输出给示波器模块，与角度的期望值进行对比。

如图 11.3.2 所示为期望角度模块，此模块产生期望的角度值，以向量形式输出。从图 11.3.2 可以看出高度角信号为两个信号的叠加，一个是幅值为 7.5°的方波，另一个定值 10°。所以高度角信号是以 10°为原点，幅值为 7.5°的正弦信号。这里是仿真，但在实际实验中还是以接近水平的角度为原点比较合适，因为角度较小时螺旋桨离基座支撑物较近，空气阻力较大。旋转角的幅值为 30°。由图 11.3.3 和图 11.3.4 可以看出，高度角期望值是频率为 0.04Hz 的方波，而旋转角的期望值是频率为 0.03Hz 的方波。角度的变化要在±0.7854 rad/s 之间。

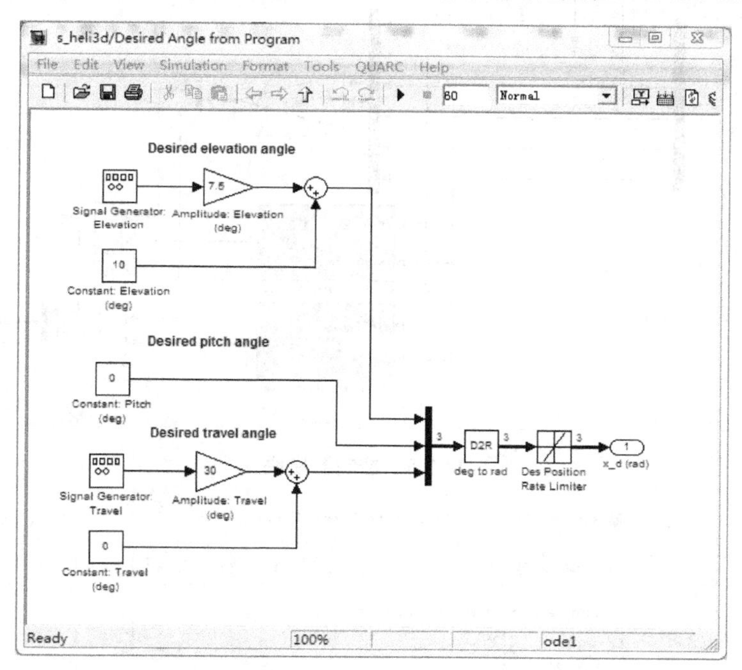

图 11.3.2　期望角度模块（Desired Angle from Program）

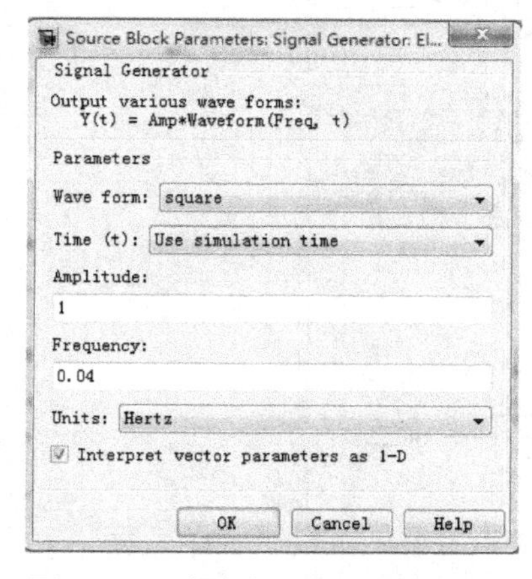

图 11.3.3　高度角（elevation）信号

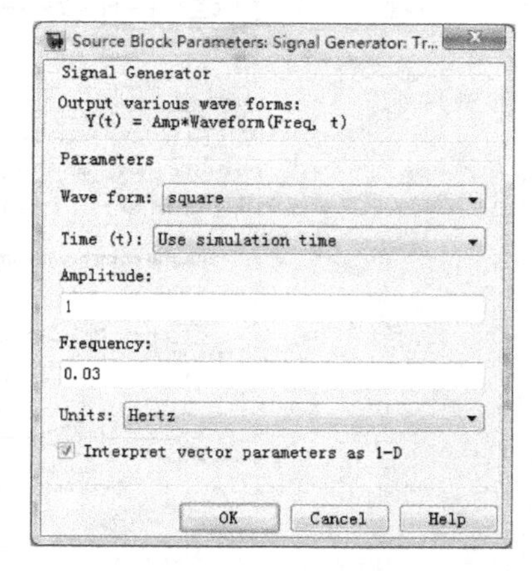

图 11.3.4　旋转角（travel）信号

图 11.3.5 所示为图 11.3.1 中控制器模块（3-DOF HELI:LQR+I controller）的展开图，输入为角度的期望值和仿真反馈回来的当前状态变量，输出为前后电机的控制电压。期望的角度值与状态变量负反馈的前三位相加得到三自由度角度的差值，包含在向量内。向量与式（11-5）$\boldsymbol{K}$ 的表达式中的比例微分项相乘得到比例微分电压向量。高度角误差和旋转角误差通过乘以 $\boldsymbol{K}$ 表达式中的积分项得到积分电压，具体如图 11.3.6 所示。

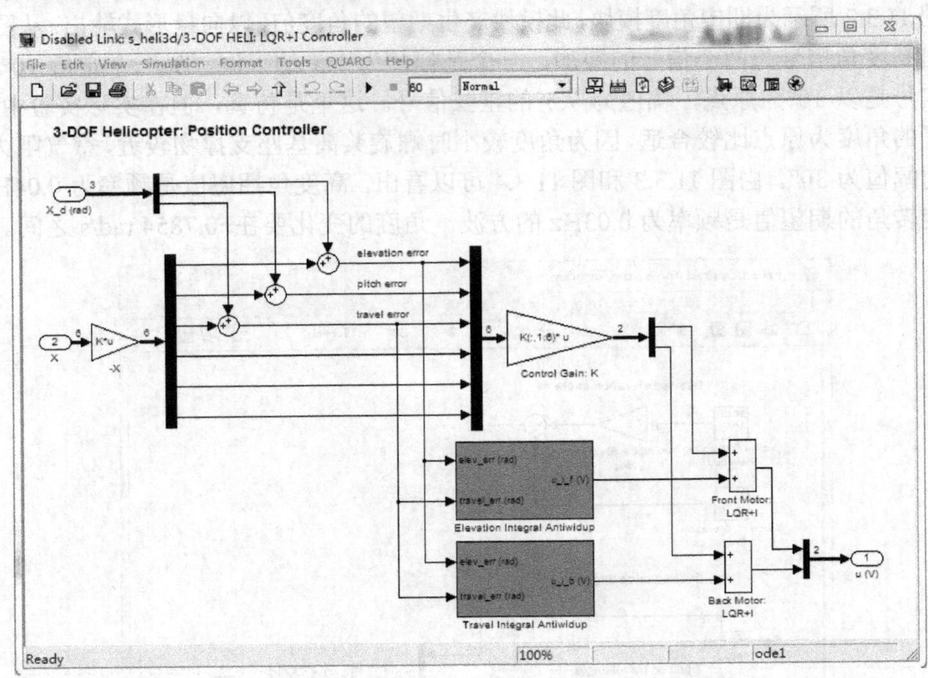

图 11.3.5　控制器模块

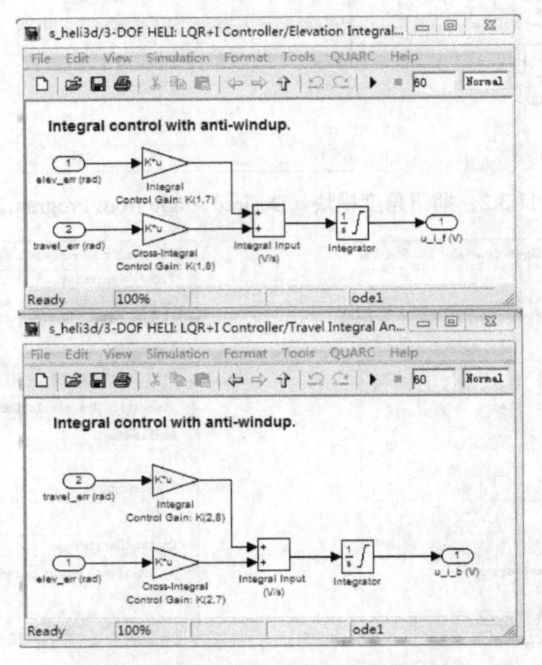

图 11.3.6　高度角和旋转角的积分电压

图 11.3.7 所示为图 11.3.1 中三自由度直升机模型的展开图。输入为控制器计算得到的前后电机控制电压，该电压为经功率放大器放大后的电压值，因此该控制电压必须在功率放大器的电压限制（VMAX_AMP）内，即±24V 之间。该控制电压除以功率放大器的放大倍数（K_AMP）之后,要在数据采集卡的电压限制（VMAX_DAC）内，即±10V。控制电压一方面作为状态空间模型的输入，用于更新系统状态，另一方面输出 Vm，作为示波器模型的输入。

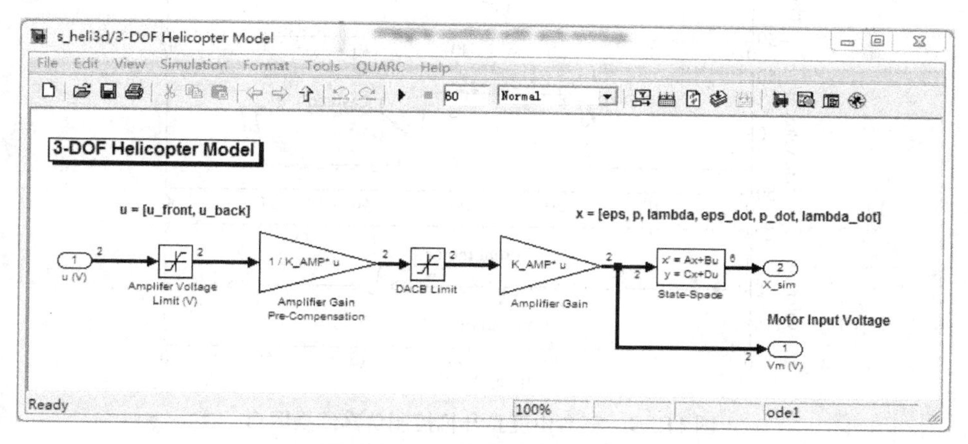

图 11.3.7　三自由度直升机模型

图 11.3.8 所示为图 11.3.1 中示波器模块（Scopes）的展开图，从图 11.3.8 可见最后显示的是 4 个波形图，分别为三个自由度角度的波形图，以期望值和仿真值的对比形式给出，以及控制电压的波形图。图 11.3.9 所示为最后得到的仿真图形。

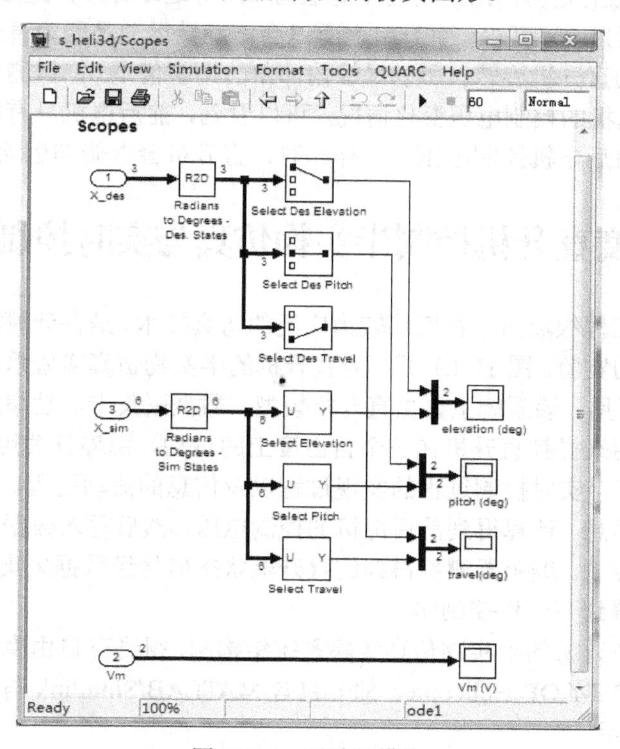

图 11.3.8　示波器模块

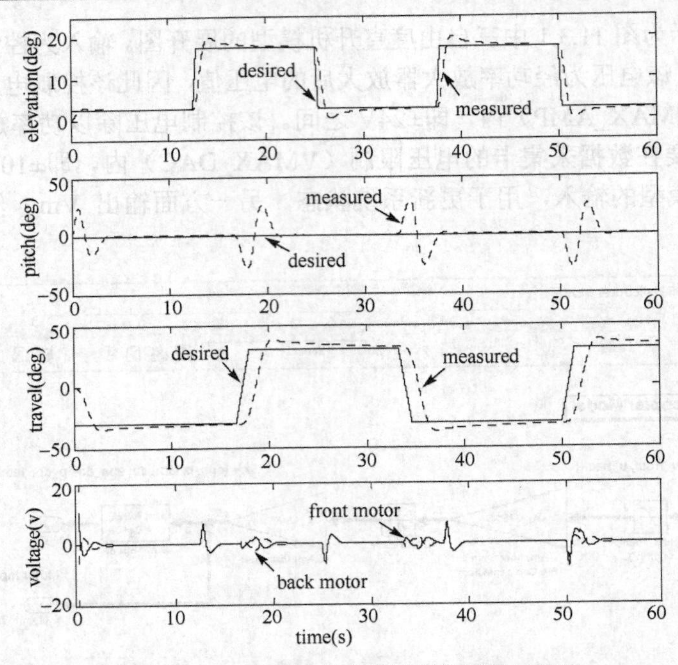

图 11.3.9　三自由度直升机控制仿真结果图形

图 11.3.9 所示为直升机高度角跟踪幅值为 7.5°、频率为 0.04Hz 的矩形波、旋转角跟踪幅值为 30°、频率为 0.03Hz 的仿真效果图。由图可见，高度角的跟踪上并没有明显的时延，在上升沿和下降沿上超调量只有 2°左右。相对地，旋转角有 1.8s 的时延，但超调量不大，大约为 7°。值得注意的是俯仰角，它的期望值为 0，可是却有形似正弦的变化，这跟 travel 的原理有关。由式（11-3）可知，直升机之所以会做旋转运动是因为直升机在做俯仰运动时产生的水平推力推动直升机旋转。所以尽管俯仰角的期望值是 0，但测量值却按照正弦信号变化。最后是前后电机的控制电压变化情况，可以看到，前后电机只有在进行旋转运动时才不重合，也就是说前后电机控制电压不一样大时，直升机会做俯仰运动。

11.4　三自由度直升机控制半实物仿真与实时控制

半实物仿真是工程领域内一种应用较为广泛的仿真技术，是在计算机仿真回路中接入一些实物对象时进行的实验。图 11.4.1 所示为直升机的半实物仿真实验系统实物图和结构示意图，由图 11.4.1(a)可见，该系统主要由直升机模型、数据采集卡、功率放大器及计算机主机构成。控制手柄可用来操控直升机在三个自由度上的运动，急停开关用于紧急情况下断电。图 11.4.1(b)展示了整个实时控制过程的实现过程以及信息的流动过程。由图可见，计算机得到采样回来的角度信息，计算得到前后电机的控制电压，然后写入数据采集卡经功率放大器放大对直升机进行控制。编码器测量得到的直升机状态信号经数据采集卡传送回计算机，供计算机进行计算以得到下一步控制律。

分析三自由度直升机的半实物仿真实验系统结构图，得到三自由度直升机的半实物仿真 Simulink 框图（图中 3-DOF Helicopter 部分包含 MATLAB/Simulink 与直升机实物对象的接口），如图 11.4.2 所示。

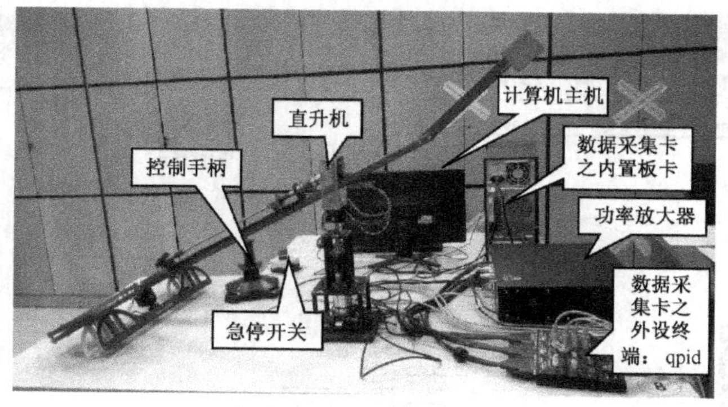

(a) 半实物仿真系统实物图

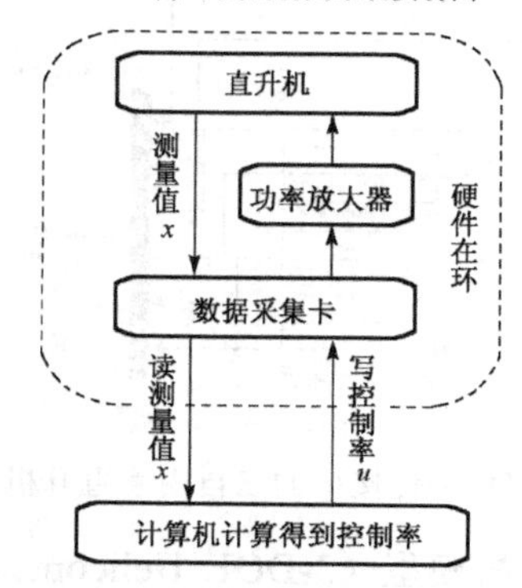

(b) 半实物仿真实验系统结构示意图

图 11.4.1　直升机半实物仿真实验系统实物图和结构示意图

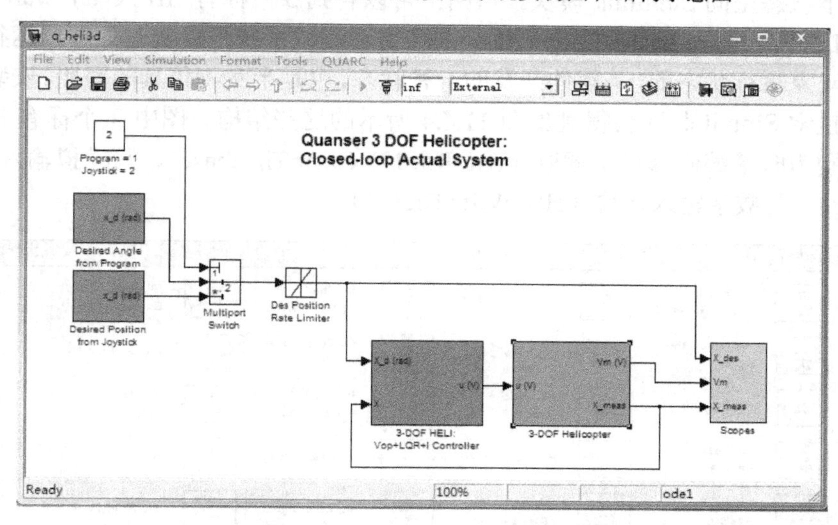

图 11.4.2　三自由度直升机 PID 控制半实物仿真 Simulink 框图

三自由度直升机模型（3-DOF Helicopter）模块打开如图 11.4.3 所示。这个模块的主要功能有两部分，一是对控制器（3-DOF HELI: Vop+LQR+I Controller）模块输入的前后电机控制电压进行安全上的限幅，功率放大器的输出电压要求同前，在±24V 之间，数据采集卡的输出电压要求在±10V 之间；二是将 3 个编码器测得的信号转换成 3 个自由度上的旋转角度，并通过二阶低通滤波器求其相应的角速度。这样就得到了状态变量 x，用于反馈给控制器（3-DOF HELI: Vop+LQR+I Controller）模块。

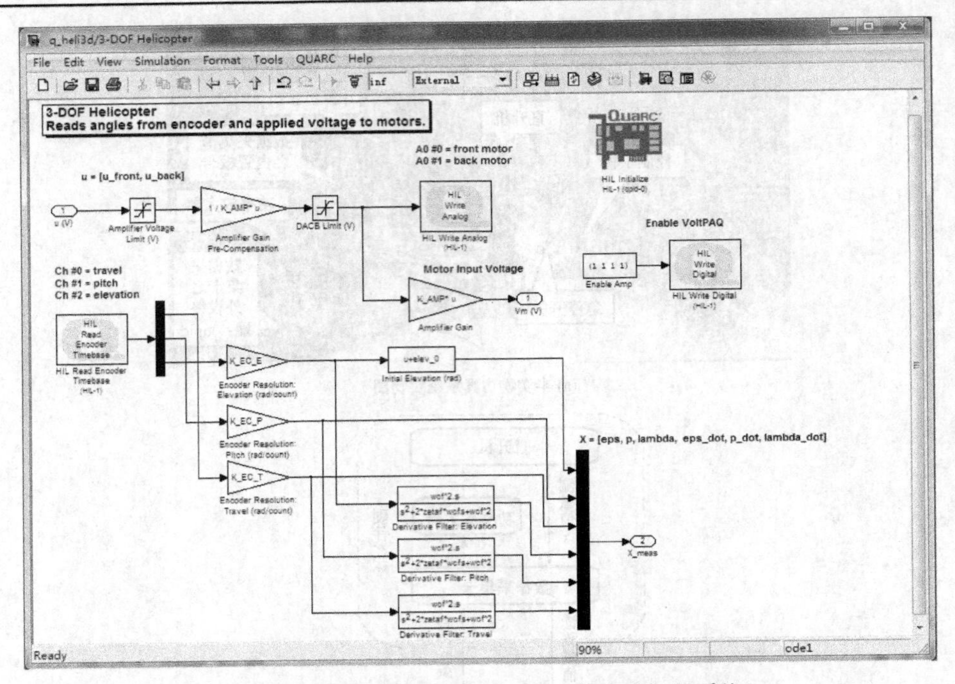

图 11.4.3　用作硬件接口的三自由度直升机子系统

图 11.4.3 所示为三自由度直升机模型（3-DOF Helicopter）模块，它与数值仿真中的模型结构有着很大的不同，因为它还涉及硬件的读写。测量值也是实时采样得到的，而不是简单地更新一下状态空间 Simulink 模块。从图中可以看到 3 个标有 HIL（Hardware In Loop）的模块。HIL（Hardware-in-the-Loop）硬件在环仿真测试系统是以实时处理器运行仿真模型来模拟受控对象运行状态的，是软件开发的一种状态，也是半实物仿真的写照。安装了 QuaRc 软件之后，搜索 Simulink 库会得到如图 11.4.4 所示的这些结构。图中 3 个标有 HIL 的模块从左到右分别为时基编码器模块读取（HIL Read Encoder Timebase）、写模拟输入模块（HIL Write Analog）、写数字输入模块（HIL Write Digital）。

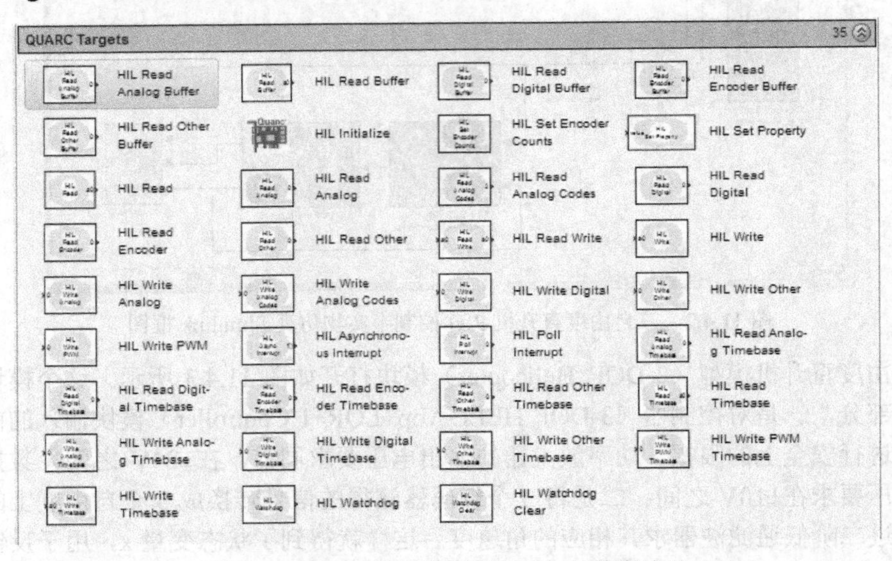

图 11.4.4　Simulink 元件库中 HIL 的搜索结果

直升机模块的输入为控制器模块（3-DOF HELI: Vop+LQR+I Controller）计算得到的前后电机控制电压，输出为状态变量的测量值和前后电机的控制电压。控制器模块输入控制电压为最后功率放大器提供给直升机的电压，因此必须满足功放最大输出电压（VMAX_AMP）小于等于 24V，除以放大倍数（1/K_AMP）后，必须满足数据采集卡最大输出电压（VMAX_DAC）小于等于 10V。得到的控制电压写入写模拟输入模块（HIL Write Analog）并作为本模块的输出。时基编码器模块读取（HIL Read Encoder Timebase）得到 3 个自由度上编码器的计数次数，乘以相应的分辨率就得到了角度，对 3 个角度分别进行微分处理得到 3 个自由度上的角速度，6 个量以向量形式输出，以及状态变量的测量值。

然而若要进行实验，还需要进行一些硬件设置，如初始化板卡（HIL Initialize）和功放使能（Enable VoltPAQ）。初始化板卡设置如图 11.4.5 所示，功放使能模块是要将板卡数字输入接口的前 4 位置 1。前 4 位为功放的 4 个放大通道，事实上本实验最多用 3 个通道，前后电机电压还有 ADS 系统的电压（可不接入）。后 4 位不是人为设置的，而是根据功放工作情况自动设置的，如果有哪个通道坏了，相应的位置就为 0，否则就为 1。

如图 11.4.5(a)所示，主要选择数据采集卡，本实验所用板卡为 qpid，分为两部分：一部分为外置的终端，一部分为内置于机箱的板卡，所以在“main”选项卡下选择 qpid。

图 11.4.5(b)所示为在数字输入选项卡下，选择设置数字输入通道为[4:7]。此 4 位用于反映功率放大器的 4 个放大通道是否工作正常，为 1 表示工作正常，为 0 表示没有正常工作。

图 11.4.5(c)所示为在数字输出选项卡下，选择设置数字输出通道为[0:3]。此 4 位用于使能功率放大器的 4 个放大通道。

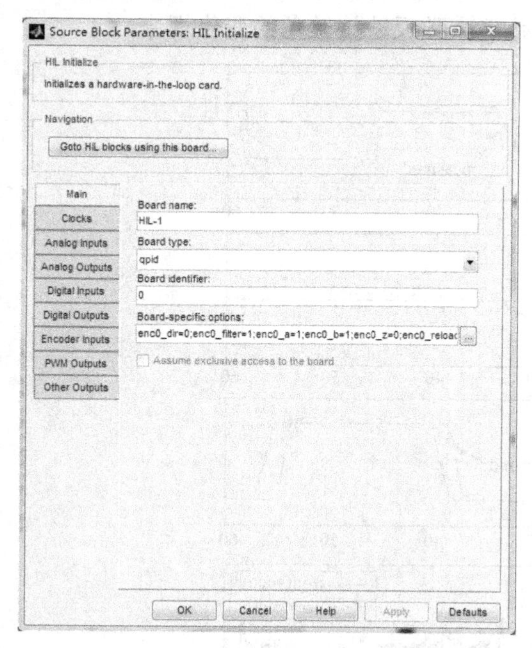

(a) 初始化板卡

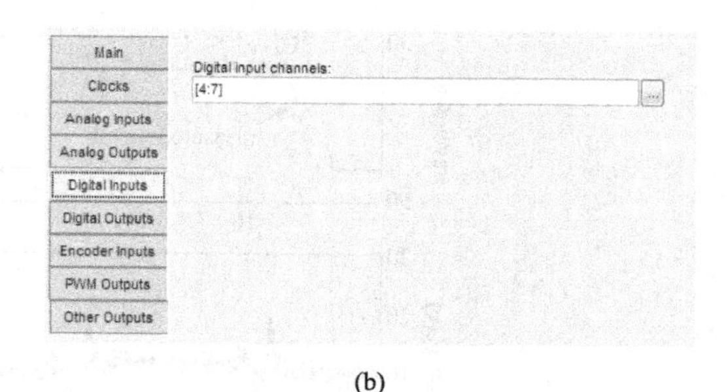

(b)

图 11.4.5　初始化板的设置

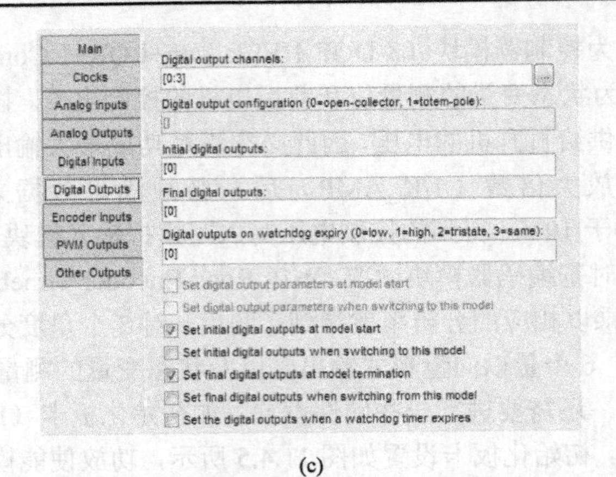

(c)

图 11.4.5　初始化板的设置（续）

11.5　三自由度直升机控制半实物仿真实验

图 11.5.1 所示为直升机高度角和旋转角分别跟踪矩形波的结果图。高度角跟踪幅值为 7.5°、频率为 0.03Hz 的矩形波，旋转角跟踪幅值为 30°、频率为 0.04Hz 的矩形波。由图可见，高度角几乎没有稳态误差，正向超出 2.11°，负向超出 2.666°，时延小，约为 0.14s；旋转角也几乎无稳态误差，只是调节时间相比高度角长了很多。同样，幅值上超调量也大了很多：正向超出 14.74°，负向超出 13.33°，延时约 0.61s。从上向下第 2 组图是俯仰角的变化情况，旋转角的变化是由俯仰角带动的，从俯仰角的变化能大致反映旋转角的变化规律。

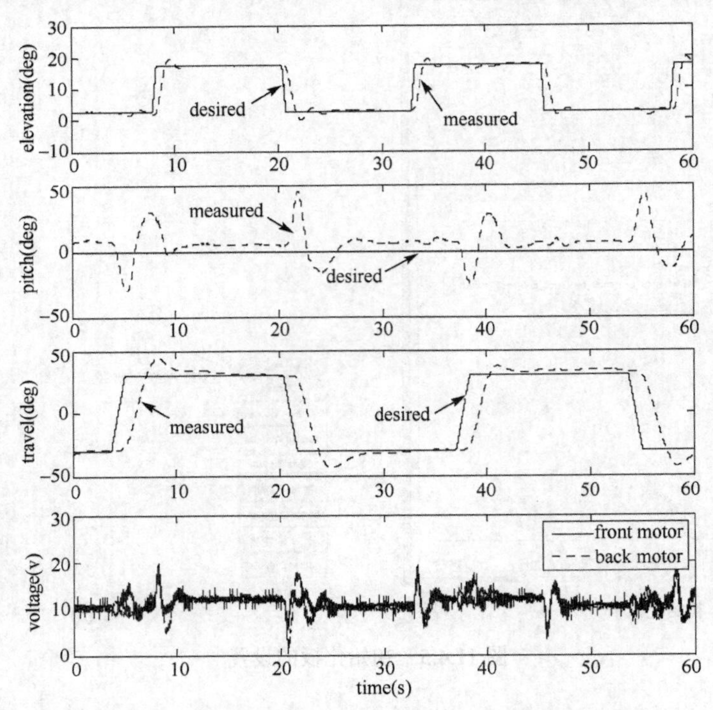

图 11.5.1　直升机系统半实物仿真控制实验（跟踪矩形波）

图 11.5.2 所示为直升机高度角和旋转角分别跟踪正弦波的结果图。高度角跟踪幅值为 7.5°、频率为 0.1Hz 的正弦波，旋转角跟踪幅值为 20°、频率为 0.1Hz 的正弦波。由图可见高度角的跟踪，幅值上略不到位，波峰偏小约为 0.283°，波谷偏小约为 0.742°，时延约为 0.482s。俯仰角此时按一定的规律变化，并且与旋转角有着相似的变化规律。同前，由图 11.1.1(c)所示的旋转角的力学分析图和旋转角的表达式（式（11-3））可知，旋转角和俯仰角呈现一定的比例关系，因此变化规律相似，旋转角是由俯仰角的水平分力推动的。与高度角不同，旋转角的跟踪效果在幅值上偏大，波峰超出约 6°，波谷约大于期望值 5.58°；时域上效果不及高度角，约延时 1.81s。

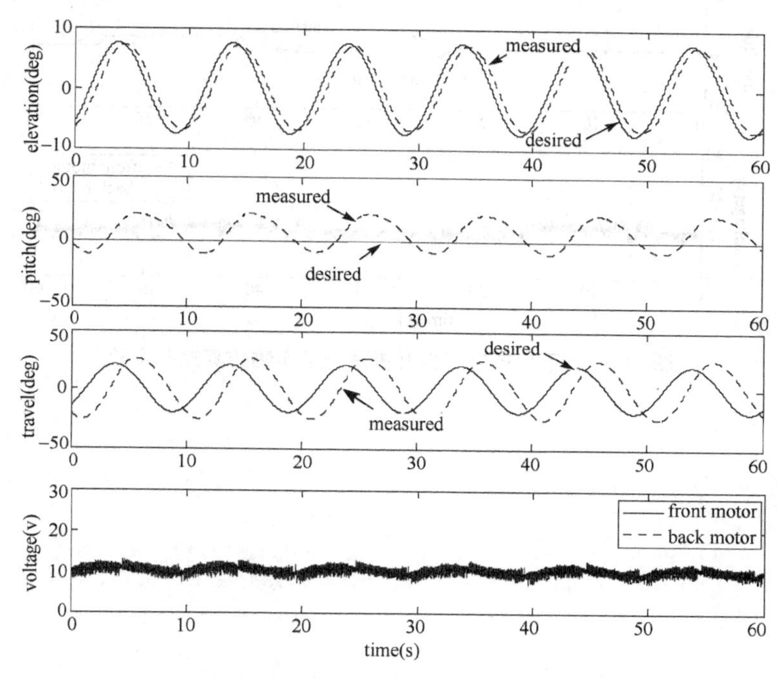

图 11.5.2　直升机系统半实物仿真控制实验（跟踪正弦波）

1．手柄控制

如图 11.4.2 半实物仿真实验的 Simulink 结构图所示，手柄控制就是通过操控罗技 ATTACK-3 USB 手柄来获得期望值的。由于是手动操作，因此难免会有抖动，在跟踪高度角时难免也会使旋转角发生些许变化，因此产生的期望值没有程序得到的期望值那么完美。手柄控制跟踪高度角和旋转角如图 11.5.3 所示。

图 11.5.3 所示为手柄操控的直升机跟踪实验效果图，分别进行了高度角和旋转角的跟踪。因为手柄的灵敏度较高，所以实验时需要慢慢移动手柄，角度变化的幅值不能太大。在跟踪高度角时，无稳态误差，几乎无超调，时延约为 0.3s；俯仰角有平均 5°的偏差，俯仰角相比程序控制时抖动较大；在跟踪旋转角时，有略微的稳态误差，时延较大，约为 1s。

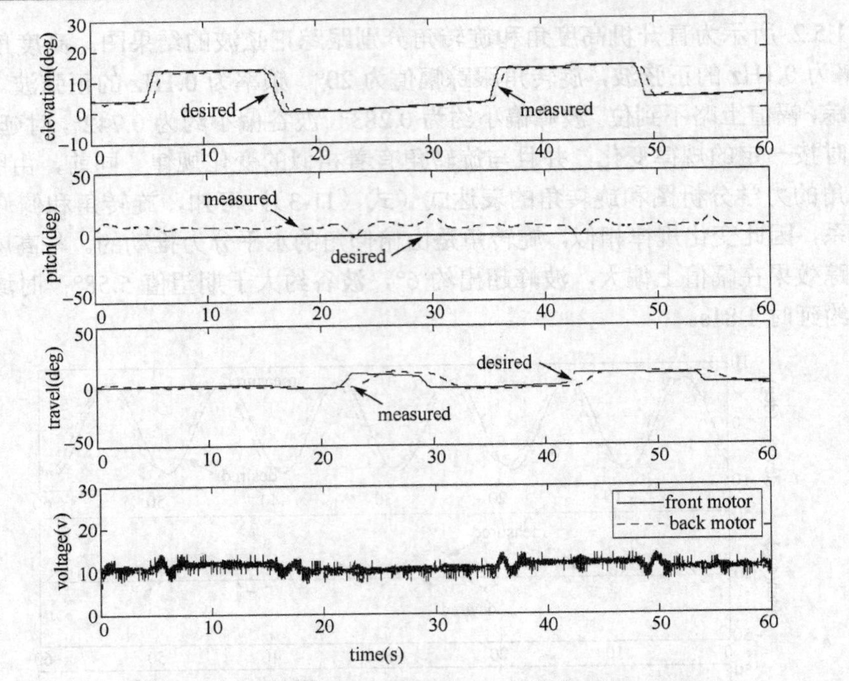

图 11.5.3　手柄控制下直升机系统半实物仿真控制实验

参 考 文 献

[1] 郑阿奇，曹弋，赵阳．MATLAB 实用教程．北京：电子工业出版社，2004.
[2] 薛定宇．反馈控制系统设计与分析——MATLAB 语言应用．北京：清华大学出版社，2000.
[3] 张志涌．精通 MATLAB 6.5 版．北京：北京航空航天大学出版社，2003.
[4] 薛定宇，陈阳泉．基于 MATLAB/Simulink 的系统仿真技术与应用．北京：清华大学出版社，2002.
[5] 吴晓燕，张双选．MATLAB 在自动控制中的应用．西安：西安电子科技大学出版社，2006.
[6] K. Ogata．离散时间控制系统．陈杰等．北京：机械工业出版社，2004.
[7] K. Ogata．现代控制工程（第五版）（英文版）．北京：电子工业出版社，2010.
[8] K. Ogata．现代控制工程（第五版）．卢伯英．北京：电子工业出版社，2011.
[9] John Dorsey．连续与离散控制系统（英文版）．北京：电子工业出版社，2002.
[10] Richard C. Dorf．现代控制系统（第 10 版）（英文版）．北京：科学出版社，2005.
[11] Richard C. Dorf．现代控制系统（第 8 版）．谢红卫等．北京：高等教育出版社，2002.
[12] G.F. Franklin．动态系统的数字控制．北京：清华大学出版社，2001.
[13] G.F. Franklin．动态系统反馈控制（英文版）．北京：高等教育出版社，2003.
[14] 胡寿松．自动控制原理．北京：国防工业出版社，2004.
[15] 王万良．自动控制原理．北京：科学出版社，2005.